零基础
C++
学习笔记

明日科技　编著

电子工业出版社·
Publishing House of Electronics Industry
北京·BEIJING

内 容 简 介

本书从初学者的角度出发,通过通俗易懂的语言、丰富多彩的实例,循序渐进地让读者在实践中学习 C++ 编程知识,并提升自己的实际开发能力。全书共 18 章,包括初识 C++,C++ 语言基础,运算符与表达式,条件判断语句,循环语句,函数,数组、指针和引用,结构体与共用体,面向对象编程基础,类和对象,继承与派生,模板,STL 标准模板库,RTTI 与异常处理,程序调试,文件操作,网络通信,餐饮管理系统。书中所有知识都结合具体实例进行介绍,涉及的程序代码给出了详细的注释,可以使读者轻松领会 C++ 程序开发的精髓,快速提高开发技能。

本书适合作为软件开发入门者的自学用书,也适合作为高等院校相关专业的教学参考书,还可供开发人员查阅、参考。

图书在版编目(CIP)数据

零基础C++学习笔记 / 明日科技编著. —北京:电子工业出版社,2021.3

ISBN 978-7-121-40263-0

Ⅰ.①零… Ⅱ.①明… Ⅲ.①C++语言—程序设计 Ⅳ.①TP312.8

中国版本图书馆CIP数据核字(2020)第256672号

责任编辑:张　毅　　　特约编辑:田学清
印　　刷:三河市兴达印务有限公司
装　　订:三河市兴达印务有限公司
出版发行:电子工业出版社
　　　　　北京市海淀区万寿路173信箱　　　邮编:100036
开　　本:787×1092　　1/16　　印张:24.75　　字数:555千字
版　　次:2021年3月第1版
印　　次:2021年3月第1次印刷
定　　价:108.00元

前　言

C++ 语言是在 C 语言的基础上发展起来的，融入了许多新的编程理念，有利于程序的开发。从语言角度来说，C++ 语言是一个规范，规范程序员如何进行面向对象程序开发。C++ 语言具有 C 语言操作底层的能力，还具有提高代码复用率的面向对象编程技术，是一种语句更加灵活、使用更加简便、技术更加全面的编程利器。

本书内容

本书包含 C++ 从入门到高级应用开发所需的各类必备知识，共 18 章，大体结构如下。

本书特点

● 由浅入深，循序渐进。本书以初、中级程序员为读者对象，先从 C++ 语言基础讲起，再讲解面向对象、继承、模板、文件操作、网络通信等知识。讲解过程详尽，使读者可快速掌握书中内容。

● 教学视频，讲解详尽。基础知识部分提供了配套教学视频，读者可以根据视频进行学习，感受编程的快乐和成就感，增强学习的信心，快速成为编程高手。

● 实例典型，轻松易学。通过例子学习是最好的学习方式，本书通过实例详尽地讲述了实际开发中所需的各类知识。另外，为了便于读者阅读程序代码，快速学习编程技能，几乎每行代码都有注释。

● 精彩栏目，贴心提醒。本书根据需要安排了很多"学习笔记"小栏目，让读者更轻松地理解相关知识点及概念，更快地掌握个别技术的应用技巧。

读者对象

● 初学编程的自学者。
● 编程爱好者。
● 大、中专院校的老师和学生。
● 相关培训机构的老师和学员。
● 毕业设计的学生。
● 初、中、高级程序开发人员。
● 程序测试及维护人员。
● 参加实习的"菜鸟"程序员。

读者服务

为了方便地解决本书中的疑难问题，本书提供了多种服务方式，并由作者团队提供在线技术指导和社区服务，服务方式如下。

● 服务网站：www.mingrisoft.com。
● 服务邮箱：mingrisoft@mingrisoft.com。
● 企业 QQ：4006751066。
● QQ 群：365354473、539340057。
● 服务电话：400-67501966、0431-84978981。

本书约定

开发环境及工具如下。
● 操作系统：Windows 7、Windows 10 等。
● 开发工具：Visual C++ 6.0（Visual Studio 2015、Visual Studio 2017 及 Visual Studio 2019 兼容）。

致读者

本书由明日科技 C++ 程序开发团队组织编写，主要编写人员有李菁菁、王小科、申小琦、赵宁、何平、张鑫、周佳星、王国辉、李磊、赛奎春、杨丽、高春艳、冯春龙、张宝华、庞凤、宋万勇、葛忠月等。在编写过程中，我们以科学、严谨的态度，力求精益求精，但错误、疏漏之处在所难免，敬请广大读者批评指正。

感谢您购买本书，希望本能成为您编程路上的领航者。

祝读书快乐！

目　录

第 1 章　初识 C++

C++ 是当今流行的编程语言，是在 C 语言的基础上发展起来的。随着面向对象编程思想的发展，C++ 也融入了新的编程理念，这些理念有利于程序的开发。从语言角度来看，C++ 也是一种规范，随着规范的发布，许多 C++ 编译器不断涌现，不同的编译器也带来不同的语言特性，这给程序员带来了广阔的选择空间。

微课视频

1.1　C++ 概述

C++ 是在 C 语言的基础上发展起来的一种面向对象的编程语言，主要用于进行系统程序设计，具有以下特点。

1. 面向对象

C++ 语言是一种面向对象的程序设计语言，抽象和实际相结合，各对象间使用消息进行通信，对象通过继承方法增加代码的复用。

2. 高效性

C++ 语言继承了 C 语言的特性，可以直接访问地址，进行位运算，从而能对硬件进行操作。C++ 语句具有编写简单、便于理解的优点，还具有低级语言与硬件结合紧密的优点。

3. 移植性好

C++ 语句具有很强的移植性，用 C++ 编写的程序基本不用做太多修改就可以用于不同型号的计算机上，C++ 标准可在多种操作系统中使用。

4. 运算符丰富

C++ 语言的运算符十分丰富，共有 30 多个，包括算术、关系、逻辑、位、赋值、指针、条件、逗号、下标、类型转换等多种类型。

5. 数据结构多样

C++ 语言的数据结构多样，有整型、实型、字符型、枚举类型等基本类型，也有数组、结构体、共用体等构造类型及指针类型；还提供了自定义数据类型，能够实现复杂的数据结构；还可以定义类，实现面向对象编程，类和指针结合可以实现高效的程序。

微课视频

1.2　C++ 代码结构

1.2.1　C++ 工程项目文件

Windows 操作系统主要是用来管理数据的，而数据是以文件的形式存储在磁盘上的。文件可以通过扩展名区分类型，C++ 的代码文件有两种类型，一种是源文件，一种是头文件。头文件中添加的是定义和声明函数部分，源文件则是在头文件中定义的函数的实现部分；源文件主要以 cpp 为扩展名，头文件主要以 h 为扩展名。有的开发环境使用 cxx、cHH 作为源文件的扩展名。

对一个比较大的工程而言，源文件和头文件可能比较多，为了管理这些源文件，编译器提供了管理代码的工程项目文件，不同开发环境的工程项目文件也不同。

使用 VC++ 6.0 创建的 C++ 工程项目文件如图 1.1 所示。

图 1.1　C++ 工程项目文件

- Debug：存储编译后程序的文件夹，程序是带有调试信息的程序。
- Release：存储编译后程序的文件夹，程序是最终程序。
- Sample.cpp：源文件。
- Sample.dsp：工程文件。
- Sample.dsw：工作空间文件。
- Sample.ncb：用于声明的数据库文件。
- Sample.opt：存储用户选项的文件。
- StdAfx.cpp：向导生成的标准源文件，代码涉及 MFC 类库内容时使用该文件。
- StdAfx.h：向导生成的标准头文件。

📋 **学习笔记**

> 　　Debug 与 Release 的区别在于，Debug 是含有调试信息的应用程序，Debug 文件夹下的程序可以设置断点调试，而且 Debug 文件夹下的程序比 Release 文件夹下的程序大。

1.2.2　认识 C++ 代码结构

C++ 程序代码是由预编译指令、宏定义指令、注释、主函数、自定义函数等很多部分组成的，这些部分都是后文讲述的主要内容。

　　图 1.2 是一段很小但涉及 C++ 语言概念比较多的代码，包括头文件引用、函数作用空间、库函数调用、赋值运算、关系判断、流输出等很多 C++ 语言方面的概念，各概念通过一定规则罗列在一起，编译器根据这些规则将代码编译成能够在机器上执行的应用程序。

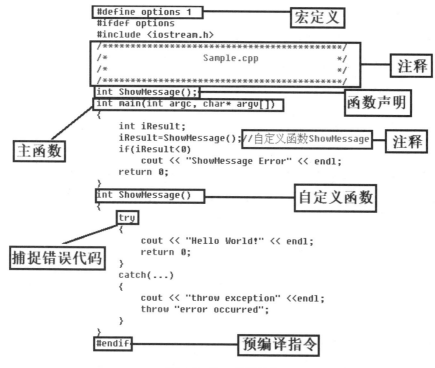

图 1.2　C++ 代码结构

第 2 章　C++ 语言基础

数据类型是 C++ 语言的基础，要学习一门编程语言，首先要掌握它的数据类型，不同的数据类型占用不同的内存空间，合理定义数据类型可以优化程序的运行，本章将介绍数据类型及数据类型的输出。

2.1　第一个 C++ 程序

学习编程的第一步是写一个最简单的程序。学习任何编程语言都需要写一个 HelloWorld 程序，下面是最简单的 C++ 程序，也是一个 HelloWorld 程序。

```
01 #include <iostream>
02 using namespace std;
03 void main()
04 {
05     cout << "HelloWorld\n";
06 }
```

最简单的程序输出结果如图 2.1 所示。

图 2.1　第一个 C++ 程序

最简单的 C++ 程序包含头文件引用、应用命名空间、主函数、字符串常量、数据流等部分，这些都是 C++ 程序中经常用到的。这是一段输出 "Hello World" 的小程序，代码第一行使用字符 #，这是一个预处理标志，表示该行代码要最先进行处理，所以要在编译代码之前运行；include 是一个预处理指令，其后紧跟一对尖括号 <>，尖括号内是一个标准库。第二行代码使用命名空间 std。第三行到第六行代码是程序执行入口，main 函数是每个 C++ 程序都有的，花括号代表 main 函数的函数体，可以在函数体内编写要执行的代码。下面对 C++ 常用的概念进行介绍。

📖 **学习笔记**

　　C++ 代码中所有的字母、数字、括号及标点符号均为英文输入状态下的半角符号，不能是中文输入状态或英文输入状态下的全角符号。图 2.2 所示为使用中文输入状态下的分号引起的错误提示。

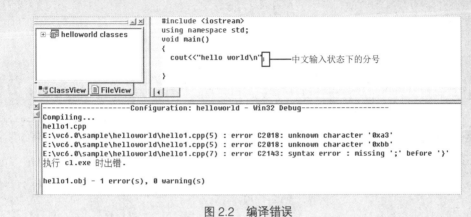

图 2.2　编译错误

2.1.1　#include 指令

　　C++ 程序第一行带 "#" 号的语句被称为宏定义或预编译指令。include 是包含和引用的意思，其后面紧跟一对尖括号 <>，第一行代码 #include <iostream> 就是说明要引用 iostream 文件中的内容，编译器在编译程序的时候会将 iostream 文件中的内容在 #include <iostream> 处展开。

📖 **学习笔记**

　　忘记包含 iostream 头文件。

```
Compiling...
hello1.cpp
E:\vc6.0\sample\helloworld\hello1.cpp(2) : error C2871: 'std' : does not exist or is not a namespace
E:\vc6.0\sample\helloworld\hello1.cpp(5) : error C2065: 'cout' : undeclared identifier
E:\vc6.0\sample\helloworld\hello1.cpp(5) : error C2297: '<<' : illegal, right operand has type 'char [12]'
执行 cl.exe 时出错.
```

图 2.3　忘记包含 iostream 头文件时的编译错误

　　若忘记包含 iostream 头文件，原来输出 "Hello World" 的程序在编译时会报错，按 F4 键查看到的错误如图 2.3 所示。可以发现，不包含这个头文件时，很多相关的功能都是不能使用的。

2.1.2　iostream 标准库

　　文件 iostream（输入 / 输出）是一个标准库，直白地讲，就是输入（in）、输出（out）、

stream（流），它是取 in 和 out 的首字母与 stream 结合成的，包含众多函数。库中每个函数都有各自的作用。如果不包含这个文件，就不能使用 cout 输出语句。读者需要记住，只有使用 #include<iostream> 这条语句，才能在程序中使用有关功能。

📋 **学习笔记**

函数就是能够实现特定功能的程序模块。

📋 **学习笔记**

程序中包含 iostream 头文件时，不要忘记添加一对尖括号 <>，如图 2.4 所示。

```
hello1.cpp
e:\vc6.0\sample\helloworld\hello1.cpp(1) : error C2006: #include expected a filename, found 'identifier'
E:\vc6.0\sample\helloworld\hello1.cpp(2) : error C2871: 'std' : does not exist or is not a namespace
E:\vc6.0\sample\helloworld\hello1.cpp(5) : error C2065: 'cout' : undeclared identifier
E:\vc6.0\sample\helloworld\hello1.cpp(5) : error C2297: '<<' : illegal, right operand has type 'char [13]'
执行 cl.exe 时出错.
```

图 2.4　编译错误

如果没有尖括号，会使程序无法包含 iostream，导致其他相关功能都不能够使用。

2.1.3　命名空间

在 C++ 中，命名空间的作用是减少和避免命名冲突。namespace 是指标识符的各种可见范围。使用 C++ 标准库中的标识符时，一种简便的方法是使用下面的语句：

```
using namespace std;
```

这样命名空间 std 内定义的所有标识符都有效。所以在程序中我们使用 cout 输出字符串。如果没有这条语句，就只能使用下面的语句显示一条信息：

```
std::cout<< "hello world\n";
```

cout（还有 cin）是经常会用到的，因此在每个程序的开头加上一条 using namespace std; 语句是很有必要的。

📋 **学习笔记**

using namespace std 这条语句后面没有添加分号，如图 2.5 所示。

```
-------------------Configuration: helloworld - Win32 Debug-------------------
Compiling...
hello1.cpp
E:\vc6.0\sample\helloworld\hello1.cpp(3) : error C2144: syntax error : missing ';' before type 'void'
E:\vc6.0\sample\helloworld\hello1.cpp(3) : fatal error C1004: unexpected end of file found
执行 cl.exe 时出错.

hello1.obj - 1 error(s), 0 warning(s)
```

图 2.5　编译错误

2.1.4　std:: 介绍

"std::" 是一个命名空间的标识符，C++ 标准库中的函数或对象都是在命名空间 std 中定义的，所以我们要使用的标准库中的函数或对象都要用 std 来限定。

对象 cout 是标准库提供的一个对象，而标准库在命名空间中被指定为 std，所以在使用 cout 的时候，前面要加上 "std::"。这样编译器就会明白调用的 cout 是命名空间 std 中的 cout。

如果上述程序中未写 "using namespace std;" 语句，在主函数体内可以这样写：std::cout<<"Hello World\n"。

2.1.5　main 函数

main 函数是程序执行的入口，程序从 main 函数的一条指令开始执行，直到 main 函数结束，整个程序也执行结束。注意函数的格式：单词 main 后面有一个小括号 ()，小括号内放置参数。

2.1.6　函数体

花括号 { } 中的内容是需要执行的内容，称为函数体。函数体是按代码的先后顺序执行的，写在前面的代码先执行，写在后面的代码后执行。代码 cout << "Hello World\n"; 表示通过输出流输出单词 Hello World，Hello World 两边的双引号代表其是字符串常量，cout 表示输出流，<< 表示将字符串传送到输出流。

2.1.7　函数返回值

void 表示函数的返回值，用来判断函数执行情况，并返回函数执行结果。void 代表不需要返回任何类型数据，如果要返回数据需要使用 return 语句。

2.1.8　注释

代码注释是禁止语句的执行，编译器不会对注释语句进行编译。C++ 有两种注释方法："//" 是单行注释，只能注释符号 "//" 后面的内容，到本行代码结束的位置结束；"/**/" 是多行注释，符号 "/*" 放在将要注释代码的前面，符号 "*/" 放在将要注释代码的末尾，中间的内容就会被注释。另外，多行注释中不允许嵌套多行注释，例如 /*/**/*/，最后出现的 "*/" 符号将无效。在第一个 C++ 程序中加入注释，代码如下：

```
01  /*sample.cpp*/
02  #include <iostream>          // 头文件引用
03  using namespace std;          // 命名空间
04  void main()                   // 主函数
```

```
05  {
06      cout << "HelloWorld\n";    // 执行输出
07      //cout << "end";
08  }
```

注释不仅在调试时使用，开发人员也可以在代码中加入注释，用来说明代码的用意，这样方便日后自己或他人查看。

2.2 常量及符号

微课视频

常量就是在程序运行过程中不可以改变的数值。例如，每个人的身份证号码就是一个常量，是不能被更改的。常量可分为整型常量、浮点型常量、字符常量和字符串常量。

```
01  #include <iostream>
02  using namespace std;
03  void main()
04  {
05      cout << 2009 << endl;
06      cout << 2.14 << endl;
07      cout << 'a' << endl;
08      cout << "HelloWorld"<< endl;
09  }
```

上面的代码通过 cout 输出 4 行内容。cout 是输出流，实现输出不同类型的数据。其中，2009 是整型常量，2.14 是浮点型常量（实型常量），a 是字符常量，Hello World 是字符串常量。

2.2.1 整型常量

整型常量就是直接使用的整型常数，0、100、-200 等都是整型常量。

整型常量可以是长整型、短整型、符号整型和无符号整型。如表 2.1 所示，这几种整数类型如同容积不同的烧杯，虽然用法一样，但在不同场景就要使用不同的烧杯。

表 2.1 整型常量数据类型

数 据 类 型	长　　度	取 值 范 围
unsigned short	16 位	0 ～ 65535
signed short	16 位	-32768 ～ 32767
unsigned int	32 位	0 ～ 4294967295
signed int	32 位	-2147483648 ～ 2147483647
signed long	64 位	-9223372036854775808 ～ 9223372036854775807

不同的编译器的整型常量的取值范围是不一样的。而且，可能在 16 位的计算机中整型常量为 16 位，而在 32 位的计算机中整型常量就为 32 位。

在编写整型常量时，可以在常量的后面加上符号 L 或 U 进行修饰。L 表示该常量是长整型，U 表示该常量为无符号整型，例如：

```
LongNum= 1000L;                    /*L 表示长整型 */
UnsignLongNum=500U;                /*U 表示无符号整型 */
```

表示长整型和无符号整型的后缀字母 L 和 U 可以是大写的，也可以是小写的。

所有整型常量都可以通过三种形式表达，分别为八进制形式、十进制形式和十六进制形式。下面分别进行介绍。

1. 八进制整数

使用的数据表达形式是八进制，需要在常数前面加上 0 进行修饰。八进制形式包含的数字是 0 ～ 7。例如：

```
OctalNumber1=0520;                 /* 在常数前面加上一个 0 代表八进制数 */
```

以下是八进制形式的错误写法：

```
OctalNumber3=520;                  /* 没有前缀 0*/
OctalNumber4=0296;                 /* 包含非八进制数字 9*/
```

2. 十六进制整数

常量前面使用 0x 作为前缀（注意：0x 中的 0 是数字 0，而不是字母 O），表示该常量是用十六进制进行表示的。十六进制形式包含数字 0 ～ 9 及字母 A ～ F。例如：

```
HexNumber1=0x460;                  /* 加上前缀 0x 表示常量为十六进制数 */
HexNumber2=0x3ba4;
```

字母 A ～ F 可以使用大写形式，也可以使用小写形式。

3. 十进制整数

十进制形式是不需要在常量前面添加前缀的，包含的数字为 0 ～ 9。例如：

```
AlgorismNumber1=569;
AlgorismNumber2=385;
```

整型数据都以二进制形式存放在计算机的内存之中，数值是以补码的形式进行表示的。正数的补码与原码的形式相同，负数的补码是将该数绝对值的二进制形式按位取反再加 1。例如，十进制数 11 在内存中的表现形式如图 2.6 所示。

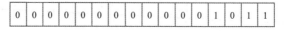

图 2.6　十进制数 11 在内存中的表现形式

如果是 -11，那么它在内存中又是怎样表现的呢？因为是用补码进行表示，所以要先将其绝对值求出，如图 2.6 所示；然后进行取反操作，如图 2.7 所示，得到取反后的结果。

图 2.7　进行取反操作

取反之后进行加 1 操作，这样就得到最终的结果，如图 2.8 所示。

图 2.8　进行加 1 操作

📋 学习笔记

> 对于有符号整数，其在内存中存放的最左面的一位表示符号位。如果该位为 0，则说明该数为正数；如果该位为 1，则说明该数为负数。

📋 学习笔记

> 在 Windows 操作系统中，"开始"菜单的"附件"命令中有一个软件——计算器，可以使用它进行八进制、十进制和十六进制之间的转换。需要注意的是，要选用科学型计算器，如图 2.9 所示，调整的方法是在"查看"菜单中选择"科学型"命令。

图 2.9　科学型计算器

2.2.2　浮点型常量

浮点型常量也称为实型常量，是由整数部分和小数部分组成的，这两部分需要用小数点隔开。图 2.10 所示的应收金额就是实型数据。

图 2.10　实型数据

在 C 语言中，表示实型数据的方法有以下两种。

1.　小数表示方法

科学记数法就是使用十进制的小数方法描述实型数据，例如：

```
SciNum1=123.45;                     /* 小数表示方法 */
SciNum2=0.5458
```

2.　指数方式

有时实型常量非常大或非常小，使用科学记数法是不利于观察的，可以使用指数法显示实型常量。其中，使用字母 e 或 E 进行指数显示，如 514e2 表示的就是 51400，514e-2 表示的就是 5.14。如上面的 SciNum1 和 SciNum2 代表的实型常量，使用指数法显示如下：

```
SciNum1=1.2345e2;                   /* 指数法显示 */
SciNum2=5.458e-1;                   /* 指数法显示 */
```

在编写实型常量时，可以在常量的后面加上符号 F 或 L 进行修饰。F 表示该常量是 Float（单精度类型），L 表示该常量为 Long Double（长双精度类型）。例如：

```
FloatNum=5.193e2F;                  /* 单精度类型 */
LongDoubleNum=3.344e-1L;            /* 长双精度类型 */
```

📋 学习笔记

> 如果不在常量的后面加上后缀，在默认状态下，实型常量为双精度类型。在常量后面添加的后缀不区分大小写，大小写是通用的。

2.2.3　字符常量

字符常量是用单引号括起来的一个字符，如 'a' 和 '?' 都是合法字符常量。在对代码编译时，编译器会根据 ASCII 码表将字符常量转换成整型常量。字符'a'的 ASCII 码值是 97，字符'A'的 ASCII 码值是 65，字符'?'的 ASCII 码值是 63。ASCII 码表中有很多通过键盘无法输入的字符，可以使用'\ddd'或'\xhh'引用这些字符。可以使用'\ddd'或'\xhh'引用 ASCII 码表中所有的字符。ddd 是 1～3 位八进制数代表的字符，\xhh 是 1～2位十六进制数代表的字符。例如，'\101'表示 ASCII 码"A"，'\X0A'表示换行等。

转义字符应用

```cpp
01  #include<iostream>
02  void main()
03  {
04      std::cout << "A" <<std::endl;
05      std::cout << "\101" <<std::endl;
06      std::cout << "\x41" <<std::endl;
07      std::cout << "\052,\x1E" <<std::endl;
08  }
```

运行结果如图 2.11 所示。

图 2.11　运行结果

转义字符是特殊的字符常量，以字符"\"代表开始转义，其后面的字符表示转义后的字符。转义字符如表 2.2 所示。

表 2.2　转义字符说明

转 义 字 符	意　　义	ASCII 码
\0	空字符	0
\n	换行	10
\t	水平制表	9
\b	退格	8
\r	回车	13
\f	换页	12
\\	反斜杠	93
\'	单引号字符	39
\"	双引号字符	34
\a	响铃	7

2.2.4　字符串常量

字符串常量是用一组双引号括起来的若干字符序列，如 "ABC"、"abc"、"1314" 和 " 您好 " 等都是正确的字符串常量。

如果字符串中一个字符都没有，将其称作空字符串，字符串的长度为 0，如 ""。

在 C++ 中，存储字符串常量时，系统会在字符串的末尾自动加一个 "\0" 作为结束标志。例如，字符串 "welcome" 在内存中的存储形式如图 2.12 所示。

图 2.12　结束标志 "\0" 为系统自动添加

📖 **学习笔记**

在程序中编写字符串常量时，不必手动在一个字符串的结尾处加上 "\0" 结束字符，系统会自动添加。

前面介绍了有关字符常量和字符串常量的内容，那么它们之间有什么区别呢？具体体现在以下几方面。

（1）定界符的使用不同。字符常量使用的是单引号，字符串常量使用的是双引号。

（2）长度不同。上面提到字符常量只能有一个字符，也就是说，字符常量的长度是 1。字符串常量的长度可以是 0，但是需要注意的是，即使字符串常量中的字符只有 1 个，长度却不是 1。例如，字符串常量 H 的长度为 2。通过图 2.13 可以体会到字符串常量 H 的长度为 2 的原因。

图 2.13　字符串常量 H 在内存中的存储方式

（3）存储方式不同。在字符常量中，存储的是字符的 ASCII 码值，如 'A' 为 65，'a' 为 97；而在字符串常量中，不仅要存储有效的字符，还要存储结尾处的结束标志 "\0"。

📖 **学习笔记**

系统会自动在字符串常量的尾部添加一个结束字符 "\0"，这就是字符串常量 H 的长度是 2 的原因。

本章提到过有关 ASCII 码的内容，那么 ASCII 码是什么呢？在 C 语言中，使用的字符被一一映射到一个表中，这个表被称为 ASCII 码表，如表 2.3 所示。

表 2.3　十进制的 ASCII 码表

ASCII	缩写 / 字符	ASCII	缩写 / 字符	ASCII	缩写 / 字符
0	NUL 空字符	44	, 逗号	88	大写字母 X
1	SOH 标题开始	45	减号或破折号	89	大写字母 Y
2	STX 正文开始	46	. 句号	90	大写字母 Z
3	ETX 正文介绍	47	/ 斜杠	91	[开方括号
4	EOT 传输结束	48	数字 0	92	\ 反斜杠
5	ENQ 请求	49	数字 1	93	] 闭方括号
6	ACK 收到通知	50	数字 2	94	^ 脱字符
7	BEL 响铃	51	数字 3	95	_ 下画线
8	BS 退格	52	数字 4	96	` 开单引号
9	HT 水平制表符	53	数字 5	97	小写字母 a
10	LF 换行键	54	数字 6	98	小写字母 b
11	VT 垂直制表符	55	数字 7	99	小写字母 c
12	FF 换页键	56	数字 8	100	小写字母 d
13	CR 回车键	57	数字 9	101	小写字母 e
14	SO 不用切换	58	: 冒号	102	小写字母 f
15	SI 启用切换	59	; 分号	103	小写字母 g
16	DLE 数据链路转义	60	< 小于号	104	小写字母 h
17	DC1 设备控制 1	61	= 等于号	105	小写字母 i
18	DC2 设备控制 2	62	> 大于号	106	小写字母 j
19	DC3 设备控制 3	63	? 问号	107	小写字母 k
20	DC4 设备控制 4	64	@ 电子邮件符号	108	小写字母 l
21	NAK 拒绝接收	65	大写字母 A	109	小写字母 m
22	SYN 同步空闲	66	大写字母 B	110	小写字母 n
23	ETB 结束传输块	67	大写字母 C	111	小写字母 o
24	CAN 取消	68	大写字母 D	112	小写字母 p
25	EM 媒介结束	69	大写字母 E	113	小写字母 q
26	SUB 代替	70	大写字母 F	114	小写字母 r
27	ESC 换码（溢出）	71	大写字母 G	115	小写字母 s
28	FS 文件分隔符	72	大写字母 H	116	小写字母 t
29	GS 分组符	73	大写字母 I	117	小写字母 u
30	RS 记录分隔符	74	大写字母 J	118	小写字母 v
31	US 单元分隔符	75	大写字母 K	119	小写字母 w
32	（space）空格	76	大写字母 L	120	小写字母 x
33	! 叹号	77	大写字母 M	121	小写字母 y
34	" 双引号	78	大写字母 N	122	小写字母 z

续表

ASCII	缩写 / 字符	ASCII	缩写 / 字符	ASCII	缩写 / 字符
35	# 井号	79	大写字母 O	123	{ 开花括号
36	$ 美元符号	80	大写字母 P	124	| 垂线
37	% 百分号	81	大写字母 Q	125	} 闭花括号
38	& 和号	82	大写字母 R	126	~ 波浪号
39	' 闭单引号	83	大写字母 S	127	DEL 删除
40	(开括号	84	大写字母 T		
41	) 闭括号	85	大写字母 U		
42	* 星号	86	大写字母 V		
43	+ 加号	87	大写字母 W		

2.2.5　其他常量

前面讲到的常量都是普通常量，常量还包括布尔常量、枚举常量、宏定义常量等。

- 布尔（bool）常量：只有两个，一个是 true，表示真；一个是 false，表示假。
- 枚举常量：枚举型数据中定义的成员也都是常量，这将在后文介绍。
- 宏定义常量：通过 #define 宏定义的一些值也是常量。例如：

```
#define PI  2.1415
```

其中的 PI 就是常量。

2.3　变量

微课视频

变量就是在程序运行期间可以变化的量。每个变量都是一种类型，每种类型都定义了变量的格式和行为。数据各式各样，要先根据数据的需求（即类型）为它申请一块合适的空间。如果把内存比喻成一个宾馆能容纳的客人数，那么房间号就相当于变量名，房间类型就相当于变量类型，入住的客人数就相当于变量值，示意图如图 2.14 所示。

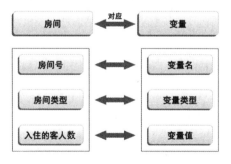

图 2.14　客人入住宾馆示意图

C++ 中的变量类型有整型变量、实型变量和字符型变量。接下来分别进行介绍。

2.3.1 标识符

标识符（Identifier）可以简单地理解为一个名字，它是用来对 C++ 程序中的常量、变量、语句标号及用户自定义函数的名称进行标识的符号。

1. 标识符命名规则

- 由字母、数字及下画线组成，且不能以数字开头。
- 大写字母和小写字母代表不同意义。
- 不能与关键字同名。
- 尽量"见名知义"，应该受一定规范的约束。

2. 不合法的标识符举例

- 6A（不能以数字开头）。
- ABC*（不能使用 *）。
- case（这是保留关健字）。

C++ 有许多保留关键字，如表 2.4 所示。

表 2.4　C++ 保留关键字

asm	auto	break	case	catch	char	class	const	continue
default	delete	do	double	else	enum	extern	float	for
friend	goto	if	inline	int	long	new	operator	overload
private	protected	public	register	return	short	signed	sizeof	static
struct	switch	this	template	throw	try	typedef	union	unsigned
virtual	void	volatile	while					

📋 **学习笔记**

（1）在写标识符时要注意字母大小写的区分；（2）在书写代码时应该处于英文半角输入状态。

2.3.2 变量的声明及赋值

每个变量都由一个变量名标识，而且具有一个特定的数据类型。

1. 变量的声明

使用变量之前一定要定义或声明，变量声明的一般形式如下：

［修饰符］ 类型 变量名标识符 ；

类型是变量类型的说明符，说明变量的数据类型。修饰符是任选的，可以没有。

多个同一类型的变量可以在一行中声明，不同变量名用逗号运算符隔开。例如：

```
    int a,b,c;
```

与

```
    int a;
    int b;
    int c;
```

两者等价。

2. 变量的赋值

变量值是动态改变的，每次改变都需要进行赋值运算。变量赋值的形式如下：

　　变量名标识符　=　表达式

变量名标识符是在声明变量时定义的，表达式将在后面的章节中讲到。例如：

```
01  int i;              // 声明变量
02  i=100;              // 给变量赋值
```

声明 i 是一个整型变量，100 是一个常量。

```
01  int i,j;            // 声明变量
02  i=100;              // 给变量赋值
03  j=i;                // 将一个变量的值赋给另一个变量
```

3. 变量赋初值

可以在声明变量的时候就把数值赋给变量，这个过程叫变量赋初值，赋初值的情况有以下几种。

1）int x=5；

表示定义 x 为有符号的基本整型变量，赋初值为 5。

2）int x，y，z=6；

表示定义 x、y、z 为有符号的基本整型变量，z 赋初值为 6。

3）int x=3，y=3，z=3；

表示定义 x、y、z 为有符号的基本整型变量，且赋予的初值均为 3。

📋**学习笔记**

> 定义变量并赋初值时可以写成 int x=3，y=3，z=3；，但不可以写成 int a=b=c=3；这种形式。

2.3.3　整型变量

整型变量可以分为短整型、整型和长整型，变量类型说明符分别是 short、int、long。根据是否有符号，整型变量可以分为以下六种。

- 整型 [signed] int。
- 无符号整型 unsigned [int]。
- 有符号短整型 [signed] short [int]。
- 无符号短整型 unsigned short [int]。
- 有符号长整型 [signed] long [int]。
- 无符号长整型 unsigned long [int]。

加方括号的关键字可以省略，例如，[signed] int 可以写成 int。

短整型 short 在内存中占用两个字节的空间，表示数的范围是 −32768 ～ 32767，如果是无符号短整型 unsigned short，表示数的范围是 0 ～ 65535。整型 int 占用 4 个字节的空间，有符号整型表示数的范围是 −2147483648 ～ 2147483648，无符号整型 unsigned int 表示数的范围是 0 ～ 4294967295。长整型与整型占用字节数相同，表示数的范围也相同，具体如表 2.5 所示。

表 2.5　整型变量范围

关　键　字	类　　型	数　的　范　围	字　节　数
short	短整型	−32768 ～ 32767，即 $-2^{15} \sim 2^{15}-1$	2
unsigned short	无符号短整型	0 ～ 65535，即 $0 \sim 2^{16}-1$	2
int	整型	−2147483648 ～ 2147483648，即 $-2^{31} \sim 2^{31}-1$	4
unsigned int	无符号整型	0 ～ 4294967295，即 $0 \sim 2^{32}-1$	4
long int	长整型	−2147483648 ～ 2147483648，即 $-2^{31} \sim 2^{31}-1$	4
unsigned long	无符号长整型	0 ～ 4294967295，即 $0 \sim 2^{32}-1$	4

学习笔记

通常说的整型指有符号基本整型 int。

学习笔记

默认整数类型是 int，如果给 long 类型赋值时没有添加 L 或 l 标识，则会按照以下方式进行赋值：

```
long number = 123456789 * 987654321;
```
正确的写法为：
```
long number = 123456789L * 987654321L;
```

2.3.4　实型变量

实型变量也称浮点型变量，是指用来存储实型数值的变量。实型数值是由整数和小数两部分组成的。在 C 语言中，实型变量根据实型的精度可以分为单精度类型、双精度类型和长双精度类型，如表 2.6 所示。

表 2.6　实型变量的分类

类 型 名 称	关 键 字
单精度类型	float
双精度类型	double
长双精度类型	long double

1. 单精度类型

单精度类型使用的关键字是 float，在内存中占 4 个字节，取值范围是 $-3.4 \times 10^{-38} \sim 3.4 \times 10^{38}$。定义单精度类型变量的方法是在变量前使用关键字 float。例如，要定义一个变量 fFloatStyle，并为其赋值 3.14 的方法如下：

```
float fFloatStyle;                    /* 定义单精度类型变量 */
fFloatStyle=3.14f;                    /* 为变量赋值 */
```

📖 **学习笔记**

在为单精度类型赋值时，需要在数值后面加"f"，表示该数字的类型是单精度类型，否则默认为双精度类型。

2. 双精度类型

双精度类型使用的关键字是 double，在内存中占 8 个字节，取值范围是 $-1.7 \times 10^{-308} \sim 1.7 \times 10^{308}$。

定义双精度类型变量的方法是在变量前使用关键字 double。例如，要定义一个变量 dDoubleStyle，并为其赋值 5.321 的方法如下：

```
double dDoubleStyle;                  /* 定义双精度类型变量 */
dDoubleStyle=5.321;                   /* 为变量赋值 */
```

2.3.5　字符型变量

字符型变量是用来存储字符常量的变量。将一个字符常量存储到一个字符型变量中，实际上是将该字符的 ASCII 码值（无符号整数）存储到内存单元中。

字符型变量在内存中占一个字节，取值范围是 $-128 \sim 127$。定义一个字符型变量的方法是使用关键字 char。例如，要定义一个字符型变量 cChar，并为其赋值 'a' 的方法如下：

```
char cChar;                           /* 定义字符型变量 */
cChar= 'a';                           /* 为变量赋值 */
```

学习笔记

字符型数据在内存中存储的是字符的 ASCII 码, 即一个无符号整数, 其形式与整数的存储形式一样, 因此在 C 语言中, 字符型数据与整型数据通用。例如:

```
char cChar1;                      /* 字符型变量 cChar1*/
char cChar2;                      /* 字符型变量 cChar2*/
cChar1='a';                       /* 为变量赋值 */
cChar2=97;
printf("%c\n",cChar1);           /* 显示结果为 a, %c 是格式说明, 表示按照字
符型格式进行输出 */
printf("%c\n",cChar2);           /* 显示结果为 a*/
```

从上面的代码可以看到, 本程序定义了两个字符型变量, 在为两个变量赋值时, 一个变量赋值为 'a', 另一个变量赋值为 97。最后显示结果都是字符 a。

（1）一个字符型数据既可以以字符形式输出, 也可以以整数形式输出。

字符型数据与整型数据间的运算

```
01  #include <iostream>                    // 包含头文件
02  using namespace std;                   // 引入命名空间
03  void main()
04  {
05      char c1, c2;                       // 定义两个 char 类型的变量
06      c1 = 'a';                          // 将变量 c1 赋值为 'a'
07      c2 = 'b';                          // 将变量 c2 赋值为 'b'
08      printf("%c,%d\n%c,%d", c1, c1, c2, c2);  // 分别以字符型和整型格式输出变量
09  }
```

程序运行结果如图 2.15 所示。

图 2.15　运行结果

（2）允许对字符型数据进行算术运算, 就是对它们的 ASCII 码值进行算术运算。

字符型数据进行算术运算

```
01  #include<iostream>
02  using namespace std;
03  void main()
04  {
```

```
05      char ch1,ch2;                        // 定义两个变量
06      ch1='a';                             // 赋值为 'a'
07      ch2='B';                             // 赋值为 'B'
08      printf("ch1=%c,ch2=%c\n",ch1-32,ch2+32);          // 用字符型格式输出一个大
    于 256 的数值
09      printf("ch1+10=%d\n", ch1+10);       // 以整型格式输出变量 ch1+10
10      printf("ch1+10=%c\n", ch1+10);       // 以字符型格式输出变量 ch1+10
11      printf("ch2+10=%d\n", ch2+10);       // 以整型格式输出变量 ch2+10
12      printf("ch2+10=%c\n", ch2+10);       // 以字符型格式输出变量 ch2+10
13  }
```

程序运行结果如图 2.16 所示。

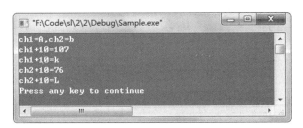

图 2.16　运行结果

2.4　数据类型

微课视频

程序运行时要处理数据。数据都是以自己的一种特定形式存在的（如整型、实型及字符型等），不同的数据类型占用不同的存储空间。C++ 是数据类型非常丰富的语言，常用数据类型如图 2.17 所示。

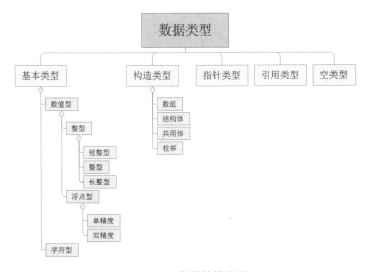

图 2.17　常用数据类型

掌握 C++ 语言的数据类型是学习 C++ 语言的基础。本节将详细介绍这些数据类型。

2.4.1 定义数据类型

C++ 语言中的数据类型主要分为整型和实型（浮点类型）两大类。其中，整型按符号划分，可以分为有符号和无符号两大类；按长度划分，可以分为普通整型、短整型和长整型三类，如表 2.7 所示。

表 2.7　整数类型

类　　型	名　　称	字 节 数	范　　围
[signed] int	短整型	2	$-32768 \sim 32767$，即 $-2^{15} \sim 2^{15}-1$
unsigned short	无符号短整型	2	$0 \sim 65535$，即 $0 \sim 2^{16}-1$
int	整型	4	$-2147483648 \sim 2147483648$，即 $-2^{31} \sim 2^{31}-1$
unsigned int	无符号整型	4	$0 \sim 4294967295$，即 $0 \sim 2^{32}-1$
long int	长整型	4	$-2147483648 \sim 2147483648$，即 $-2^{31} \sim 2^{31}-1$
unsigned long	无符号长整型	4	$0 \sim 4294967295$，即 $0 \sim 2^{32}-1$

学习笔记

表格中的 [] 为可选部分。例如，[signed] long [int] 可以简写为 long。

实型主要包括单精度型、双精度型和长双精度型，如表 2.8 所示。

表 2.8　实数类型

类　　型	名　　称	字 节 数	范　　围
float	单精度型	4	1.2e–38 ～ 2.4e38
double	双精度型	8	2.2e–308 ～ 1.8e308
long double	长双精度型	8	2.2e–308 ～ 1.8e308

在程序中使用实型数据时需要注意以下几点。

1）实数的相加

实型数据的有效数字是有限制的，如单精度型的有效数字是 6 ～ 7 位，如果将数字 86041238.78 赋值给单精度型，显示的数字可能是 86041240.00，个位数 8 被四舍五入，小数位被忽略。如果将 86041238.78 与 5 相加，输出的结果为 86041245.00，而不是 86041242.78。

2）实数与 0 的比较

在开发程序的过程中，经常会进行两个实数的比较，尽量不要使用 "=="或"!="运算符，应使用 ">="或"<="之类的运算符，许多程序开发人员在此经常犯错。例如：

```
float fvar = 0.00001;          // 定义一个浮点型变量
if (fvar == 0.0)               // 判断变量是否为 0
```

...

　　上述代码并不是高质量的代码，如果程序要求的精度非常高，可能会产生未知的结果。通常，在比较实数时需要定义实数的精度。

　　利用实数精度进行实数比较。示例如下：

```
01  #include <stdlib.h>
02  #include <stdio.h>
03
04  void main()
05  {
06      float eps = 0.0000001;                // 定义 0 的精度
07      float fvar = 0.00001;
08      if (fvar >= -eps && fvar <= eps)      // 如果超出精度
09          printf(" 等于零 !\n",fvar);
10      else                                  // 如果没有超出精度
11          printf(" 不等于零 !\n",10);
12  }
```

　　执行结果如图 2.18 所示。

图 2.18　执行结果

2.4.2　字符类型

　　在 C++ 语言中，字符数据使用 "''" 表示，如 'A'、'B' 和 'C' 等。定义字符变量可以使用 char 关键字。例如：

```
01  char c  = 'a';          // 定义一个字符型变量
02  char ch = 'b';          // 定义一个字符型变量
```

　　计算机中的字符是以 ASCII 码的形式存储的，因此可以直接将整数赋值给字符变量。例如：

```
01  char ch = 97;           // 定义一个字符型变量，并将变量赋值为 97(a 的 ASCII 码 )
02  printf("%c\n",ch);      // 输出该变量的值
```

　　输出结果为 "a"，因为 97 对应的 ASCII 码为 "a"。

2.4.3　布尔类型

在逻辑判断中，结果通常只有真和假两个值。C++ 语言提供了布尔类型 bool 来描述真和假。bool 类型共有两个取值，分别为 true 和 false。顾名思义，true 表示真，false 表示假。在程序中，bool 类型被作为整数类型对待，false 表示 0，true 表示 1。将 bool 类型赋值给整型是合法的，反之，将整型赋值给 bool 类型也是合法的。例如：

```
01  bool ret;              // 定义布尔型变量
02  int  var = 3;          // 定义整型变量，并赋值为 3
03  ret = var;             // 将整型值赋值给布尔型变量
04  var = ret;             // 将布尔型值赋值给整型变量
```

微课视频

2.5　数据输入与输出

在用户与计算机进行交互的过程中，数据输入与输出是必不可少的操作，计算机需要通过输入获取用户的操作指令，并且通过输出显示操作结果。本节将介绍数据输入与输出的相关内容。

2.5.1　控制台屏幕

在 NT 内核的 Windows 操作系统中，为了保留 DOS 系统的风格，提供了控制台程序，单击"开始"→"运行"按钮，在"打开"编辑框中输入"cmd.exe"后按 Enter 键，可以启动控制台程序。在控制台中可以运行 DIR、CD、DELETE 等 DOS 系统中的文件操作命令，也可以启动 Windows 程序。控制台屏幕如图 2.19 所示。

使用 VC++ 6.0 创建的控制台工程的程序都将运算结果输出到这个控制台屏幕上，它是程序显示输出结果的地方。

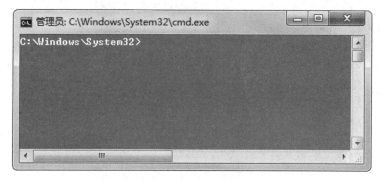

图 2.19　控制台屏幕

2.5.2　C++ 语言中的流

在 C++ 语言中，数据的输入和输出包括标准输入 / 输出设备（键盘和显示器）、外部存储介质（磁盘）上的文件和内存的存储空间三个方面的输入 / 输出。标准输入设备和标准输出设备的输入 / 输出简称"标准 I/O"，外存磁盘上文件的输入 / 输出简称"文件 I/O"，内存中指定的字符串存储空间的输入 / 输出简称"串 I/O"。

C++ 语言把数据之间的传输操作称为"流"。C++ 中的流既可以表示数据从内存传送到某个载体或设备，即输出流；也可以表示数据从某个载体或设备传送到内存缓冲区变量中，即输入流。C++ 中的所有流都是相同的，但文件可以不同（文件流会在后面讲到）。使用流以后，程序用流统一对各种计算机设备和文件进行操作，使程序与设备、文件无关，从而提高了程序设计的通用性和灵活性。

C++ 语言定义了 I/O 类库供用户使用，标准 I/O 操作有四个类对象，分别是 cin、cout、cerr 和 clog。其中，cin 代表标准输入设备——键盘，也称为 cin 流或标准输入流；cout 代表标准输出设备——显示器，也称为 cout 流或标准输出流。进行键盘输入操作时使用 cin 流，进行显示器输出操作时使用 cout 流，进行错误信息输出操作时使用 cerr 或 clog。

C++ 的流通过重载运算符"<<"和">>"执行输入和输出操作。输出操作是向流中插入一个字符序列，因此，在流操作中将左移运算符"<<"称为插入运算符。输入操作是从流中提取一个字符序列，因此，将右移运算符">>"称为提取运算符。C++ 程序的输出示意图如图 2.20 所示。

图 2.20　C++ 程序的输出示意图

1. cout 语句的一般格式

cout 语句的一般格式如下：

```
cout<< 表达式 1<< 表达式 2<<……<< 表达式 n;
```

cout 代表显示器，执行 cout << x 操作就相当于把 x 的值输出到显示器。

先把 x 的值输出到显示器屏幕上，并在当前屏幕光标位置显示出来，然后 cout 流恢复到等待输出状态，以便继续通过插入操作符输出下一个值。当使用插入操作符向一个流输出一个值后，再输出的下一个值将被紧接着放在上一个值的后面，为了让两个值分开，可以在输出一个值后输出一个空格或换行符，或者输出其他需要的字符或字符串。

一个 cout 语句可以分写成若干行。例如：

```
cout<< "Hello World!" <<endl;
```

可以写成：

```
    cout<< "Hello"          // 注意：行末尾无分号
    <<" "
    <<"World!"
    <<endl;                 // 语句最后有分号
```

也可以写成多个 cout 语句：

```
    cout<< "Hello";         // 语句末尾有分号
    cout <<" ";
    cout <<"World!";
    cout<<endl;
```

以上三种情况的输出均正确。

2. cin 语句的一般格式

cin 语句的一般格式如下：

```
    cin>> 变量 1>> 变量 2>>……>> 变量 n;
```

cin 代表键盘，执行 cin>>x 操作就相当于把键盘输入的数据赋值给变量。

当从键盘输入数据时，只有输入完数据并按回车键后，系统才把该行数据存入键盘缓冲区，供 cin 流顺序读取给变量。另外，每个数据之间必须用空格或回车符分开，因为 cin 为一个变量读入数据时是以空格或回车符作为结束标志的。

🗒 **学习笔记**

> 当 n>>x 操作中的 x 为字符指针类型时，要求从键盘的输入中读取一个字符串，并把它赋值给 x 指向的存储空间。若 x 没有事先指向一个允许写入信息的存储空间，则无法完成输入操作。另外，从键盘上输入的字符串，其两边不能带有双引号定界符。若有双引号定界符，则只将其作为双引号字符看待。输入的字符也不能带有单引号定界符。

cin 函数相当于 C 函数中的 scanf，将用户的输入赋值给变量。示例如下：

```
01  #include <iostream.h>
02  void main()
03  {
04      int iInput;
05      cout << "Please input a number:" <<endl;
06      cin >> iInput;
07      cout << "the number is:" << iInput<<endl;
08  }
```

示例将用户输入的数打印出来。

简单输出字符

```
01  #include <iostream.h>
02  void main()
```

```
03  {
04      int  i=0;                            // 定义 int 型变量 i，并赋值为 0
05      cout << i<< endl;                     // 输出变量 i 的值，并输出一个换行符
06      cout << "HelloWorld" <<endl;          // 输出 "HelloWorld"，并输出一个换行符
07  }
```

程序运行后，将向控制台屏幕输出变量 i 的值和 HelloWorld 字符串，运行效果如图 2.21 所示。

图 2.21　运行结果

endl 是向流的末尾加入换行符。i 是一个整型变量，在输出流中自动将整型变量转换成字符串输出。

2.5.3　流输出格式的控制

1. cout 输出格式控制

头文件 iomanip.h 中定义了一些控制流输出格式的函数，在默认情况下，整型数按十进制形式输出，也可以通过 hex 将其设置为十六进制形式输出。流操作的控制的具体函数如表 2.9 所示。

表 2.9　流操作的控制的具体函数

函　　数	说　　明
long setf(long f);	根据参数 f 设置相应的格式标志，返回此前的设置。参数 f 对应的实参为无名枚举类型中的枚举常量（又称格式化常量），可以同时使用一个或多个常量，每两个常量之间要用逻辑或（‖）连接。如果需要左对齐输出，并使数值中的字母大写，则调用该函数的实参为 ios::left|ios::uppercase
long unsetf(long f);	根据参数 f 清除相应的格式标志，返回此前的设置。如果要清除此前的左对齐输出设置，恢复默认的右对齐输出设置，则调用该函数的实参为 ios::left
int width();	返回当前的输出域宽。若返回数值为 0，则表明未对刚才输出的数值设置输出域宽。输出域宽是指输出的值在流中占有的字节数
int width(int w);	设置下一个数据值的输出域宽为 w，返回上一个数据值规定的域宽，若无规定则返回 0。注意，此设置不是一直有效，只对下一个输出数据有效
setiosflags(long f) ;	设置参数 f 对应的格式标志，功能与 setf(long f) 成员函数相同，当然，输出该操作符后返回的是一个输出流。如果采用标准输出流 cout 输出它时，则返回 cout，输出每个操作符后都是如此，即返回输出它的流，以便向流中继续插入下一个数据

函 数	说 明
resetiosflags(long f);	清除参数 f 对应的格式标志，功能与 unsetf(long f) 成员函数相同。输出后返回一个流
setfill(int c);	设置填充字符的 ASCII 码为 c 的字符
setprecision(int n);	设置浮点数的输出精度为 n
setw(int w);	设置下一个数据的输出域宽为 w

数据输入/输出的格式控制还有更简便的形式，就是使用头文件 iomanip.h 中提供的操作符。使用这些操作符不需要调用成员函数，只要把它们作为插入操作符""的输出对象即可。

- dec：转换为按十进制形式输出整数，是默认的输出格式。
- oct：转换为按八进制形式输出整数。
- hex：转换为按十六进制形式输出整数。
- ws：从输出流中读取空白字符。
- endl：输出换行符 \n 并刷新流。刷新流是指把流缓冲区的内容立即写入对应的物理设备上。
- ends：输出一个空字符 \0。
- flush：只刷新一个输出流。

控制打印格式程序

```
01 #include <iostream>
02 #include <iomanip>
03 using namespace std;
04 void main()
05 {
06     double adouble=123.456789012345; // 定义 double 类型的变量 adouble
07     cout << adouble << endl;          // 输出变量 adouble 的值，并换行输出
08     cout << setprecision(9) << adouble << endl;    // 设置浮点数的输出精度为 9
09     cout << setprecision(6);          // 恢复默认格式 ( 精度为 6)
10     cout << setiosflags(ios::fixed);  // 设置格式标志
11     // 设置格式标志和精度，并换行输出 adouble 的值
12     cout << setiosflags(ios::fixed) << setprecision(8) << adouble << endl;
13     // 设置格式标志，并换行输出 adouble 的值
14     cout << setiosflags(ios::scientific) << adouble << endl;
15     // 设置格式标志和精度，并换行输出 adouble 的值
16      cout << setiosflags(ios::scientific) << setprecision(4) << adouble <<
   endl;
17
18     // 整数输出
19     int aint=123456;                  // 对 aint 赋初值
20     cout << aint << endl;             // 输出：123456
```

```
21      cout << hex << aint << endl;          // 输出: 1e240
22      cout << setiosflags(ios::uppercase) << aint << endl; // 输出: 1E240
23      cout << dec << setw(10) << aint <<','<< aint << endl;// 输出: 123456, 123456
24      cout << setfill('*') << setw(10) << aint << endl;// 输出:  **** 123456
25      cout << setiosflags(ios::showpos) << aint << endl;    // 输出:  +123456
26
27      ///////////////////////////////////////////////////////////
28      // 输出大写的十六进制整数
29      int aint_i=0x2F,aint_j=255;          // 定义变量
30      cout << aint_i << endl;              // 输出十进制整数
31      cout << hex << aint_i << endl;       // 输出十六进制整数
32      cout << hex << aint_j << endl;       // 输出十六进制整数
33      // 输出大写的十六进制整数
34      cout << hex << setiosflags(ios::uppercase) << aint_j << endl;
35
36      ///////////////////////////////////////////////////////////
37      // 控制输出精确度
38      int aint_x=123;                      // 定义整型变量并赋值
39      double adouble_y=-3.1415;            // 定义双精度浮点型变量并赋值
40
41      cout << "aint_x=";                   // 输出字符串
42      cout.width(10);                      // 设置宽度为 10
43      cout << aint_x; // 输出 aint_x 变量的值:'      123',该值前面有 7 个空格
44      cout << "adouble_y=";                // 输出字符串
45      cout.width(10);                      // 设置宽度为 10
46      cout << adouble_y <<endl;  // 输出 adouble_y 变量的值:'   -3.1415',该值前
    面有 3 个空格
47
48      cout.setf(ios::left);                // 设置左对齐
49      cout << "aint_x=";                   // 输出字符串
50      cout.width(10);                      // 设置宽度为 10
51      cout << aint_x;    // 输出 aint_x 变量的值:'123        ',该值后面有 7 个空格
52      cout << "adouble_y=";                // 输出字符串
53      cout << adouble_y <<endl;            // 输出 adouble_y 变量的值:'-3.1415   ',
    该值后面有 3 个空格
54
55      cout.fill('*');                      // 设置填充的字符为 *
56      cout.precision(4);                   // 设置精度为 4 位
57      cout.setf(ios::showpos);             // 设置输出时显示符号
58      cout << "aint_x=";                   // 字符串
59      cout.width(10);                      // 设置宽度为 10
60      cout << aint_x;                      // 输出 aint_x 变量的值:'+123******'
61      cout << "adouble_y=";                // 输出字符串
62      cout.width(10);                      // 设置宽度为 10
63      cout << adouble_y <<endl;            // 输出 adouble_y 变量的值:'-3.142****'
```

```
64
65        //////////////////////////////////////////////////////////
66        // 流输出小数控制
67        float afloat_x=20,afloat_y=-400.00;
68        cout << afloat_x <<' '<< afloat_y << endl;
69        cout.setf(ios::showpoint);           // 强制显示小数点和无效的 0
70        cout << afloat_x <<' '<< afloat_y << endl;
71        cout.unsetf(ios::showpoint);
72        cout.setf(ios::scientific);           // 设置按科学表示法输出
73        cout << afloat_x <<' '<< afloat_y << endl;
74        cout.setf(ios::fixed);               // 设置按定点表示法输出
75        cout << afloat_x <<' '<< afloat_y << endl;
76    }
```

程序运行结果如图 2.22 所示。

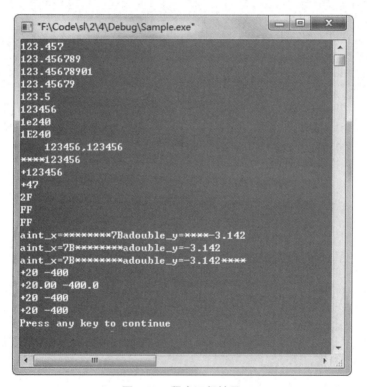

图 2.22 程序运行结果

2. printf 函数输出格式控制

C++ 语言还保留着 C 语言中的屏幕输出函数 printf，使用它可以将任意类型的数据输入到屏幕。printf 函数的声明形式如下：

```
printf("[控制格式]... [控制格式]...",数值列表);
```

函数 printf 是变参函数，数值列表中可以有多个数值，数值的个数不是确定的，每个数值之间用逗号运算符隔开；控制格式表示数值以哪种格式输出，它的数量要与数值的个数一致，否则程序运行时会产生错误。

控制格式是由"%+ 特定字符"构成的，形式如下：

%[*][域宽][长度]类型

* 代表可以使用占位符，域宽表示输出的长度。如果输出的内容没有域宽长，用占位符占位；如果输出的内容比域宽长，就按实际内容输出，以适应域宽。长度决定输出内容的长度，例如，%d 代表以整型数据格式输出。输出类型如表 2.10 所示。

表 2.10　输出类型

格 式 字 符	格 式 意 义
d	以十进制形式输出带符号整数（正数不输出符号）
o	以八进制形式输出无符号整数（不输出前缀 o）
x	以十六进制形式输出无符号整数（不输出前缀 ox）
u	以十进制形式输出无符号整数
c	输出单个字符
s	输出字符串
f	以小数形式输出单、双精度实数
e	以指数形式输出单、双精度实数
g	以 %f%e 中较短的输出宽度输出单、双精度实数

（1）d 格式符：以十进制形式输出整数。有以下几种用法：

● %d：按整型数据的实际长度输出。

● %*md：m 为指定的输出字段的宽度。如果数据的位数小于 m，用 * 指定的字符占位；如果 * 未指定用空格占位，而且数据的位数大于 m，则按实际位数输出。

● %ld：输出长整型数据。

（2）o 格式符：以八进制形式输出整数。有以下几种用法：

● %o：按整型数据的实际长度输出。

● %*mo：m 为指定的输出字段的宽度。如果数据的位数小于 m，用 * 指定的字符占位；如果 * 未指定用空格占位，而且数据的位数大于 m，则按实际位数输出。

● %lo：输出长整型数据。

（3）x 格式符：以十六进制形式输出整数。有以下几种用法：

● %x：按整型数据的实际长度输出。

● %*mx：m 为指定的输出字段的宽度。如果数据的位数小于 m，用 * 指定的字符占位；如果 * 未指定用空格占位，而且数据的位数大于 m，则按实际位数输出。

● %lx：输出长整型数据。

（4）s 格式符：输出一个字符串。有以下几种用法：

● %s：按实际长度输出。

- %*ms：输出的字符串占 m 位。如果字符串本身的长度大于 m，则突破 m 的限制，用 * 指定的字符占位；如果 * 未指定用空格占位，而且字符串长度小于 m，则左补空格。
- %-ms：如果字符串长度小于 m，则在 m 位范围内，字符串向左靠，右补空格。
- %m.ns：输出的字符串占 m 位，但只取字符串左端 n 个字符。这 n 个字符输出在 m 位的右侧，左补空格。
- %-m.ns：输出长整型数据，且输出的字符串占 m 位，但只取字符串左端 n 个字符。这 n 个字符输出在 m 位的左侧，右补空格。

（5）f 格式符：以小数形式输出浮点型数据。有以下几种用法：

- %f：不指定字段宽度，整数部分全部输出，小数部分输出 6 位。
- %m.nf：输出的数据占 m 位，其中有 n 位小数。如果数值长度小于 m，则左端补空格。
- %-m.nf：输出的数据占 m 位，其中有 n 位小数。如果数值长度小于 m，则右端补空格。

（6）e 格式符：以指数形式输出浮点型数据。有以下几种用法：

- %e：不指定输出数据的宽度和小数位数。
- %m.ne：输出的数据占 m 位，其中有 n 位小数。如果数值长度小于 m，则左端补空格。
- %-m.ne：输出的数据占 m 位，其中有 n 位小数。如果数值长度小于 m，则右端补空格。

使用 printf 进行输出

```
01  #include <iostream>
02  void main()
03  {
04      // 输出占位符
05      printf("%4d\n",1);                    // 用空格做占位符
06      printf("%04d\n",1);                   // 用 0 做占位符
07      int aint_a=10,aint_b=20;
08      printf("%d%d\n",aint_a,aint_b);       // 相当于字符连接
09
10
11      // 控制字符串输出格式
12      char *str="helloworld";
13      printf("%s\n%10.5s\n%-10.2s\n%.3s",str,str,str,str);
14
15
16      // 浮点数输出格式
17      float afloat=2998.453257845;
18      double adouble=2998.453257845;
19
20      // 以指定的格式输出 afloat 和 adouble
21      printf("%f\n%15.2f\n%-10.3f\n%f",afloat,afloat,afloat,adouble);
22
```

```
23        //  以科学记数法输出
24        printf("%e\n%15.2e\n%-10.3e\n%e",afloat,afloat,afloat,adouble);
25    }
```

程序运行结果如图 2.23 所示。

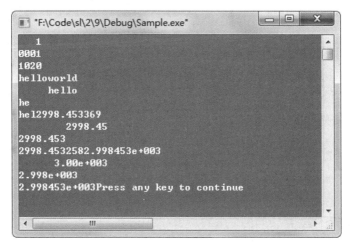

图 2.23　程序运行结果

第 3 章　运算符与表达式

C++ 提供了丰富的运算符，方便开发人员使用，这也是 C++ 语言灵活的体现。本章将讲述程序开发的关键部分——表达式与语句。通过阅读本章，你可以：

- 掌握常用的运算符号。
- 掌握运算符之间的优先级。
- 了解由不同运算符组成的表达式。
- 了解什么是语句。

3.1　运算符

运算符就是具有运算功能的符号。C++ 语言中有丰富的运算符，其中很多运算符都是从 C 语言继承下来的，新增的运算符有：作用域运算符 :: 和成员指针运算符 ->。

和 C 语言一样，根据使用运算符的对象个数，C++ 将运算符分为单目运算符、双目运算符和三目运算符。根据使用运算符的对象之间的关系，C++ 将运算符分为算术运算符、关系运算符、逻辑运算符、赋值运算符和逗号运算符。

3.1.1　算术运算符

算术运算主要指常用的加（+）、减（−）、乘（*）、除（/）四则运算。算术运算符中有单目运算符和双目运算符。算术运算符如表 3.1 所示。

表 3.1　算术运算符

操 作 符	功 能	目 数	用 法
+	加法运算符	双目	expr1 + expr2
−	减法运算符	双目	expr1 − expr2
*	乘法运算符	双目	expr1 * expr2
/	除法运算符	双目	expr1 / expr2
%	模运算	双目	expr1 % expr2
++	自增加	单目	++expr 或 expr++
−−	自减少	单目	−−expr 或 expr−−

📋 **学习笔记**

expr 表示使用运算符的对象，可以是表达式、变量或常量。

C++ 有两个特殊的算术运算符，即自增运算符 "++" 和自减运算符 "--"，就像公交车上的乘客数量，每上来一位乘客，乘客的数量就会增加一位，此时就可以使用自增运算符，因为自增运算符的作用就是使变量值增加 1。同理，自减运算符的作用就是使变量值减少 1，例如，公交车上的座位，每上来一位乘客，座位就减少一个，此时就可以使用自减运算符。

自增运算符和自减运算符可以放在变量的前面或后面，放在变量前面称为前缀，放在变量后面称为后缀，使用的一般方法如图 3.1 所示。

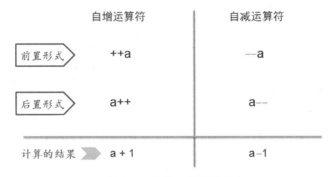

图 3.1　自增、自减形式

从图 3.1 可以看出，自增、自减运算符的位置并不重要，因为得到的结果是一样的，自减就是减 1，自增就是加 1。

📋 **学习笔记**

在表达式内部，作为运算的一部分，前缀和后缀的用法可能有所不同。如果运算符放在变量前面，那么变量在参加表达式运算之前完成自增或自减运算；如果运算符放在变量后面，那么变量的自增或自减运算在变量参加表达式运算之后完成，如图 3.2 所示。

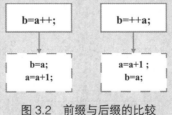

图 3.2　前缀与后缀的比较

📋 **学习笔记**

自增、自减运算符是单目运算符，因此表达式和常量不可以进行自增、自减，例如，5++ 和（a+5）++ 都是不合法的。

3.1.2　关系运算符

在数学中，经常会比较两个数的大小。如图 3.3 所示，小明的数学成绩是 90 分，小红的数学成绩是 95 分，在单科成绩单中，小红的排名高于小明，这就使用了这节要讲的关系运算符。在 C++ 中，关系运算符的作用就是判断两个操作数的大小。

图 3.3　数学成绩示意图

关系运算符如表 3.2 所示。

表 3.2　关系运算符

操　作　符	功　　能	目　　数	用　　法
<	小于	双目	expr1 < expr2
>	大于	双目	expr1 > expr2
>=	大于或等于	双目	expr1 >= expr2
<=	小于或等于	双目	expr1 <= expr2
==	恒等于	双目	expr1 == expr2
!=	不等于	双目	expr1 != expr2

📋 **学习笔记**

> 符号 ">=" 与 "<=" 的意思分别是大于或等于、小于或等于。

关系运算符都是双目运算符，结合性均为左结合。关系运算符的优先级低于算术运算符，高于赋值运算符。在六个关系运算符中，<、<=、>、>= 的优先级相同，且高于 == 和 !=，== 和 != 的优先级相同。

3.1.3　逻辑运算符

在招聘信息上常常会看到对年龄的要求，如年龄在 18 岁以上 35 岁以下。用 C++ 怎样表达这句话的意思呢？如图 3.4 所示。

age>18&&age<35

图 3.4　招聘要求

如图 3.4 所示的 && 就是逻辑运算符，逻辑运算符对真和假两种逻辑值进行运算，结果仍是一个逻辑值。逻辑运算符如表 3.3 所示。

表 3.3 逻辑运算符

操 作 符	功 能	目 数	用 法
&&	逻辑与	双目	expr1 && expr2
||	逻辑或	双目	expr1 || expr2
!	逻辑非	单目	!expr

变量 a 和 b 的逻辑运算结果如表 3.4 所示。

表 3.4 逻辑运算结果

a	b	a && b	a || b	!a	!b
0	0	0	0	1	1
0	非 0	0	1	1	0
非 0	0	0	1	0	1
非 0	非 0	1	1	0	0

学习笔记

用 "1" 代表真, 用 "0" 代表假。

其中的表达式仍可以是逻辑表达式, 从而组成嵌套的情形。例如: (a||b)&&c 的结合方式是自左到右。

求逻辑表达式的值

```
01  #include<iostream>
02  using namespace std;
03  void main()
04  {
05      int i=5,j=8,k=12,l=4,x1,x2;
06      x1=i>j&&k>l;                    // 先进行 "大于" 运算, 再进行 "与" 运算
07      x2=!(i>j)&&k>l;                 // 运算顺序 :i>j→!→k>l→&&
08      printf("%d,%d\n",x1,x2);
09  }
```

程序运行结果如图 3.5 所示。

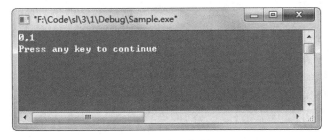

图 3.5 程序运行结果

3.1.4 赋值运算符

在程序中常常遇到的符号 "=" 就是赋值运算符，它的作用就是将一个数值赋给一个变量。在 C++ 中，赋值的一般形式如图 3.6 所示。

图 3.6　赋值运算

赋值运算符分为简单赋值运算符和复合赋值运算符，复合赋值运算符又称 "带有运算的赋值运算符"，简单赋值运算符就是给变量赋值的运算符。例如：

变量 = 表达式

等号 "=" 就是简单赋值运算符。

C++ 提供了很多复合赋值运算符，如表 3.5 所示。

表 3.5　复合赋值运算符

操　作　符	功　　能	目　　数	用　　法
+=	加法赋值	双目	expr1 += expr2
-=	减法赋值	双目	expr1 -= expr2
*=	乘法赋值	双目	expr1 *= expr2
/=	除法赋值	双目	expr1 /= expr2
%=	模运算赋值	双目	expr1 % = expr2
<<=	左移赋值	双目	expr1 <<= expr2
>>=	右移赋值	双目	expr1 >>= expr2
&=	按位与运算并赋值	双目	expr1 &= expr2
| =	按位或运算并赋值	双目	expr1 |= expr2
^=	按位异或运算并赋值	双目	expr1 ^= expr2

复合赋值运算符都是由等同的简单赋值运算符和其他运算符组成的。

a+=b 等价于 a=a+b
a-=b 等价于 a=a-b
a*=b 等价于 a=a*b
a/=b 等价于 a=a/b
a%=b 等价于 a=a%b
a<<=b 等价于 a=a<<b
a>>=b 等价于 a=a>>b
a&=b 等价于 a=a&b
a^=b 等价于 a=a^b
a|=b 等价于 a=a|b

复合赋值运算符都是双目运算符，C++ 采用这种运算符可以更高效地进行加运算，编译器在生成目标代码时能够直接优化，可以使程序代码更少。这种书写形式也非常简洁，使代码更紧凑。

复合赋值运算符将运算结果返回，并作为表达式的值，同时把操作数对应的变量设为运算结果值。例如：

```
int a=6;
a*=5;
```

运算结果是：a= 30。a*=5 等价于 a=a*5，a*5 的运算结果作为临时变量赋给变量 a。

3.1.5　位运算符

位运算符有位逻辑与、位逻辑或、位逻辑异或和取反运算符。其中，位逻辑与、位逻辑或、位逻辑异或为双目运算符，取反运算符为单目运算符。位运算符如表 3.6 所示。

表 3.6　位运算符

操　作　符	功　　能	目　　数	用　　法
&	位逻辑与	双目	expr1 & expr2
|	位逻辑或	双目	expr1 | expr2
^	位逻辑异或	双目	expr1 ^ expr2
~	取反运算符	单目	~expr

在双目运算符中，位逻辑与优先级最高，位逻辑或次之，位逻辑异或最低。

（1）位逻辑与实际上是先将操作数转换成二进制表示方式，然后将两个二进制操作数对象从低位（最右边）到高位对齐，再每位求与。若两个操作数对象同一位都为 1，则结果对应位为 1，否则结果对应位为 0。例如，12 和 8 经过位逻辑与运算后得到的结果是 8。

```
      0000 0000 0000 1100        （十进制 12 原码表示）
   &  0000 0000 0000 1000        （十进制 8 原码表示）
      0000 0000 0000 1000        （十进制 8 原码表示）
```

学习笔记

> 十进制数在用二进制数表示时有原码、反码、补码多种表示方式。

（2）位逻辑或实际上是先将操作数转换成二进制表示方式，然后将两个二进制操作数对象从低位（最右边）到高位对齐，再每位求或。若两个操作数对象同一位都为 0，则结果对应位为 0，否则结果对应位为 1。例如，4 和 8 经过位逻辑或运算后得到的结果是 12。

```
      0000 0000 0000 0100        （十进制 4 原码表示）
   |  0000 0000 0000 1000        （十进制 8 原码表示）
      0000 0000 0000 1100        （十进制 12 原码表示）
```

（3）位逻辑异或实际上是先将操作数转换成二进制表示方式，然后将两个二进制操作数对象从低位（最右边）到高位对齐，再每位求异或。若两个操作数对象同一位不同时为1，则结果对应位为1，否则结果对应位为0。例如，31 和 22 经过位逻辑异或运算后得到的结果是 31。

```
  0000 0000 0001 1111        （十进制 31 原码表示）
^ 0000 0000 0001 0110        （十进制 22 原码表示）
  0000 0000 0001 1111        （十进制 31 原码表示）
```

（4）取反运算符实际上是先将操作数转换成二进制表示方式，然后将各二进制位由1变为0、由0变为1。例如，41883 取反运算后得到的结果是 23652。

```
~ 1010 0011 1001 1011        （十进制 41883 原码表示）
  0101 1100 0110 0100        （十进制 23652 原码表示）
```

逻辑位运算符实际上是算术运算符，用该运算符组成的表达式的值是算术值。

使用位运算

```
01   #include <iostream>
02   using namespace std;
03   void main()
04   {
05       int x = 123456;
06       printf("12 与 8 的结果：%d\n", (12 & 8)); // 位逻辑与计算整数的结果
07       printf("4 或 8 的结果：%d\n", (4 | 8));   // 位逻辑或计算整数的结果
08       printf("31 异或 22 的结果：%d\n", (31 ^ 22));   // 位逻辑异或计算整数的结果
09       printf("123 取反的结果：%d\n", ~x);       // 位逻辑取反计算整数的结果
10       // 位逻辑与计算布尔值的结果
11       printf("2>3 与 4!=7 的与结果：%d\n", (2 > 3 & 4 != 7));
12       // 位逻辑或计算布尔值的结果
13       printf("2>3 与 4!=7 的或结果：%d\n", (2 > 3 | 4 != 7));
14       // 位逻辑异或计算布尔值的结果
15       printf("2<3 与 4!=7 的异或结果：%d\n", (2 < 3 ^ 4 != 7));
16   }
```

运算结果如图 3.7 所示。

图 3.7　运算结果

3.1.6 移位运算符

移位运算符有两个，分别是左移 << 和右移 >>，它们都是双目的。

（1）左移是将一个二进制操作数对象按指定的位数向左移动，左边（高位端）溢出的位被丢弃，右边（低位端）的空位用 0 补充。左移位运算相当于乘以 2 的幂，如图 3.8 所示。

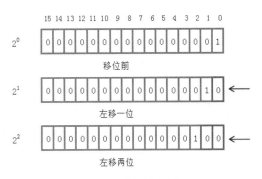

图 3.8 左移位运算

例如，操作数 41883 的二进制是 1010 0011 1001 1011，左移一位变成 18230，左移两位变成 36460，运行过程如图 3.9 所示（假设该操作数为 16 位操作数）。

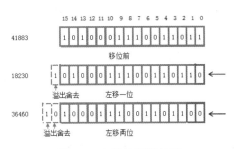

图 3.9 左移位运算过程

（2）右移是将一个二进制操作数对象按指定的位数向右移动，右边（低位端）溢出的位被丢弃，左边（高位端）的空位或者一律用 0 填充，或者用被移位操作数的符号位填充。运算结果和编译器有关，在使用补码的机器中，正数的符号位为 0，负数的符号位为 1。右移位运算相当于除以 2 的幂，如图 3.10 所示。

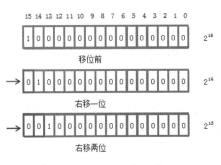

图 3.10 右移位运算

例如，操作数 41883 的二进制是 1010 0011 1001 1011，右移一位变成 20941，右移两位变成 10470，运行过程如图 3.11 所示（假设该操作数为 16 位操作数）。

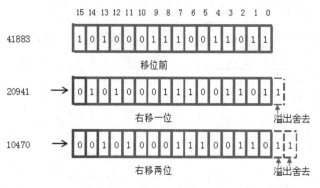

图 3.11　右移位运算过程

左移位运算

```
01  #include<iostream>
02  using namespace std;
03  void main()
04  {
05      int a=0x40,b;
06      b=a<<1;                    // 将 a 左移一位的结果赋值给 b
07      cout << b << endl;
08  }
```

运算结果是：

```
128
```

由于位运算的速度很快，所以遇到乘以或除以 2 的幂的情况，一般采用位运算。

3.1.7　sizeof 运算符

sizeof 运算符是一个很像函数的运算符，也是唯一一个用到字母的运算符。该运算符有以下两种形式：

```
sizeof(类型说明符)
sizeof(表达式)
```

sizeof 运算符的功能是返回指定的数据类型或表达式值的数据类型在内存中占用的字节数。

📋 学习笔记

> 由于 CPU 寄存器的位数不同，所以同种数据类型占用的内存字节数就可能不同。

例如：

```
sizeof (char)
```

返回 1，说明 char 类型占用 1 个字节。

```
sizeof (void *)
```

返回 4，说明 void 类型的指针占用 4 个字节。

```
sizeof (66)
```

返回 4，说明数字 66 占用 4 个字节。

3.1.8 条件运算符

条件运算符是 C++ 中仅有的一个三目运算符，该运算符需要三个运算数对象，形式如下：

<表达式 1> ? <表达式 2> ：<表达式 3>

表示式 1 是一个逻辑值，可以为真或假。若表达式 1 为真，则运算结果是表达式 2；如果表达式 1 为假，则运算结果是表达式 3。这个运算相当于一个 if 语句。

3.1.9 逗号运算符

C++ 中的逗号 "," 也是一种运算符，称为逗号运算符。逗号运算符的优先级别最低，结合方向自左至右，功能是把两个表达式连接起来组成一个表达式。逗号运算符是一个多目运算符，并且操作数的个数不限定，可以将任意多个表达式组成一个表达式。

例如：

```
x,y,z
a=1,b=2
```

逗号运算符应用

```
01  #include<iostream>
02  using namespace std;
03  void main()
04  {
05      int a=4,b=6,c=8,res1,res2;              // 定义变量
06      res1=a,res2=b+c;                        // 计算 res1 和 res2 的值
07      for(int i=0,j=0; i<2; i++)              // 循环两次
08      {
09          printf("y=%d,x=%d\n",res1,res2);    // 输出 res1 和 res2 的值
10      }
11  }
```

程序运行结果如图 3.12 所示。

实例中多处用到了逗号表达式：变量赋初值时、for 循环语句中、printf 打印语句中。其中，res1=a,res2=b+c; 比较难理解，res1 是第一个表达式的值；res2 等于整个逗号表达式的值，也就是表达式 2 的值。

图 3.12　运行结果

逗号表达式的注意事项如下。

（1）逗号表达式可以嵌套，形式如下：

表达式 1，（表达式 2，表达式 3）

嵌套的逗号表达式可以转换成扩展形式，扩展形式如下：

表达式 1，表达式 2，…，表达式 *n*

整个逗号表达式的值等于表达式 *n* 的值。

（2）在程序中使用逗号表达式，通常是分别求逗号表达式内各表达式的值，并不一定要求整个逗号表达式的值。

（3）并不是在所有出现逗号的地方组成逗号表达式，例如，在变量说明中，函数参数表中的逗号只是各变量之间的间隔符。

3.2　结合性和优先级

微课视频

运算符优先级决定各个运算符在表达式中执行的顺序。高优先级运算符先于低优先级运算符进行运算。例如，根据先乘除后加减的原则，表达式"a+b*c"会先计算 b*c，得到的结果再与 a 相加。在优先级相同的情况下，则按从左到右的顺序进行计算。

表达式中出现的括号会改变优先级。先计算括号中的子表达式值，再计算整个表达式的值。

运算符的结合方式有两种：左结合和右结合。左结合表示运算符优先与其左边的标识符结合，如加法运算；右结合表示运算符优先与其右边的标识符结合，如单目运算符 +、-。

同一优先级的优先级相同，运算次序由结合方向决定。例如 1*2/3，* 和 / 的优先级相同，结合方向自左向右，等价于 (1*2)/3。

运算符的优先级与结合性如表 3.7 所示。

表 3.7　运算符优先级

操　作　符	名　　　称	优　先　级	结　合　性
()	圆括号	1（最高）	→
[]	下标		
->	取类或结构分量		
.	取类或结构成员		

续表

操　作　符	名　　称	优　先　级	结　合　性
! ~ ++ -- - & * （类型） sizeof	逻辑非 按位取反 自增 1 自减 1 取负 取地址 取内容 强制类型转换 长度计算	2	←
* / %	乘 除 整数取模	3	→
+ -	加 减	4	→
<< >>	左移 右移	5	→
< <= > >=	小于 小于或等于 大于 大于或等于	6	→
== !=	恒等于 不等于	7	→
&	按位与	8	→
~	按位异或	9	→
|	按位或	10	→
&&	逻辑与	11	→
||	逻辑或	12	→
? :	条件	13	←
= /= %= *= -= >>= <<= &= ^ |=	赋值 / 运算并赋值 % 运算并赋值 * 运算并赋值 - 运算并赋值 >> 运算并赋值 << 运算并赋值 & 运算并赋值 ^ 运算并赋值 | 运算并赋值	14	←
,	逗号（顺序求值）	15（最低）	→

微课视频

3.3 表达式

3.3.1 表达式概述

看到"表达式"三个字就会不由自主地想到数学表达式，数学表达式是由数字、运算符和括号等组成的，如图 3.13 所示。

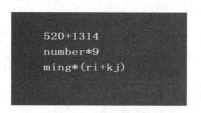

图 3.13　数学表达式

数学表达式在数学中是至关重要的，同样的，表达式在 C++ 中也很重要，它是 C++ 的主体。在 C++ 中，表达式由操作符和操作数组成。根据表达式所含操作符的个数，可以把表达式分为简单表达式和复杂表达式两种。简单表达式是只含有一个操作符的表达式，复杂表达式是包含两个或两个以上操作符的表达式，如图 3.14 所示。

图 3.14　表达式种类

根据运算符的不同，带运算符的表达式可以分成算术表达式、关系表达式、逻辑表达式、条件表达式和赋值表达式等。

3.3.2 表达式中的类型转换

变量的数据类型转换的方法有两种，一种是隐式类型转换，一种是强制类型转换。

1. 隐式类型转换

隐式类型转换发生在不同数据类型的量混合运算时，由编译系统自动完成。

隐式类型转换遵循以下规则。

（1）若参与运算量的数据类型不同，则先转换成同一数据类型，然后进行运算。赋值时会把赋值数据类型和被赋值数据类型转换成同一数据类型，一般将赋值号右边量的数据类型转换为左边量的数据类型。如果右边量的数据类型长度比左边长，将丢失一部分数据，这样会降低精度，丢失的部分按四舍五入原则向前舍入。

（2）转换按数据由低到高的顺序执行，以保证精度不降低。就像倒水，如图 3.15 所示，如果小杯中的水倒进大杯，那么水就不会流失。但是，如果大杯中的水倒进小杯，那么水就会溢出，如图 3.16 所示。数据也是一样，较长的数据就像大杯里的水，较小的数据就像小杯里的水，如果把较长的数据类型变量的值赋给较短的数据类型变量，那么就会降低级别表示，当数据超过较短的数据类型的可表示范围时，就会发生数据截断，就如同溢出的水。

图 3.15　自动转换　　　　图 3.16　强制转换

隐式类型转换的顺序如图 3.17 所示。

图 3.17　隐式类型转换

隐式类型转换

```
01  #include<iostream>
02  using namespace std;
03  void main()
04  {
05      double result;
06      char a='k';
07      int b=10;
08      float e=1.515;
```

```
09      result=(a+b)-e;              // 字符型 + 整型 - 单精度浮点型
10      printf("%f\n",result);       // 输出结果
11  }
```

程序运行结果如图 3.18 所示。

图 3.18　程序运行结果

2. 强制类型转换

强制类型转换是通过类型转换运算实现的，一般形式为：

　类型说明符　（表达式）

或

　（类型说明符）　表达式

强制类型转换的功能是把表达式的运算结果强制转换成类型说明符表示的类型。
例如：

```
(float) x;
```

表示把 x 转换为单精度型。

```
(int)(x+y);
```

表示把 x+y 的结果转换为整型。

```
int(1.3)
```

表示一个整数。

强制类型转换后不改变数据说明对该变量定义的类型。例如：

```
double x;
(int)x;
```

x 仍为双精度类型。

使用强制类型转换的优点是编译器不必自动进行两次转换，而是由程序员保证类型转换的正确性。

强制类型转换应用

```
01  #include<iostream>
02  using namespace std;
```

```
03  void main()
04  {
05      float i,j;
06      int k;
07      i=60.25;
08      j=20.5;
09      k=(int)i+(int)j;      // 强制转换 i 和 j 为整型，并求和
10      cout << k << endl;   // 输出 k 的值
11  }
```

程序运行结果：

```
80
```

微课视频

3.4 判断左值与右值

C++ 中的每个语句、表达式的结果均分为左值与右值两类。左值指的是内存中持续储存的数据，右值是临时储存的结果。

在程序中，我们声明过的独立变量都是左值，例如：

```
int k;
short p;
char a;
```

又如：

```
int a = 0;
int b = 2;
int c = 3;
a = c-b;
b = a++;
c = ++a;
c--;
```

c-b 是储存表达式结果的临时数据，它的结果将被复制到 a 中，所以它是一个右值。a++ 自增的过程实质上是一个临时变量执行了表达式，而 a 的值已经自增了。++a 恰好与 a++ 相反，它是自增之后的 a，是一个左值。由此可见，c-- 是一个右值。

左值都可以出现在表达式等号的左边，所以被称为左值，若表达式的结果不是一个左值，那么表达式的值一定是一个右值。

第 4 章 条件判断语句

在生活中，我们常常需要做出选择，例如：午餐吃什么，下班乘坐什么交通工具回家，等等。在 C++ 中，为了解决一些类似的问题，同样需要做出选择。本章将详细介绍 C++ 中的选择流程结构（又叫条件判断），让你不再为选择犯难。

4.1 决策分支

计算机的主要功能是计算，但在计算的过程中会遇到各种各样的情况，针对不同的情况会有不同的处理方法，这就要求程序开发语言具有处理决策的能力。汇编语言使用判断指令和跳转指令实现决策，高级语言使用选择判断语句实现决策。

一个决策系统就是一个分支结构，这种分支结构就像一个树形结构，每到一个节点都需要做决定。就像人走到十字路口，需要决定是向前走还是向左走，或是向右走。不同的分支代表不同的决定。十字路口的分支结构如图 4.1 所示。

为描述决策系统的流通，设计人员开发了流程图。流程图使用图形描述系统不同状态的不同处理方法。开发人员使用流程图表现程序的结构。

主要的流程图符号如图 4.2 所示。

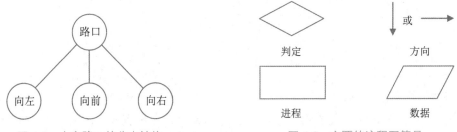

图 4.1　十字路口的分支结构　　　　　　图 4.2　主要的流程图符号

使用流程图描述十字路口转向的决策，利用方位做决定，判断方位是否是南方，如果是南方就向前行，如果不是南方就寻找南方，如图 4.3 所示。

程序中使用选择判断语句做决策，这是编程语言的基础语句。C++ 语言有三种形式的选择判断语句，同时提供 switch 语句，简化了多分支决策的处理。下面对选择判断语句进行介绍。

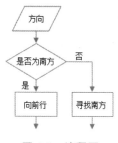

图 4.3 流程图

📋 **学习笔记**

选择判断语句可以简称为判断语句，有的书中也称其为分支语句。

4.2 判断语句

微课视频

4.2.1 第一种形式的判断语句——if 语句

C++ 语言使用 if 关键字组成判断语句，第一种判断语句的形式如下：

```
if ( 表达式 )
    语句
```

表达式一般为关系表达式，表达式的运算结果应该是真或假（true 或 false）。如果表达式为真，则执行语句；如果表达式为假，则执行下一条语句。用流程图表示第一种形式的判断语句，如图 4.4 所示。

if 语句就像一辆行驶的火车，从 A 站出发，可以直接到达 C 站，也可以经过 B 站到达 C 站，如图 4.5 所示。

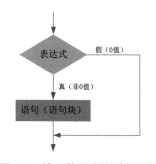

图 4.4 第一种形式的判断语句　　　　　　　图 4.5 模拟 if 语句

判断输入数是否为奇数

```
01  #include <iostream>
02  using namespace std;
03  void main()
```

```
04  {
05      int iInput;
06      cout << "Input a value:" << endl;
07      cin >> iInput; // 输入一个整型数
08      if(iInput%2!=0)
09          cout << "The value is odd number" << endl;
10  }
```

用流程图描述判断语句的执行过程，如图 4.6 所示。

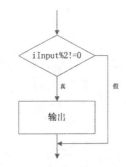

图 4.6　判断语句的执行过程

本程序分两步执行。

（1）先定义一个整型变量 iInput，然后使用 cin 获得用户输入的整型数据。

（2）变量 iInput 的值与 2 进行 % 运算，如果运算结果不为 0，表示用户输入的数据是奇数，则输出字符串"The value is odd number"。如果运算结果为 0，则不进行任何输出，程序执行完毕。

📋 学习笔记

整数与 2 进行 % 运算，结果只有 0 或 1 两种情况。

要注意第一种形式的判断语句的书写格式。

判断语句：

```
if(a>b)
    max=a;
```

可以写成：

```
if(a>b)    max=a;
```

但不建议使用"if(a>b) max=a;"这种书写方式，因为这种书写方式不便于阅读。

判断形式中的语句可以是复合语句，也就是说，可以用花括号括起多条简单语句。例如：

```
if(a>b)
{
    tmp=a;
```

```
        b=a;
        a=tmp;
    }
```

4.2.2　第二种形式的判断语句——if…else 语句

第二种形式的判断语句使用 else 关键字，形式如下：

```
if(表达式)
    语句1;
else
    语句2;
```

表达式是一个关系表达式，表达式的运算结果应该是真或假（true 或 false），如果表达式的值为真，则执行语句 1，否则执行语句 2。

第二种形式的判断语句相当于汉语里的"如果……那么……"语句，用流程图表示第二种形式的判断语句，如图 4.7 所示。

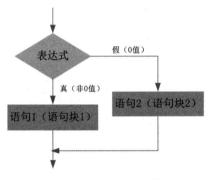

图 4.7　第二种形式的判断语句

if…else 语句就像一辆行驶的火车，只有两条轨道可以选择，如图 4.8 所示。

图 4.8　模拟 if…else 语句

根据分数判断成绩是否优秀

```
01  #include <iostream>
02  using namespace std;
03  void main()
04  {
```

```
05      int iInput;
06      cin >> iInput;
07      if(iInput>90)
08          cout << "It is Good" << endl;
09      else
10          cout << "It is not Good" << endl;
11  }
```

用流程图描述判断语句的执行过程，如图 4.9 所示。

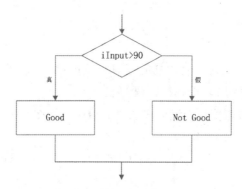

图 4.9   判断语句的执行过程

本程序需要和用户交互，用户输入一个数值，程序将该数值赋值给 iInput 变量，然后判断输入的数据是否大于 90，如果数据大于 90，则输出字符串 "It is Good"，否则输出字符串 "It is not Good"。

改进的奇偶性判断

```
01  #include <iostream>
02  using namespace std;
03  void main()
04  {
05      int iInput;
06      cout << "Input a value:" << endl;
07      cin >> iInput;      // 输入一个整型数
08      if(iInput%2!=0)
09          cout << "The value is odd number" << endl;
10      else
11          cout << "The value is even number" << endl;
12  }
```

程序分两步执行。

（1）先定义一个整型变量 iInput，然后使用 cin 获得输入的整型数据。

（2）变量 iInput 的值与 2 进行 % 运算，如果运算结果不为 0，表示输入的数据是奇数，则输出字符串 "The value is odd number"；如果运算结果为 0，表示输入的数据是偶数，则输出字符串 "The value is even number"，程序执行完毕。

使用 else 时的注意事项如下：

● else 不能单独使用，必须和关键字 if 一起出现。

● else (a>b) max=a 是不合法的。

● else 后面的语句可以是复合语句。

例如：

```
01  if(a>b)
02  {
03      max=a;
04      cout << a << endl;
05  }
06  else
07  {
08      max=b;
09      cout << b << endl;
10  }
```

4.2.3　第三种形式的判断语句——if…else if 语句

第三种形式的判断语句是可以进行多次判断的语句，每判断一次就缩小一定的检查范围。形式如下：

```
if( 表达式 1)
    语句 1;
else if( 表达式 2)
    语句 2;
else if( 表达式 3)
    语句 3
    …
else if( 表达式 m)
    语句 m;
else
    语句 n;
```

表达式一般为关系表达式，表达式的运算结果应该是真或假（true 或 false）。如果表达式为真，则执行该语句，否则执行下一条语句。用流程图表示第三种形式的判断语句，如图 4.10 所示。

📋 **学习笔记**

> "else" 和 "if" 之间有一个空格，连写是错误的；else if 语句前必须有 if 语句。

if…else if 语句就像一辆行驶的火车，从 A 站出发到达 B 站，有多条路可以选择，根据铁路局的指示选择相应的线路，如图 4.11 所示。

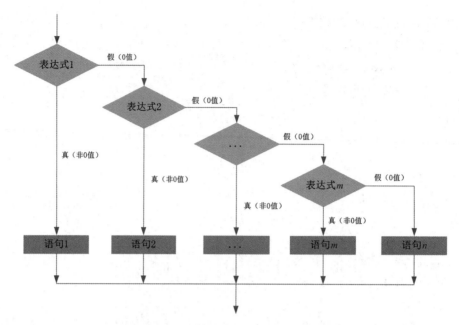

图 4.10　第三种形式的判断语句

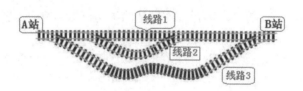

图 4.11　模拟 if…else if 语句

根据成绩划分等级

```
01  #include <iostream>
02  using namespace std;
03  void main()
04  {
05      int iInput;
06      cin >> iInput;
07      if(iInput>=90)
08      {
09          cout << "very good" <<endl;
10      }
11      else if(iInput>=80&& iInput<90)
12      {
13          cout << "good" <<endl;
14      }
15      else if(iInput>=70 && iInput <80)
16      {
17          cout << "good" <<endl;
```

```
18        }
19        else if(iInput>=60 && iInput <70)
20        {
21            cout << "normal" <<endl;
22        }
23        else if(iInput<60)
24        {
25            cout << "failure" <<endl;
26        }
27 }
```

　　该程序需要用户输入整型数值，并判断数值的大小。如果数值大于或等于 90，则输出"very good"字符串，否则判断数值是否小于 90 且大于或等于 80，如果是则输出"good"字符串，否则继续判断，以此类推，最后判断数值是否小于 60，如果是则输出"failure"字符串。

4.3　使用条件运算符进行判断

条件运算符是一个三目运算符，它能像判断语句一样进行判断。例如：

```
max=(iA > iB) ? iA : iB;
```

首先比较 iA 和 iB 的大小，如果 iA 大于 iB 就取 iA 的值，否则取 iB 的值。

可以将条件运算符改为判断语句。例如：

```
if(iA > iB)
    max= iA;
else
    max= iB;
```

用条件运算符判断数的奇偶性

```
01 #include<iostream>
02 using namespace std;
03 void main()
04 {
05     int iInput;
06     cout << "Input number" << endl;
07     cin >> iInput;     // 输入一个数
08     (iInput%2!=0) ? cout << "The value is odd number" : cout << "The
   value is even number" ;
09     cout << endl;
10 }
```

　　该程序使用条件运算符判断数的奇偶性，比使用判断语句判断数的奇偶性的代码要简洁。该程序先由用户输入整型数，然后该数和 2 进行 % 运算，如果运算结果不为 0，则该数是奇数，否则该数是偶数。

用条件表达式判断一个数是否是 3 和 5 的整倍数

```
01  #include<iostream>
02  using namespace std;
03  void main()
04  {
05      int iInput;
06      cout << "Input number" << endl;
07      cin >> iInput;     // 输入一个数
08      (iInput%3==0 && iInput%5==0)?cout << "yes" : cout<<"no";
09      cout << endl;
10  }
```

该程序需要用户先输入一个整型数，然后用 % 运算判断该数是否能被 3 整除，以及是否能被 5 整除。如果该数能同时被 3 和 5 整除，则说明它是 3 和 5 的整倍数。

条件运算符可以嵌套，例如：

表达式 1?（表达式 a? 表达式 b: 表达式 c;）: 表达式 d;

用条件运算符嵌套判断一个数是否是 3 和 5 的整倍数

```
01  #include<iostream>
02  using namespace std;
03  void main()
04  {
05      int iInput;
06      cout << "Input number" << endl;
07      cin >> iInput;     // 输入一个数
08      (iInput%3==0)?
09          ((iInput%5==0) ? cout << "yes" : cout << "no" )
10          : cout << "no";
11      cout << endl;
12  }
```

上面两个例子完成同一个目标，都是通过 % 运算判断输入的整型数是否是 3 和 5 的整倍数，但后一个实例使用条件运算符的嵌套。由于条件运算符嵌套后的代码不易于阅读，所以一般不建议使用。

4.4　switch 语句

微课视频

C++ 语言提供一种用于多分支选择的 switch 语句。虽然可以使用 if 判断语句做多分支结构程序，但当分支足够多的时候，使用它容易造成代码混乱，可读性也很差。如果使用不当就会产生表达式错误，所以建议在分支比较少的时候使用 if 判断语句，在分支比较多的时候使用 switch 语句。

switch 语句的一般形式：

```
switch ( 表达式 )
{
case 常量表达式 1:
     语句 1;
     break;
case 常量表达式 2:
     语句 2;
     break;
     …
case 常量表达式 m:
     语句 m;
     break;
default:
     语句 n;
}
```

以上语句的含义是：switch 后面的括号中的表达式就是要进行判断的条件。在 switch 语句块中，使用 case 关键字检验条件符合的各种情况，其后的语句是相应的操作。其中还有一个 default 关键字，作用是如果没有符合条件的情况，那么执行 default 后的默认情况语句。图 4.12 是 switch 语句流程图。

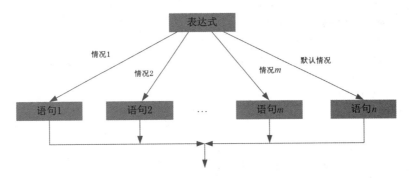

图 4.12　switch 语句流程图

根据输入的字符输出字符串

```
01  #include <iostream>
02  #include <iomanip>
03  using namespace std;
04  void main()
05  {
06      char iInput;
07      cin >> iInput;
08      switch (iInput)
09      {
10      case 'A':
```

```
11          cout << "very good" << endl;
12          break;
13          case 'B':
14          cout << "good" << endl;
15          break;
16          case 'C':
17          cout << "normal" << endl;
18          break;
19          case 'D':
20          cout << "failure" << endl;
21          break;
22          default:
23              cout << "input error" << endl;
24      }
25  }
```

该程序需要用户输入一个字符，输入字符 A 时，屏幕输出"very good"字符串；输入字符 B 时，屏幕输出"good"字符串；输入字符 C 时，屏幕输出"normal"字符串；输入字符 D 时，屏幕输出"failure"字符串；输入其他字符时，屏幕输出"input error"字符串。

可以将 switch 语句的判断结构改为第一种形式的判断语句。

根据输入的字符输出字符串

```
01  #include <iostream>
02  using namespace std;
03  void main()
04  {
05      char iInput;
06      cin >> iInput;
07      if(iInput == 'A')
08      {
09          cout << "very good" <<endl;
10          return ;
11      }
12      if(iInput == 'B')
13      {
14          cout << "good" <<endl;
15          return ;
16      }
17      if(iInput == 'C')
18      {
19          cout << "normal" <<endl;
20          return ;
21      }
22      if(iInput == 'D')
```

```
23      {
24          cout << "failure" <<endl;
25          return ;
26      }
27      cout << "input error" << endl;
28 }
```

从这段代码可知，当用户输入字符 A 后，屏幕输出字符串"very good"。不同的是，输出完字符串后，使用 return 跳出主函数并结束程序，不执行下面的语句。同样，输入字符 B、C 和 D 后也输出对应的字符串，之后跳出主函数并结束程序。

也可以将 switch 语句的判断结构改为第三种形式的判断语句。

根据输入的字符输出字符串

```
01 #include <iostream>
02 using namespace std;
03 void main()
04 {
05      char iInput;
06      cin >> iInput;
07      if(iInput == 'A')
08      {
09          cout << "very good" <<endl;
10          return ;
11      }
12      else if(iInput == 'B')
13      {
14          cout << "good" <<endl;
15          return ;
16      }
17      else if(iInput == 'C')
18      {
19          cout << "normal" <<endl;
20          return ;
21      }
22      else if(iInput == 'D')
23      {
24          cout << "failure" <<endl;
25          return ;
26      }
27      else
28          cout << "input error" << endl;
29 }
```

同样，本程序也是根据用户输入的字符输出不同的字符串。

switch 语句中的每个 case 语句都使用 break; 语句跳出，该语句可以省略。由于默认执行程序顺序执行，所以当语句匹配成功后，其后面的每条 case 语句都会被执行，而不进行判断。例如：

```
01  #include <iostream>
02  using namespace std;
03  void main()
04  {
05      int iInput;
06      cin >> iInput;
07      switch(iInput)
08      {
09      case 1:
10          cout << "Monday" << endl;
11      case 2:
12          cout << "Tuesday" << endl;
13      case 3:
14          cout << "Wednesday" << endl;
15      case 4:
16          cout << "Thursday" << endl;
17      case 5:
18          cout << "Friday" << endl;
19      case 6:
20          cout << "Saturday" << endl;
21      case 7:
22          cout << "Sunday" << endl;
23      default:
24          cout << "Input error" << endl;
25      }
26  }
```

当输入 1 时，程序运行结果如图 4.13 所示。

当输入 7 时，程序运行结果如图 4.14 所示。

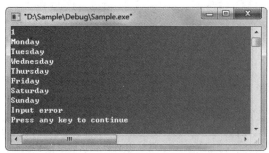

图 4.13　运行结果 1

图 4.14　运行结果 2

本程序想实现根据输入的整型数输出对应的星期名称，但由于 switch 语句中的各 case 分句没有及时使用 break; 语句跳出，导致意想不到的结果输出。

4.5　判断语句的嵌套

微课视频

前面讲过三种形式的判断语句,它们都可以嵌套判断语句。例如,在第一种形式的判断语句中嵌套第二种形式的判断语句。形式如下:

```
if( 表达式 1)
{
    if( 表达式 2)
        语句 1;
    else
        语句 2;
}
```

又比如,在第二种形式的判断语句中嵌套第二种形式的判断语句。形式如下:

```
if( 表达式 1)
{
    if( 表达式 2)
        语句 1;
    else
        语句 2;
}
else
{
    if( 表达式 3)
        语句 3;
    else
        语句 4;
}
```

判断语句可以有多种嵌套方式,可以根据具体需要进行设计,但一定要注意逻辑关系的正确处理。

判断某年是否是闰年

```
01  #include <iostream>
02  using namespace std;
03  void main()
04  {
05      int iYear;
06      cout << "please input number" << endl;
07      cin >> iYear;
08      if(iYear%4==0)
09      {
10          if(iYear%100==0)
11          {
12              if(iYear%400==0)
```

```
13              cout << "It is a leap year" << endl;
14          else
15              cout << "It is not a leap year" << endl;
16      }
17      else
18          cout << "It is a leap year" << endl;
19  }
20  else
21      cout << "It is not a leap year" << endl;
22 }
```

闰年是该年份能被 4 整除、不能被 100 整除,但能被 400 整除。程序使用判断语句对这 3 个条件逐一判断,先判断年份能否被 4 整除 iYear%4==0,如果不能整除,则输出字符串"It is not a leap year";如果能整除,则继续判断能否被 100 整除 iYear%100==0;如果不能整除,则输出字符串"It is a leap year";如果能整除,则继续判断能否被 400 整除 iYear%400==0;如果能整除,则输出字符串"It is a leap year",否则输出字符串"It is not a leap year"。

可以简化上面的实例代码,用一条判断语句来完成此程序。

判断某年是否是闰年

```
01 #include <iostream>
02 using namespace std;
03 void main()
04 {
05     int iYear;
06     cout << "please input number" << endl;
07     cin >> iYear;
08     if(iYear%4==0 && iYear%100!=0 || iYear%400==0)
09         cout << "It is a leap year" << endl;
10     else
11         cout << "It is not a leap year" << endl;
12 }
```

本程序将能被 4 整除、不能被 100 整除,但能被 400 整除这 3 个条件用一个表达式完成。表达式是一个复合表达式,进行了 3 次算术运算和两次逻辑运算,算术运算判断能否被整除,逻辑运算判断是否满足 3 个条件。

使用判断语句嵌套时,else 关键字要和 if 关键字成对出现,并且遵守临近原则,即 else 关键字和距其最近的 if 语句构成一对。另外,判断语句应尽量使用复合语句,以免产生二义性,导致书写的运行结果和设计时的不一致。

第 5 章　循环语句

循环控制就是控制程序重复执行，当语句不符合循环条件时停止循环。使用循环结构可以使程序代码更简洁，减少冗余。掌握循环结构是程序设计最基本的要求。本章主要介绍 while 循环、do…while 循环和 for 循环语句，这三种循环语句可以相互转换，达到同一目标可以使用多种方法。

5.1　while 循环和 do…while 循环

5.1.1　while 循环

学校举办运动会，其中一个项目是 800 米短跑，如果操场的一圈是 400 米，如图 5.1 所示，那么需要跑两圈。其中，两圈就是一个条件，当满足这个条件时就不再继续跑了。

在 C++ 中，实现这样的循环可以使用 while 语句，语法形式如下：

　　while（表达式） 语句

表达式一般是一个关系表达式或逻辑表达式，表达式的值应该是逻辑值真或假（true 和 false）。当表达式的值为真时开始循环执行语句，当表达式的值为假时退出循环，执行循环外的下一条语句。循环每次都是执行完语句后回到表达式处重新开始判断，重新计算表达式的值，一旦表达式的值为假就退出循环。可以用流程演示 while 循环执行过程，如图 5.2 所示。

语句可以是复合语句，也就是用花括号括起来的多条简单语句，花括号及其包含的语句被称为循环体，循环主要指循环执行循环体中的内容。

使用 while 循环计算从 1 到 10 的累加

计算 1 到 10 的累加就是计算 1+2+…+10，需要有一个变量从 1 变化到 10，将该变量命名为 i，还需要一个临时变量不断和该变量进行加法运算，并记录运算结果，将临时变量命名为 sum，变量 i 每增加 1 就和变量 sum 进行一次加法运算，变量 sum 记录的是累加的结果。该程序需要使用循环语句，若使用 while 循环，则需要将循环语句的结束条件设置为 i<=10，循环流程如图 5.3 所示。

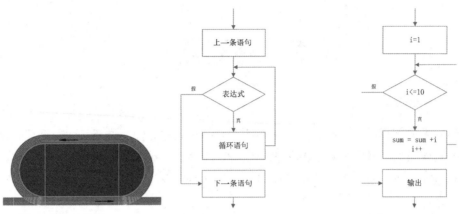

图 5.1 学校操场   图 5.2 while 循环   图 5.3 使用 while 循环计算从 1 到 10 的累加

程序代码如下。

```cpp
01 #include <iostream>
02 using namespace std;
03 void main()
04 {
05     int sum=0,i=1;
06     while(i<=10)
07     {
08         sum=sum+i;
09         i++;
10     }
11     cout << "the result :" << sum << endl;
12 }
```

程序运行结果如图 5.4 所示。

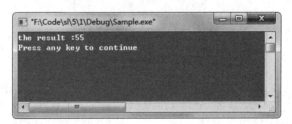

图 5.4 程序运行结果

本程序先对变量 sum 和 i 进行初始化，while 循环语句的表示式是 i<=10，要执行的循环体是一个复合语句，由 sum=sum+i; 和 i++; 两条简单语句构成，语句 sum=sum+i; 完成累加，语句 i++; 完成由 1 到 10 的递增。

使用 while 循环的注意事项如下。

（1）表达式不可以为空，表达式为空不合法。

（2）表达式可以用非 0 代表逻辑值真（true），用 0 代表逻辑值假（false）。

（3）循环体中必须有改变条件表达式值的语句，否则将成为死循环。

例如，下面的代码是一个无限循环语句。

```
while(1)
{
...
}
```

又例如，下面的代码是一个不会进行循环的语句。

```
while(0)
{
...
}
```

5.1.2　do...while 循环

do...while 循环语句的一般形式如下。

```
do
{
    语句
} while(表达式)
```

do 为关键字，必须与 while 配对使用。do 与 while 之间的语句为循环体，该语句同样是用花括号 {} 括起来的复合语句。该循环语句中的表达式与 while 循环语句中的表达式相同，多为关系表达式或逻辑表达式。但特别值得注意的是，do...while 语句后要有分号 ";"。可以用流程来演示 do...while 循环执行过程，如图 5.5 所示。

图 5.5　do...while 循环

do...while 循环的执行顺序是先执行循环体的内容，然后判断表达式的值。如果表达式的值为真就跳到循环体处继续执行循环体，直到表达式的值为假时跳出循环，执行下一条语句。

使用 do...while 循环计算 1 到 10 的累加

前面已经使用 while 循环语句实现了 1 到 10 的累加计算，使用 do...while 循环和使用 while 循环实现累加计算的循环体语句相同，只是执行循环体的顺序不同，程序执行顺序如图 5.6 所示。

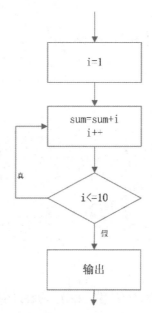

图 5.6　使用 do...while 循环计算 1 到 10 的累加

程序代码如下。

```
01  #include <iostream>
02  using namespace std;
03  void main()
04  {
05      int sum=0,i=1;
06      do
07      {
08          sum=sum+i;
09          i++;
10      }while(i<=10);
11      cout << "the result :" << sum << endl;
12  }
```

本程序使用变量 sum 记录累加计算的结果，变量 i 完成由 1 到 10 的变化。本程序先将变量 sum 初始化为 0，将变量 i 初始化为 1，再执行循环体变量 sum 和变量 i 的加法运算，并将运算结果保存到变量 sum，然后变量 i 进行自加运算，接着判断循环条件，如果变量 i 大于 10 就跳出循环，否则继续执行循环体语句。

使用 do...while 循环的注意事项如下。

（1）先执行循环体，如果循环条件不成立，循环体也执行了一次。使用时注意变量变化。

（2）表达式不可以为空，表达式为空不合法。

（3）表达式可以用非 0 代表逻辑值真（true），用 0 代表逻辑值假（false）。

（4）循环体中必须有改变条件表达式值的语句，否则将成为死循环。

（5）循环语句后要有分号 ";"。

5.2　for 循环

for 循环是 C 语言中最常用、最灵活的一种循环结构，它既能够用于循环次数已知的情况，又能够用于循环次数未知的情况。本节将对 for 循环的使用进行详细讲解。

5.2.1　for 循环的一般形式

for 循环语句的一般形式如下。

```
for( 表达式 1; 表达式 2; 表达式 3) 语句
```

- 表达式 1：该表达式通常是一个赋值表达式，负责设置循环的起始值，也就是给控制循环的变量赋初值。
- 表达式 2：该表达式通常是一个关系表达式，用控制循环的变量和循环变量允许的范围值进行比较。
- 表达式 3：该表达式通常是一个赋值表达式，使控制循环的变量增大或减小。
- 语句：仍然是复合语句。

for 循环语句的执行过程如下。

（1）求解表达式 1。

（2）求解表达式 2，若其值为真，则执行 for 语句中指定的内嵌语句，再执行步骤（3）。若其值为 0，则结束循环，转到步骤（5）。

（3）求解表达式 3。

（4）返回步骤（2）继续执行。

（5）循环结束，执行 for 语句下面的一条语句。

这五个步骤也可以用图 5.7 表示。

用 for 循环计算从 1 到 10 的累加

for 循环不同于 while 循环和 do...while 循环，它有三个表达式，需要正确设置这三个表达式。计算累加需要一个由 1 到 10 递增变化的变量 i 和一个记录累加和的变量 sum，for 循环的表达式可以对变量进行初始化，以及实现变量由 1 到 10 的递增变化。循环执行顺序如图 5.8 所示。

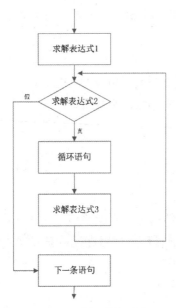

图 5.7 for 循环执行过程

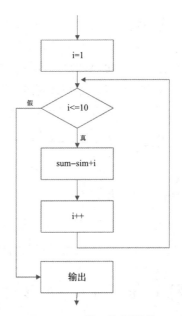

图 5.8 for 循环执行顺序

程序代码如下。

```cpp
01  #include <iostream>
02  using namespace std;
03  void main()
04  {
05      int sum=0;
06      int i;
07      for(i=1;i<=10;i++)     //for 循环语句
08          sum+=i;
09      cout << "the result :" << sum << endl;
10  }
```

本程序中的 for(i=1;i<=10;i++) sum+=i; 就是一个循环语句，sum+=i; 是循环体语句，i 是控制循环的变量，i=1 是表达式 1，i<=10 是表达式 2，i++ 是表达式 3，sum +=i; 是语句。表达式 1 将循环控制变量 i 赋初始值为 1，表达式 2 中的 10 是循环变量允许的范围，即 i 大于 10 时不执行语句 sum +=i;。语句 sum +=i; 使用带运算的赋值语句，等同于语句 sum = sum +i;。sum +=i; 语句一共执行了 10 次，i 的值从 1 变化到 10。

for 循环的注意事项如下。

（1）for 语句可以在表达式 1 中直接声明变量。

① 在表达式外声明变量。

```cpp
01  #include <iostream>
02  using namespace std;
03  void main()
04  {
```

```
05      int sum=0,i;                      // 在表达式外声明变量
06      for(i=0;i<=10;i++)
07          sum+=i;
08      cout <<sum << endl;
09  }
```

②在表达式内声明变量。

```
01  #include <iostream>
02  using namespace std;
03  void main()
04  {
05      for(int i=0,sum=0;i<=10;i++)      // 在表达式内声明变量
06          sum+=i;
07      cout <<sum << endl;
08  }
```

在表达式内声明变量相当于在函数内声明变量，如果在表达式 1 中声明两个相同的变量，编译器将报错。

```
01  void main()
02  {
03      for(int i=0,sum=0;i<=10;i++)      // 在表达式内声明变量
04          sum+=i;
05      for(int i=0,sum=0;i<=10;i++)      // 不合法，编译器报错
06          sum+=i;
07      cout <<sum << endl;
08  }
```

5.2.2　for 循环的变体

for 循环在具体使用时有很多种变体形式，比如，可以省略表达式 1、表达式 2、表达式 3，或者三个表达式都省略。下面分别对 for 循环的常用变体形式进行讲解。

1. 省略表达式 1 的情况

如果省略表达式 1，且控制变量在循环语句外声明并赋初值，程序能编译通过并且正确运行。例如：

```
01  #include <iostream>
02  using namespace std;
03  void main()
04  {
05      int sum=0;
06      int i=0;                          // 将循环控制变量在循环语句外声明并赋初值
07      for(;i<=10;i++)
08          sum+=i;
09      cout <<sum << endl;
```

```
10    }
11
```

本程序仍是计算从 1 到 10 的累加结果。

如果控制变量在循环语句外声明但没有赋初值，程序能编译通过，但运行结果不是用户所期待的。因为编译器会为变量赋一个默认的初值，该初值一般为一个比较大的负数，所以会造成运行结果不正确。

2. 省略表达式 2 的情况

省略表达式 2 就是省略循环判断语句，没有终止条件，循环变成无限循环。

3. 省略表达式 3 的情况

若省略表达式 3，循环变成无限循环，因为控制循环的变量永远都是初始值，永远符合循环条件。

4. 省略表达式 1 和表达式 3 的情况

如果省略表达式 1 和表达式 3，for 循环就和 while 循环一样了。例如：

```
01  #include <iostream>
02  using namespace std;
03  void main()
04  {
05      int sum=0;
06      int i=0;
07      for(;i<=10;)
08      {
09          sum=sum+i;
10          i++;
11      }
12      cout << "the result :" << sum << endl;
13  }
```

5. 三个表达式都省略的情况

for 循环语句如果省略三个表达式，就会变成无限循环。无限循环就是死循环，会使程序进入瘫痪状态。使用循环时，建议使用计数控制，即循环执行到指定次数就跳出循环。例如：

```
01  void main()
02  {
03      int iCount=0;              // 声明用于计数的变量
04      for(;;)
05      {
06          ...
07          iCount++;              // 每循环一次计数器加 1
```

```
08          if(iCount>200000)        // 如果循环次数大于 200000，就跳出循环
09              return;
10      }
11      cout << "the loop end" << endl;
12 }
```

5.3　循环控制

　　循环控制包含两方面内容，一方面是控制循环变量的变化方式，一方面是控制循环的跳转。控制循环的跳转需要用到 break 和 continue 两个关键字，这两条跳转语句的跳转效果不同，break 跳转语句是中断循环，continue 跳转语句是跳出本次循环体的执行。

5.3.1　控制循环的变量

　　无论是 for 循环，还是 while 循环、do...while 循环，都需要循环一个控制循环的变量，while 循环、do...while 循环的控制变量变化可以是显式的，也可以是隐式的。例如，在读取文件时，从 while 循环中循环读取文件内容，但程序中没有出现控制变量。代码如下：

```
01 #include <iostream>
02 #include <fstream>
03 using namespace std;
04 void main()
05 {
06      ifstream ifile("test.dat",std::ios::binary);
07      if(!ifile.fail())
08      {
09          while(!ifile.eof())          // 判断文件是否结束
10          {
11              char ch;
12              ifile.get(ch);           // 获取文件内容
13              if(!ifile.eof())         // 如果文件结束，就不进行最后的输出
14                  std::cout << ch;
15          }
16      }
17 }
```

　　在该程序中，while 循环中的表达式用于判断文件指针是否指向文件末尾，如果文件指针指向文件末尾，就跳出循环。在起始程序中，控制循环的变量是文件指针，它在读取文件时不断变化。

　　for 循环的循环控制变量的变化方式有两种，一种是递增，一种是递减。使用递增方式还是递减方式与变量的初值和范围值的比较有关。

　　● 如果变量的初值大于限定的范围值，表达式 2 是大于关系（>）判定的不等式，使

用递减方式。

- 如果变量的初值小于限定的范围值，表达式 2 是小于关系（<）判定的不等式，使用递增方式。

前面使用 for 循环计算 1 到 10 累加和的程序使用的是递增方式，也可以使用递减方式计算。代码如下：

```
01  #include <iostream>
02  using namespace std;
03  void main()
04  {
05      int sum=0;              // 定义存储累加和的变量
06      for(int i=10;i>=1;i--)
07          sum+=i;            // 进行累加
08      cout << "the result :"<<sum << endl;
09  }
```

在该程序中，for 循环的表达式 1 声明变量并赋初值 10，表达式 2 限定的范围值是 1，不等式是循环控制变量 i 是否大于或等于 1，如果 i 小于 1 就停止循环，循环控制变量由 10 到 1 递减变化。程序输出结果仍是 the result :55。

5.3.2　break 语句

使用 break 语句可以跳出 switch 结构。在循环结构中，也可使用 break 语句跳出当前循环体，从而中断当前循环。

在三种循环语句中使用 break 语句的形式如图 5.9 所示。

```
while(...)          do                 for
{                   {                  {
    ...                 ...                ...
    break;              break;             break;
    ...                 ...                ...
}                   }while(...);       }
```

图 5.9　break 语句的使用形式

使用 break 语句跳出循环

```
01  #include <iostream>
02  using namespace std;
03  void main()
04  {
05      int i,n,sum;
06      sum=0;
07      cout<< "input 10 number" << endl;
08      for(i=1;i<=10;i++)
09      {
```

```
10          cout<< i<< ":";
11              cin >> n;
12          if(n<0)              // 判断输入的数是否为负数
13              break;
14          sum+=n;              // 对输入的数进行累加
15      }
16      cout << "The Result :" << sum << endl;
17  }
```

　　该程序需要用户先输入 10 个数，然后计算这 10 个数的和。当输入的数为负数时就停止循环，不再进行累加，输出前面累加的结果。例如，先输入 4 次数字 1，最后输入数字 –1，程序运行结果如图 5.10 所示。

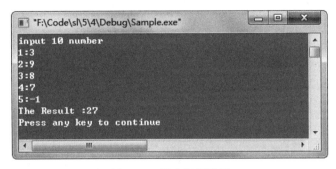

图 5.10　程序运行结果

🖾 **学习笔记**

　　如果遇到循环嵌套的情况，break 语句只会使程序流程跳出包含它的最内层的循环结构，即只跳出一层循环。

5.3.3　continue 语句

　　continue 语句是对 break 语句的补充。continue 语句不是立即跳出循环体，而是跳过本次循环结束前的语句，回到循环的条件测试部分重新执行循环。在 for 循环语句中遇到 continue 语句后，首先执行循环的增量部分，然后进行条件测试。在 while 循环和 do… while 循环中，continue 语句使控制直接回到条件测试部分。

　　在三种循环语句中使用 continue 语句的形式如图 5.11 所示。

```
while(...)          do                    for
{                   {                     {
    ...                 ...                   ...
    continue;           continue;             continue;
    ...                 ...                   ...
}                   }while(...);          }
```

图 5.11　continue 语句的使用形式

使用 continue 语句跳出循环

```cpp
01  #include <iostream>
02  using namespace std;
03  void main()
04  {
05      int i,n,sum;
06      sum=0;
07      cout<< "input 10 number" << endl;
08      for(i=1;i<=10;i++)
09      {
10          cout<< i<< ":" << ";
11              cin >> n;
12          if(n<0)                    // 判断输入的数是否为负数
13              continue;
14          sum+=n;                    // 对输入的数进行累加
15      }
16      cout << "The Result :"<< sum << endl;
17  }
```

该程序需要用户先输入 10 个数，然后计算这 10 个数的和。当输入的数为负数时，不执行 sum+=n; 语句，也就是不对负数进行累加。例如，输入的 10 个数全为 1，则输出结果为 10。

5.3.4   goto 语句

goto 语句又称"无条件跳转语句"，用于改变语句的执行顺序。goto 语句的一般格式为：

  goto 标号；

标号是用户自定义的一个标识符，以冒号结束。下面利用 goto 语句实现 1 到 10 的累加。

使用 goto 语句实现循环功能

```cpp
01  #include <iostream>
02  using namespace std;
03  void main()
04  {
05      int ivar = 0 ;          // 定义一个整型变量，初始化为 0
06      int num = 0;            // 定义一个整型变量，初始化为 0
07  label:                     // 定义一个标签
08      ivar++;                 //ivar 自加 1
09      num += ivar;            // 累加求和
10      if (ivar <10)           // 判断 ivar 是否小于 10
11      {
12          goto label;         // 转向标签
13      }
```

```
14      cout << num << endl;
15  }
```

该程序利用标签实现循环功能。当程序执行到"if (ivar <10)"语句时，如果条件为真，则跳转到标签定义 label 处。这是一种古老的跳转语句，会使程序的执行顺序变得混乱，CPU 需要不停地进行跳转，效率比较低。因此，在开发程序时慎用 goto 语句。

使用 goto 语句时的说明如下。

（1）应注意标签的定义。在定义标签时，其后不能紧跟"}"符号。例如，下面的代码是非法的。

```
int ivar = 0 ;                    // 定义一个整型变量，初始化为 0
int num = 0;                      // 定义一个整型变量，初始化为 0
{
                                 // 其他操作
label:                            // 定义一个标签
}
```

在定义标签时，其后没有执行代码，所以出现编译错误。如果程序中出现上述情况，可以在标签后添加一个语句，以避免编译错误。

（2）goto 语句不能越过复合语句之外的变量定义的语句。例如，下面的 goto 语句是非法的。

```
goto label;                       // 跳转到标签
int i = 10;                       // 声明一个变量，初始化为 10
label:                            // 定义标签
    cout<<"goto" << endll;        // 输出信息
```

goto 语句试图越过变量 i 的定义，导致编译错误。解决上述问题的方法是将变量的声明放在复合语句中。例如，下面的代码是合法的。

```
goto label;                       // 跳转到标签
{
    int i = 10;                   // 声明一个变量，初始化为 10
}
label:                            // 定义标签
    cout<<"goto"<< endl;          // 输出信息
```

微课视频

5.4　循环的嵌套

循环有 while 循环、do...while 循环和 for 循环三种，它们可以相互嵌套。例如，在 for 循环中套用 for 循环。

```
for(...)
{
    for(...)
```

```
        {
            ...
        }
    }
```

又比如，在 while 循环中套用 while 循环。

```
    while(...)
    {
        while(...)
        {
            ...
        }
    }
```

再比如，在 while 循环中套用 for 循环。

```
    while(...)
    {
        for(...)
        {
            ...
        }
    }
```

使用嵌套的 for 循环输出由字符 * 组成的三角形

```
01  #include <iostream>
02  using namespace std;
03  void main()
04  {
05      int i, j, k;
06      for (i = 1; i <= 5; i++)                // 控制行数
07      {
08          for (j = 1; j <= 5-i; j++)          // 控制空格数
09              cout << " ";
10          for (k = 1; k <= 2 *i - 1; k++)     // 控制打印 * 的数量
11              cout << "*";
12          cout << endl;
13      }
14  }
```

该程序一共输出 5 行字符，最外面的 for 循环控制输出的行数，嵌套的第一个循环控制字符 * 前的空格数，第二个 for 循环控制输出字符 * 的个数。在第一个循环中，随着行数的增加，字符 * 前的空格数越来越少；第二个循环输出和行号有关的奇数个字符 *。程序运行结果如图 5.12 所示。

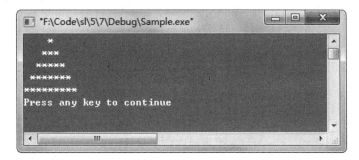

图 5.12　运行结果 1

使用嵌套的 for 循环输出乘法口诀表

```
01  #include <iostream>
02  #include <iomanip>
03  using namespace std;
04  void main(void)
05  {
06      int i,j;
07      i=1;
08      j=1;
09      for(i=1;i<10;i++)
10      {
11          for(j=1;j<i+1;j++)
12              cout  << setw(2) << i << "*" << j << "=" << setw(2) << i*j ;
13          cout << endl;
14      }
15  }
```

该程序使用两层 for 循环，第一个循环由 1 变化到 9，第二个循环随着行数的增加列数也增加，最后形成第 9 行有 9 列。程序运行结果如图 5.13 所示。

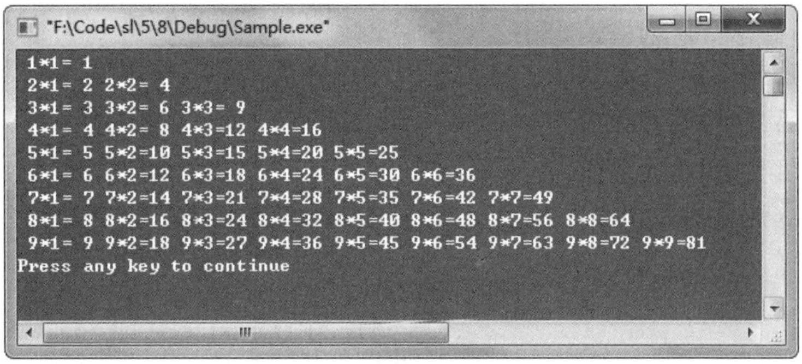

```
1*1= 1
2*1= 2 2*2= 4
3*1= 3 3*2= 6 3*3= 9
4*1= 4 4*2= 8 4*3=12 4*4=16
5*1= 5 5*2=10 5*3=15 5*4=20 5*5=25
6*1= 6 6*2=12 6*3=18 6*4=24 6*5=30 6*6=36
7*1= 7 7*2=14 7*3=21 7*4=28 7*5=35 7*6=42 7*7=49
8*1= 8 8*2=16 8*3=24 8*4=32 8*5=40 8*6=48 8*7=56 8*8=64
9*1= 9 9*2=18 9*3=27 9*4=36 9*5=45 9*6=54 9*7=63 9*8=72 9*9=81
Press any key to continue
```

图 5.13　运行结果 2

第6章 函数

程序是由函数组成的，一个函数就是程序中的一个模块。函数可以相互调用，也可以将联系密切的语句放到一个函数内，还可以将复杂的函数分解成多个子函数。函数本身也有很多特点，熟练掌握函数的特点可以将程序的结构设计得更合理。

6.1 函数概述

微课视频

函数就是可以完成某个工作的代码块，它就像小朋友搭房子用的积木一样，可以反复使用。在使用的时候，拿来即用，不用考虑内部组成。函数根据功能可以分为字符函数、日期函数、数学函数、图形函数、内存函数等。一个程序可以只有一个主函数，但不可以没有函数。

6.1.1 函数的定义

函数的一般形式如下。

```
类型标识符  函数名（形式参数列表）
{
    变量的声明
    语句
}
```

类型标识符：标识函数的返回值类型，根据函数的返回值可以判断函数的执行情况，也可以获取想要的数据。类型标识符可以是整型、字符型、指针型、对象等数据类型。

形式参数列表：由各种类型的变量组成的列表，各参数之间用逗号隔开。在进行函数调用时，主调函数对变量进行赋值。

关于函数定义的一些说明如下。

（1）形式参数列表可以为空，这样就定义了不需要参数的函数。例如：

```
int ShowMessage()
{
    int i=0;
    cout << i << endl;
    return 0;
}
```

函数 ShowMessage 通过 cout 流输出变量 i 的值。

（2）花括号表示函数体，在其中进行变量声明，以及添加实现语句。

6.1.2　函数的声明

调用一个函数前必须先声明函数的返回值类型和参数类型。例如：

```
int SetIndex(int i);
```

函数声明被称为函数原型，声明函数时可以省略变量名。例如：

```
int SetIndex(int );
```

下面通过实例介绍如何在程序中声明、定义和使用函数。

声明、定义和使用函数

```
01  #include <iostream>
02  using namespace std;
03  void ShowMessage();      // 函数声明语句
04  void ShowAge();          // 函数声明语句
05  void ShowIndex();        // 函数声明语句
06  void main()
07  {
08      ShowMessage();       // 函数调用语句
09      ShowAge();           // 函数调用语句
10      ShowIndex();         // 函数调用语句
11  }
12  void ShowMessage()
13  {
14      cout << "HelloWorld!" << endl;
15  }
16  void ShowAge()
17  {
18      int iAge=23;
19      cout << "age is :" << iAge << endl;
20  }
21  void ShowIndex()
22  {
23      int iIndex=10;
24      cout << "Index is :" << iIndex << endl;
25  }
```

运行结果如图 6.1 所示。

该程序定义和声明了 ShowMessage、ShowAge、ShowIndex，并且进行了调用，通过函数中的输出语句输出。

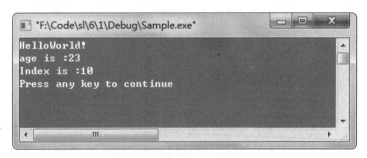

图 6.1 运行结果

微课视频

6.2 函数参数及返回值

6.2.1 空函数

没有参数和返回值，而且函数的作用域为空，这样的函数就是空函数。

```
void setWorkSpace(){ }
```

调用此函数时什么工作也不做，没有任何实际意义。在主函数 main 函数中调用
setWorkSpace 函数时，这个函数没有起到任何作用。例如：

```
void setWorkSpace(){ }
void main()
{
    setWorkSpace();
}
```

空函数存在的意义：在程序设计中往往需要根据需要确定若干功能，这些功能需要一
些函数来实现。而在第一阶段只设计最基本的模块，其他次要功能或锦上添花的功能则在
以后需要时陆续补上。在编写程序的开始阶段，可以在准备扩充功能的地方写上一个空函
数，这些函数没有开发完成，先占一个位置，以后用一个编写好的函数代替。这样做使程
序的结构清楚、可读性好，以后扩充新功能时也方便，而且对程序结构影响不大。

6.2.2 形参与实参

定义函数时，如果参数列表为空，则说明函数是无参函数；如果参数列表不为空，就
称函数为带参数函数。带参数函数中的参数在声明和定义函数时被称为"形式参数"，简
称"形参"，在函数被调用时被赋予具体值，具体值被称为"实际参数"，简称"实参"。
形参与实参如图 6.2 所示。

```
//          形参      形参
int function(int a, int b);

void main()
{
    //          实参      实参
    function(3,       4);
}
int function(int a, int b)
{
    return a + b;
}
```

图 6.2　形参与实参

实参与形参的个数应相等，类型应一致。实参与形参按顺序对应，函数被调用时会一一传递数据。

形参与实参的区别如下。

（1）在定义函数中指定的形参，在未出现函数调用时，它们并不占用内存中的存储单元。只有在发生函数调用时，形参才被分配内存单元，调用结束后所占的内存单元也被释放。

（2）实参应该是确定的值。调用时将实参的值赋值给形参，如果形参是指针类型，就将地址值传递给形参。

（3）实参与形参的类型应相同。

（4）实参与形参之间是单向传递，只能由实参传递给形参，不能由形参传回给实参。

实参与形参之间存在一个分配空间和参数值传递的过程，这个过程是在函数调用时发生的。C++ 支持引用型变量，引用型变量没有值传递的过程，这将在后文讲到。

6.2.3　默认参数

在调用有参函数时，如果经常需要传递同一个值到调用函数，在定义函数时，可以为参数设置一个默认值，这样在调用函数时可以省略一些参数，此时程序将采用默认值作为函数的实际参数。下面的代码定义了一个具有默认参数的函数。

```
void OutputInfo(const char* pchData = "One world,one dream!")
{
    cout << pchData << endl;                    //输出信息
}
```

调用默认参数的函数

本实例输出两行字符串，第一行字符串是函数默认参数，第二行字符串是通过传"字符串"实参实现的。程序代码如下。

```
01 #include <iostream>
02 using namespace std;
03 void OutputInfo(const char* pchData = "One world,one dream!")
04 {
05     cout << pchData << endl;                    // 输出信息
```

```
06 }
07 void main()
08 {
09     OutputInfo();                              // 利用默认值作为函数的实际参数
10     OutputInfo("Beijing 2008 Olympic Games!");    // 直接传递实际参数
11 }
```

程序运行结果如图 6.3 所示。

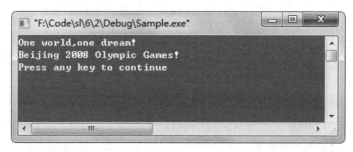

图 6.3　程序运行结果

在定义函数默认参数时，如果函数具有多个参数，应保证默认参数出现在参数列表的右方，没有默认值的参数出现在参数列表的左方，即默认参数不能出现在非默认参数的左方。例如，下面的函数定义是非法的。

```
01 int GetMax(int x,int y=10 ,int z)     // 非法的函数定义，默认参数 y 出现在参数 z 的
                                          左方
02 {
03     if (x < y)                        //x 与 y 进行比较
04         x = y;                        // 赋值
05     if (x < z)                        //x 与 z 进行比较
06         x = z;                        // 赋值
07     return x;                         // 返回 x
08 }
```

该程序中的默认参数 y 出现在非默认参数 z 的左方，导致编译错误。正确的做法是将默认参数放置在参数列表的右方。例如：

```
01 int GetMax(int x,int y ,int z=10)     // 定义默认参数
02 {
03     if (x < y)                        //x 与 y 进行比较
04         x = y;                        // 赋值
05     if (x < z)                        //x 与 z 进行比较
06         x = z;                        // 赋值
07     return x;                         // 返回 x
08 }
```

6.2.4　可变参数

库函数 printf 就是一个可变参数，它的参数列表会显示"…"省略号。printf 函数的原型如下：

```
_CRTIMP int_cdecl printf(const char *, ...);
```

省略号代表函数的参数是不固定的，可以传递一个或多个参数。printf 函数可以输出一项信息，也可以同时输出多项信息。例如：

```
printf("%d\n",2008);                                   // 输出一项信息
printf("%s-%s-%s\n","Beijing","2008","Olympic Games");   // 输出多项信息
```

声明可变参数的函数和声明普通函数一样，只是参数列表中有一个"…"省略号。例如：

```
void OutputInfo(int num,...)                            // 定义省略号参数函数
```

对于可变参数的函数，在定义函数时需要一一读取用户传递的实际参数。可以使用 va_list 类型和 va_start、va_arg、va_end 3 个宏读取传递到函数中的参数值。使用可变参数需要引用 STDARG.H 头文件。下面以一个具体的示例介绍可变参数的函数定义及使用。

定义省略号形式的函数参数

```
01  #include <iostream>
02  #include <STDARG.H>                               // 需要包含该头文件
03  using namespace std;
04  void OutputInfo(int num,...)                      // 定义一个省略号参数函数
05  {
06      va_list arguments;                            // 定义 va_list 类型变量
07      va_start(arguments,num);
08      while(num--)                                  // 读取所有参数的数据
09      {
10          char* pchData = va_arg(arguments,char*);  // 获取字符串数据
11          int iData = va_arg(arguments,int);        // 获取整型数据
12          cout<< pchData << endl;                   // 输出字符串
13          cout << iData << endl;                    // 输出整数
14      }
15      va_end(arguments);
16  }
17
18  void main()
19  {
20      OutputInfo(2,"Beijing",2008,"Olympic Games",2008); // 调用 OutputInfo 函数
21  }
```

程序运行结果如图 6.4 所示。

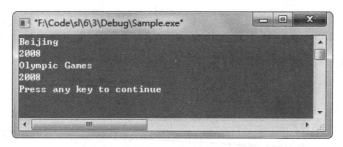

图 6.4　运行结果

6.2.5　返回值

函数的返回值是指函数被调用之后，执行函数体中的程序段所取得的并返回给主调函数的值。函数的返回值通过 return 语句返回给主调函数。函数调用并返回值的过程如图 6.5 所示。

图 6.5　函数调用并返回值

return 语句的一般形式如下。

```
return （表达式）;
```

关于返回值的说明如下。

（1）返回值的类型和函数定义中函数的类型标识符应保持一致。如果两者不一致，则以函数类型为准，自动进行类型转换。

（2）如果函数值为整型，在函数定义时可以省去类型标识符。

（3）在函数中允许有多个 return 语句，但每次调用只能有一个 return 语句被执行，因此只能返回一个函数值。

（4）不返回函数值的函数，可以明确定义为"空类型"，类型标识符为"void"。例如：

```
void ShowIndex()
{
    int iIndex=10;
    cout << "Index is :" << iIndex << endl;
}
```

（5）类型标识符为 void 的函数不能进行赋值运算及值传递。例如：

```
i= ShowIndex();            // 不能进行赋值
SetIndex(ShowIndex);       // 不能进行值传递
```

📋 **学习笔记**

为了降低程序出错的概率，凡是不要求返回值的函数都应定义为空类型。

微课视频

6.3　函数调用

声明函数后需要在源代码中调用该函数。整个函数的调用过程被称为函数调用。标准C++是一种强制类型检查的语言，在调用函数前，必须把函数的参数类型和返回值类型告知编译器。

在调用函数时，有时需要向函数传递参数，如图 6.6 所示。

图 6.6　向函数传递参数

函数调用的一些说明：

（1）被调用的函数必须是已经存在的函数（库函数或用户自定义函数）。

（2）如果使用库函数，需要将库函数对应的头文件引入，这需要使用预编译指令#include。

（3）如果使用用户自定义函数，则一般在调用该函数之前对被调用的函数做声明。

6.3.1　传值调用

主调函数和被调用函数之间有数据传递关系，换句话说，主调函数将实参数值复制给被调用函数的形参处，这种调用方式被称为传值调用。如果传递的实参是结构体对象，值传递的效率是低下的，可以通过传指针或变量的引用替换传值调用。传值调用是函数调用的基本方式。

使用传值调用

```
01  #include <iostream.h>
02  void swap(int a,int b)
03  {
```

```
04      int tmp;
05      tmp=a;
06      a=b;
07      b=tmp;
08
09  }
10  void main()
11  {
12      int x,y;
13      cout << " 输入两个数 " << endl;
14      cin >> x;
15      cin >> y;
16
17      if(x<y)
18          swap(x,y);
19      cout << "x=" << x <<endl;
20      cout << "y=" << y <<endl;
21  }
```

程序运行结果如图 6.7 所示。

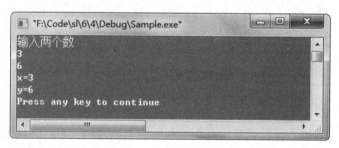

图 6.7　程序运行结果

该程序的本意是当 x 小于 y 时交换 x 和 y 的值，但结果并没有实现，主要原因是调用 swap 函数时复制了变量 x 和 y 的值，而并非变量本身。如果将函数 swap 在调用处展开，该程序的本意就可以实现。代码修改如下：

```
01  #include <iostream>
02  using namespace std;
03  void main()
04  {
05      int x,y;
06      cout << " 输入两个数 " << endl;
07      cin >> x;
08      cin >> y;
09      int tmp;
10      if(x<y)
11          {
```

```
12          tmp=x;
13          x=y;
14          y=tmp;
15      }
16      cout << "x=" << x <<endl;
17      cout << "y=" << y <<endl;
18 }
```

程序运行结果如图 6.8 所示。

图 6.8　程序运行结果

程序代码是开发人员模拟函数调用时展开 swap 函数的代码，函数的调用就是由编译器来完成代码的展开工作，但不是真的展开，而是移到 swap 函数处执行，执行过程类似于展开。使用函数调用时，要注意有值传递过程。通过函数调用的方式实现交换变量的值，可以通过指针传地址和变量引用的方式实现，这在后面的章节会讲到。

函数调用中发生的数据传递是单向的，只能把实参的值传递给形参。在函数调用过程中，形参的值发生改变，实参的值不发生变化。

6.3.2　嵌套调用

在自定义函数中调用其他自定义函数，这种调用方式被称为嵌套调用。例如：

```
01 #include <iostream>
02 using namespace std;
03 void  ShowMessage()                    /* 定义函数 */
04 {
05      cout <<"The ShowMessage function" << endl;
06 }
07
08 void  Display()
09 {
10      ShowMessage();                     /* 嵌套调用 */
11 }
12
13 void main()
14 {
15      Display();
```

```
16  }
```

在嵌套调用时要注意，不要在函数体内定义函数，例如，下面的代码是错误的。

```
01  int main()
02  {
03      void  Display()                        /* 错误，不能在函数体内定义函数 */
04      {
05          cout << "I want to show the Nesting function" << endl;
06      }
07      return 0;
08  }
09
```

嵌套调用对调用的层数是没有要求的，但个别的编译器可能会对层数有一些限制，使用时应注意。

6.3.3 递归调用

直接或间接调用自己的函数被称为递归函数（Recursive Function）。

使用递归方法解决问题的优点是：问题描述清楚、代码可读性强、结构清晰，代码量比使用非递归方法少。缺点是：递归程序的运行效率比较低，无论是时间角度还是空间角度，都比非递归程序差。对于时间复杂度和空间复杂度要求较高的程序，要慎重使用递归函数调用。

使用递归函数必须定义一个停止条件，否则函数永远递归下去。

汉诺（Hanoi）塔问题

立柱 A 上有 64 个圆盘，圆盘大小不一，按从小到大的顺序依次摆放在立柱 A 上，如图 6.9 所示。现在的问题是要将立柱 A 上的圆盘移到立柱 C 上，并且每次只允许移动一个圆盘，在移动过程中始终保持大盘在下、小盘在上。

假设先移动 4 个圆盘，立柱 A 上的圆盘按由上到下的顺序分别命名为 a、b、c、d，如图 6.9 所示。

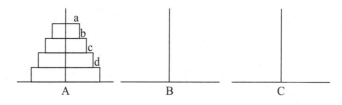

图 6.9 圆盘原始状态

将圆盘 a 和 b 移动到立柱 C 上。移动顺序是 a->B—b->C—a->C，移动结果如图 6.10 所示。

如果将圆盘 c 也移动到立柱 C 上，要暂时将圆盘 c 移动到立柱 B 上，再移动圆盘 a 和 b。移动顺序是 c->B—a->A—b->B—a->B—d->c，移动结果如图 6.11 所示。

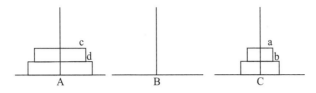

图 6.10　移动两个圆盘到立柱 C 上

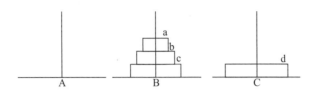

图 6.11　移动 3 个圆盘到立柱 C 上

最后完成 4 个圆盘的移动，移动顺序是 a->C—b->A—a->A—c->C—a->B—b->C—a->C。

总结如下：

要将 4 个圆盘移动到指定立柱共需要移动 15 次。

将两个圆盘移动到指定立柱需要移动 3 次，分别是 a->B—b->C—a->C。

将 3 个圆盘移动到指定立柱需要移动 7 次，分别是 a->B—b->C—a->C—c->B—a->A—b->B—a->B。

移动次数为：2^n-1 次。

在移动过程中，可以将 a、b、c 3 个圆盘看成一个圆盘，移动 4 个圆盘的过程就像在移动两个圆盘。还可以将 a、b、c 3 个圆盘中的 a、b 两个圆盘看成一个圆盘，移动 3 个圆盘也像在移动两个圆盘。可以使用递归的思路移动 n 个圆盘。

移动 n 个圆盘可以分成 3 个步骤：

（1）把立柱 A 上的 $n-1$ 个圆盘移到立柱 B 上；

（2）把立柱 A 上的一个圆盘移到立柱 C 上；

（3）把立柱 B 上的 $n-1$ 个圆盘移到立柱 C 上。

程序代码如下。

```
01 #include <iostream>
02 #include <iomanip>
03 using namespace std;
04 long lCount;
05 void move(int n,char x,char y,char z)        // 将 n 个圆盘从 x 针借助 y 针移到 z
   针上
06 {
07     if(n==1)
08         cout << "Times:" << setw(2) << ++lCount << " " << x << "->" << z
   << endl;
```

```
09        else
10        {
11            move(n-1,x,z,y);
12            cout << "Times:" << setw(2) << ++lCount << " " << x << "->" << z
   <<endl;
13            move(n-1,y,x,z);
14        }
15 }
16 void main()
17 {
18     int n ;
19     lCount=0;
20     cout << "please input a number" << endl;
21     cin >> n ;
22     move(n,'a','b','c');
23 }
```

程序运行结果如图 6.12 所示。

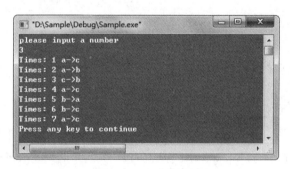

图 6.12　运行结果

输入数字 3 表示移动 3 个圆盘，程序打印出挪动 3 个圆盘的步骤。

利用循环求 n 的阶乘

```
01 #include <iostream>
02 using namespace std;
03 typedef unsigned int UINT;            // 自定义类型
04 long Fac(const UINT n)                // 定义函数
05 {
06     long ret = 1;                     // 定义结果变量
07     for(int i=1; i<=n; i++)           // 累计乘积
08     {
09         ret *= i;
10     }
11     return ret;                       // 返回结果
12 }
13
```

```
14  void main()
15  {
16      int n ;
17      long f;
18      cout << "please input a number" << endl;
19        cin >> n ;
20      f=Fac(n);
21      cout << "Result :" << f << endl;
22  }
```

程序运行结果如图 6.13 所示。

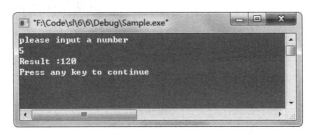

图 6.13　程序运行结果

6.4　变量作用域

微课视频

根据变量声明的位置，可以将变量分为局部变量及全局变量，在函数体内定义的变量称为局部变量，在函数体外定义的变量称为全局变量。变量的有效范围如图 6.14 所示。

图 6.14　变量的有效范围

示例代码如下。

```
01  #include <iostream>
02  using namespace std;
03  int iTotalCount;                    // 全局变量
04  int GetCount();
05  void main()
06  {
07      int iTotalCount=100;            // 局部变量
08      cout << iTotalCount << endl;
09      cout << GetCount() << endl;
10  }
```

```
11  int GetCount()
12  {
13      iTotalCount=200;                // 给全局变量赋值
14      return iTotalCount;
15  }
```

程序运行结果如图 6.15 所示。

图 6.15 程序运行结果

变量都有生命期，全局变量在程序开始的时候创建并分配空间，在程序结束的时候释放内存并销毁；局部变量在函数调用的时候创建，并且在栈中分配内存，在函数调用结束后销毁并释放。

6.5 重载函数

微课视频

定义同名的变量程序会编译出错，定义同名的函数也带来冲突问题，但 C++ 使用名字重组技术，通过函数的参数类型识别函数。所谓重载函数，就是多个函数具有相同的函数标识名，而参数类型或参数个数不同。函数调用时，编译器根据参数的类型及个数区分调用哪个函数。下面的实例定义了重载函数。

使用重载函数

```
01  #include <iostream>
02  using namespace std;
03  int Add(int x ,int y)              // 定义第一个重载函数
04  {
05      cout << "int add" << endl;      // 输出信息
06      return x + y;                   // 设置函数返回值
07  }
08  double Add(double x,double y)       // 定义第二个重载函数
09  {
10      cout << "double add" << endl;   // 输出信息
11      return x + y;                   // 设置函数返回值
12  }
13  int main()
14  {
```

```
15      int ivar = Add(5,2);                    // 调用第一个 Add 函数
16      float fvar = Add(10.5,11.4);            // 调用第二个 Add 函数
17      return 0;
18  }
```

程序运行结果如图 6.16 所示。

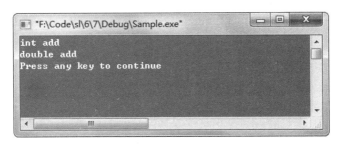

图 6.16　程序运行结果

该程序定义了两个相同函数名 Add，在 main 调用 Add 函数时实参类型不同，语句 "int ivar = Add(5,2);" 的实参类型是整型，语句 "float fvar = Add(10.5,11.4);" 的实参类型是双精度，编译器可以区分这两个函数，会正确调用相应的函数。

在定义重载函数时，应注意函数的返回值类型不能用于区分重载函数。下面的函数重载是非法的。

```
int Add(int x ,int y)                  // 定义一个重载函数
{
    return x + y;
}
double Add(int x,int y)                // 定义一个重载函数
{
    return x + y;
}
```

6.6　内联函数

微课视频

通过 inline 关键字可以把函数定义为内联函数，编译器会在每个调用该函数的地方展开一个函数副本。

下面的程序创建了一个 IntegerAdd 函数，并进行了调用。

```
01  #include <iostream>
02  using namespace std;
03  inline int IntegerAdd(int x,int y);
04  void main()
05  {
06      int a;
07      int b;
```

```
08        int iresult=IntegerAdd(a,b);
09  }
10  int IntegerAdd(int x,int y)
11  {
12        return x+y;
13  }
```

ShowMessage 函数被定义为内联函数，执行代码如下。

```
01  #include <iostream>
02  using namespace std;
03  inline int IntegerAdd(int x,int y);
04  void main()
05  {
06        int a;
07        int b;
08        int iresult= a+b;
09  }
```

使用内联函数可以减少函数调用带来的开销（在程序所在文件内移动指针寻找调用函数地址带来的开销），但它只是一种解决方案，编译器可以忽略内联函数的声明。

应该在函数实现代码很简短，或者调用函数次数相对较少的情况下，将函数定义为内联函数，一个递归函数不能在调用点完全展开，一个有一千行代码的函数也不大可能在调用点展开，内联函数只能在优化程序时使用。在抽象数据类设计中，内联函数对支持信息隐藏起着主要作用。

如果某个内联函数要作为外部全局函数，即它将被多个源代码文件使用，那么就把它定义在头文件里，在每个调用该 inline 函数的源文件中包含该头文件，这样保证每个 inline 函数只有一个定义，防止在程序的生命期中引起无意的不匹配。

微课视频

6.7 变量的存储类别

存储类别是变量的属性之一，C++ 语言定义了 4 种变量的存储类别，分别是 auto 变量、static 变量、register 变量和 extern 变量。变量存储方式不同会使变量的生命期不同，生命期表示变量存在的时间。生命期和变量作用域从时间和空间两个角度描述变量的特性。

静态存储变量通常在变量定义时就被分配固定的存储单元，并一直保持不变，直至整个程序结束。全局变量即属于此类存储方式，存放在静态存储区中。动态存储变量在被使用时才分配存储单元，使用完毕立即将该存储单元释放。如前面讲过的函数的形式参数，在函数定义时并不给其分配存储单元，只在函数被调用时才分配存储单元，并且调用函数完毕立即释放，此类变量存放在动态存储区中。从以上分析可知，静态存储变量是一直存在的，动态存储变量则时而存在时而消失。

6.7.1 auto 变量

这种存储类型是 C ++ 语言程序默认的存储类型。函数内未加存储类型说明的变量均被视为自动变量，也就是说，自动变量可省略关键字 auto。例如：

```
{
int i,j,k;
...
}
等价于：
{
auto int i,j,k;
...
}
```

自动变量具有以下特点。

（1）自动变量的作用域仅限于定义该变量的个体内。在某个函数中定义的自动变量，只在该函数内有效。在复合语句中定义的自动变量，只在该复合语句中有效。例如：

```
int Show()
{
    auto int x,y;
    if(true)
    {
        auto char ch;
        cout << ch << endl;        // 正确
        cout << x << endl;         // 正确
    }
    cout << ch << endl;            // 错误
    cout << x << endl;             // 正确
}
```

（2）自动变量属于动态存储方式，变量分配的内存在栈中，当函数调用结束后，自动变量的值会被释放。在复合语句中定义的自动变量，退出复合语句后也不能再使用，否则将引起错误。

（3）由于自动变量的作用域和生命期都局限于定义它的个体内（函数或复合语句内），因此不同的个体中允许使用同名的变量，不会产生混淆。即使在函数内定义的自动变量，也可与该函数内部的复合语句中定义的自动变量同名。

例如：输出不同生命期的变量值，代码如下。

```
01 #include<iostream>
02 using namespace std;
03 void main()
04 {
05     auto int i,j,k;
```

```
06      cout <<"input the number:" << endl;
07      cin >> i >> j;
08      k=i+j;
09      if( i!=0 && j!=0 )
10      {
11          auto int k;
12          k=i-j;
13          cout << "k :" << k << endl;          // 输出变量 K 的值
14      }
15      cout << "k :" <<k << endl;                // 输出变量 k 的值
16  }
```

程序运行结果如图 6.17 所示。

图 6.17 程序运行结果

程序两次输出的变量k为自动变量。第一次输出的是i-j的值，第二次输出的是i+j的值。虽然变量名都为k，但其实是两个不同的变量。

6.7.2 static 变量

在声明变量前加关键字 static，可以将变量声明成静态变量。静态局部变量的值在函数调用结束后不消失，静态全局变量只能在本源文件中使用。例如，声明变量为静态变量：

```
static int a,b;
static float x,y;
static int a[3]={0,1,2};
```

静态变量属于静态存储方式，具有以下特点。

（1）在函数内定义，在程序退出时释放，在整个运行期间都不释放，也就是说，它的生命期为整个源程序。

（2）作用域与自动变量相同，在函数内定义就在函数内使用，尽管该变量还继续存在，但不能使用。如果再次调用定义它的函数，就可以继续使用。

（3）编译器会为静态局部变量赋予 0 值。

下面通过实例介绍 static 变量的用法。

使用 static 变量实现累加

```
01  #include<iostream>
02  using namespace std;
03  int add(int x)
04  {
05      static int n=0;
06      n=n+x;
07      return n;
08  }
09  void main()
10  {
11      int i,j,sum;
12      cout << " input the number:" << endl;
13      cin >> i;
14      cout << "the result is:" << endl;
15      for(j=1;j<=i;j++)
16      {
17          sum=add(j);
18          cout << j << ":" <<sum << endl;
19      }
20  }
```

程序运行结果如图 6.18 所示。

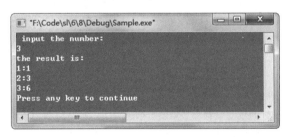

图 6.18　运行结果 1

该程序中的 n 是静态局部变量，每次调用函数 add 时，静态局部变量 n 都保存上一次被调用后得到的结果。所以当输入循环次数 3 时，变量 sum 累加的结果是 6，而不是 3。

如果去掉 static 关键字，则运行结果如图 6.19 所示。

图 6.19　运行结果 2

此时输入循环次数 3 时，变量 sum 累加的结果是 3。因为变量 n 不再使用静态存储空间，每次调用 add 函数后变量 n 的值都被释放，再次调用 add 函数时 n 的值为初始值 0。

6.7.3 register 变量

变量的值一般存放在内存中，当对一个变量频繁读写时，需要反复访问内存储器，则花费大量的存取时间。为了提高效率，C++ 语言可以将变量声明为寄存器变量，这种变量将局部变量的值存放在 CPU 的寄存器中，使用时不需要访问内存，而是直接从寄存器中读写。寄存器变量的说明符是 register。

对寄存器变量的说明如下。

（1）寄存器变量属于动态存储方式，需要采用静态存储方式的量不能定义为寄存器变量。

（2）编译程序会自动决定哪个变量使用寄存器存储，register 起到程序优化的作用。

6.7.4 extern 变量

在一个源文件中定义的变量和函数只能被本文件中的函数调用，一个 C++ 程序中会有许多源文件，如果使用非本源文件的全局变量呢？ C++ 提供了 extern 关键字来解决这个问题。在使用其他源文件的全局变量时，在本源文件使用 extern 关键字声明这个变量即可。

在 Sample1.cpp 源文件中定义全局变量 a、b、c，代码如下。

```
01 int a,b;              /* 外部变量定义 */
02 char c;               /* 外部变量定义 */
03 void main()
04 {
05     cout << a << endl;
06     cout << b << endl;
07     cout << c << endl;
08 }
```

在 Sample2.cpp 源文件中要使用 Sample1.cpp 源文件中的全局变量 a、b、c，代码如下。

```
01 extern int a,b;       /* 外部变量说明 */
02 extern char c;        /* 外部变量说明 */
03 func (int x,y)
04 {
05     cout << a << endl;
06     cout << b << endl;
07     cout << c << endl;
08 }
```

在 Sample2.cpp 源文件中，编译系统不再为全局变量 a、b、c 分配内存空间，而是改变全局变量 a、b、c 的值，Sample1.cpp 源文件中的输出值也会发生变化。

第7章 数组、指针和引用

数组是有序数据的集合，可以减少同种类型变量的声明；指针是可以操作内存数据的变量；引用是变量的名别。数组的首地址可以被看作指针，通过指针也可以操作数组，指针和引用在函数的参数传递过程中可以互相替代。指针是一个双刃剑，能够带来效率的提升，也会给程序带来意想不到的灾难。

7.1 一维数组

微课视频

7.1.1 一维数组的声明

在程序设计中，将同一数据类型的数据按一定形式有序地组织起来，这些有序数据的集合就称为数组。一个数组有一个统一的数组名，可以通过数组名和下标唯一确定数组中的元素。

一维数组的声明形式如下：

数据类型 数组名 [常量表达式]

例如：

```
int a[10];                  // 声明一个整型数组，有 10 个元素
char name[128];             // 声明一个字符数组，有 128 个元素
float price[20];            // 声明一个浮点数组，有 20 个元素
```

使用数组的说明如下。

（1）数组名的命名规则和变量名的命名规则相同。

（2）数组名后面的括号是方括号，方括号内是常量表达式。

（3）常量表达式表示元素的个数，即数组的长度。

（4）常量表达式不能是变量，因为数组的大小不能动态定义。

```
int a[i];                   // 不合法
```

7.1.2 一维数组的引用

一维数组引用的一般形式如下：

数组名 [下标]

例如：

```
int a[10];   // 声明数组
```

a[0]、a[1]、a[2]、a[3]、a[4]、a[5]、a[6]、a[7]、a[8]、a[9] 是对数组 a 中 10 个元素的引用。
一维数组引用的说明如下。

（1）数组元素下标的起始值为 0，而不是 1。

（2）a[10] 是不存在的数组元素，引用 a[10] 非法。

学习笔记

a[10] 属于下标越界，容易造成程序瘫痪。

7.1.3　一维数组的初始化

数组元素初始化的方式有两种，一种是对单个元素逐一赋值，另一种是使用聚合方式
赋值。

1）单一数组元素赋值

a[0]=0 就是对单一数组元素赋值，也可以通过变量控制下标的方式进行赋值，例如：

```
01    char a[3];
02    a[0]='a';
03    a[2]='c';
04    int i=0;
05    cout << a[i] << endl;
```

2）聚合方式赋值

数组不仅可以逐一对数组元素赋值，还可以通过大括号进行多个元素的赋值。例如：

```
int a[12]={1,2,3,4,5,6,7,8,9,10,11,12};
```

或：

```
int a[]={1,2,3,4,5,6,7,8,9,10,11,12};      // 编译器能够获得数组元素个数
```

或：

```
int a[12]={1,2,3,4,5,6,7};                 // 前 7 个元素被赋值，后 5 个元素的值为 0
```

下面通过实例来看一下如何为一维数组的数组元素赋值。

一维数组赋值

```
01 #include <iostream>
02 using namespace std;
03 void main()
04 {
05    int i,a[10];
```

```
06        // 利用循环语句分别为 10 个元素赋值
07        for(i=0;i<10;i++)
08            a[i]=i;
09        // 将数组中的 10 个元素输出到显示设备
10        for(i=0;i<10;i++)
11            cout << a[i] << endl;
12  }
```

程序运行结果如图 7.1 所示。

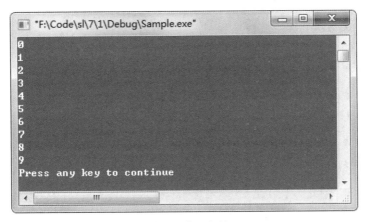

图 7.1　程序运行结果

本程序实现通过 for 循环为 int a[10] 定义的数组中的每个元素赋值，并利用循环语句通过 cout 函数将数组中的元素值输出到显示设备。

7.2　二维数组

微课视频

7.2.1　二维数组的声明

二维数组声明的一般形式为：

　数据类型　数组名 [常量表达式 1] [常量表达式 2]

例如：

```
int a[3][4];                // 声明具有 3 行 4 列元素的整型数组
float myArray[4][5];        // 声明具有 4 行 5 列元素的浮点数组
```

一维数组描述的是线性序列，二维数组描述的则是矩阵。常量表达式 1 代表行的数量，常量表达式 2 代表列的数量。

二维数组可以被看作一种特殊的一维数组，如图 7.2 所示，虚线左侧为 3 个一维数组的首元素，二维数组由 A[0]、A[1]、A[2] 3 个一维数组组成，每个一维数组包含 4 个元素。

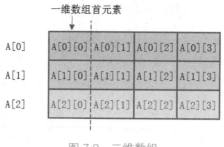

图 7.2　二维数组

使用数组的说明如下。

（1）数组名的命名规则和变量名的命名规则相同。

（2）二维数组有两个下标，所以有两个中括号。

```
int a[3,4]                 // 不合法
int a[3:4]                 // 不合法
```

（3）下标运算符中的整数表达式代表数组每个维的长度，它们必须是正整数，乘权确定整个数组的长度。

例如：

```
int a[3][4]
```

长度就是 3×4=12。

（4）数组的常量表达式不能是变量，因为数组的大小不能动态定义。

```
int a[i][j];               // 不合法
```

7.2.2　二维数组元素的引用

二维数组元素的引用形式为：

```
数组名 [ 下标 ][ 下标 ]
```

二维数组元素的引用和一维数组的引用基本相同。例如：

```
a[2-1][2*2-1]              // 合法
a[2,3],a[2-1,2*2-1]        // 不合法
```

7.2.3　二维数组的初始化

二维数组元素初始化的方式和一维数组相同：为单个元素逐一赋值和使用聚合方式赋值。

例如：

```
myArray[0][1]=12;                               // 单个元素初始化
int a[3][4]={1,2,3,4,5,6,7,8,9,10,11,12};       // 使用聚合方式赋值
```

使用聚合方式给数组赋值等同于分别给数组中的每个元素赋值。例如：

```
int a[3][4]={1,2,3,4,5,6,7,8,9,10,11,12};
```

等同于执行以下语句：

```
a[0][0]=1;a[0][1]=2;a[0][2]=3;a[0][3]=4;
a[1][0]=5;a[1][1]=6;a[1][2]=7;a[1][3]=8;
a[2][0]=9;a[2][1]=10;a[2][2]=11;a[2][3]=12;
```

二维数组中的元素是按行存放的，即在内存中先顺序存放第一行元素，再存放第二行元素。例如 int a[3][4]={1,2,3,4,5,6,7,8,9,10,11,12}; 的赋值顺序如下：

（1）先给第一行元素赋值：a[0][0]->a[0][1]->a[0][2]->a[0][3]。

（2）再给第二行元素赋值：a[1][0]->a[1][1]->a[1][2]->a[1][3]。

（3）最后给第三行元素赋值：a[2][0]->a[2][1]->a[2][2]->a[2][3]。

数组元素的位置及对应数值如图 7.3 所示。

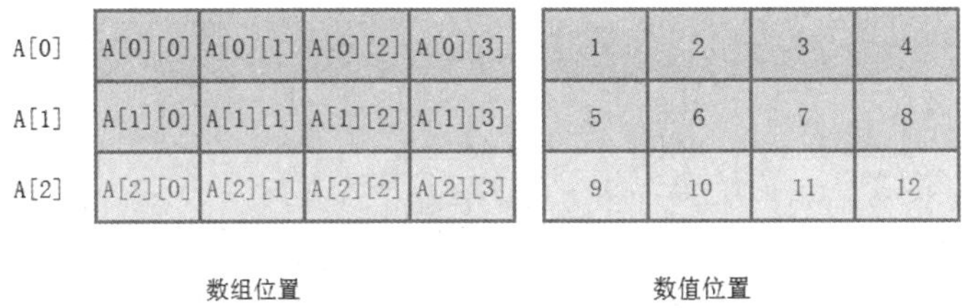

A[0]	A[0][0]	A[0][1]	A[0][2]	A[0][3]
A[1]	A[1][0]	A[1][1]	A[1][2]	A[1][3]
A[2]	A[2][0]	A[2][1]	A[2][2]	A[2][3]

数组位置

1	2	3	4
5	6	7	8
9	10	11	12

数值位置

图 7.3　数组位置对应的数值

使用聚合方式赋值还可以按行进行赋值，例如：

```
int a[3][4]={{1,2,3,4},{5,6,7,8},{9,10,11,12}};
```

二维数组可以只对前几个元素赋值。例如：

```
a[3][4]={1,2,3,4};   // 相当于给第一行元素赋值，其余数组元素全为0
```

数组元素是左值，可以出现在表达式中，也可以对数组元素进行计算，例如：

```
b[1][2]=a[2][3]/2;
```

下面通过实例熟悉一下二维数组的操作。

将二维数组中的行数据和列数据置换

```
01  #include <iostream>
02  #include <iomanip>
03  using namespace std;
04  int fun(int array[3][3])
05  {
06      int i,j,t;
07      for(i=0;i<3;i++)
08          for(j=0;j<i;j++)
09          {
10              t=array[i][j];
```

```
11                array[i][j]=array[j][i];
12                array[j][i]=t;
13            }
14        return 0;
15  }
16  void main()
17  {
18      int i,j;
19      int array[3][3]={{1,2,3},{4,5,6},{7,8,9}};
20      cout << "Converted Front" <<endl;
21      for(i=0;i<3;i++)
22      {
23          for(j=0;j<3;j++)
24              cout << setw(7) << array[i][j] ;
25          cout<< endl;
26      }
27      fun(array);
28      cout << "Converted result" <<endl;
29      for(i=0;i<3;i++)
30      {
31          for(j=0;j<3;j++)
32              cout << setw(7) << array[i][j] ;
33          cout<< endl;
34      }
35  }
```

程序运行结果如图 7.4 所示。

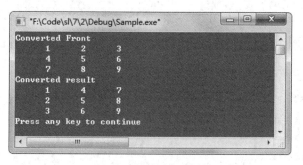

图 7.4　程序运行结果

本程序首先输出二维数组 array 中的元素，然后调用自定义函数 fun 将数组中的行元素转换为列元素，最后输出转换后的结果。

7.3　字符数组

微课视频

存放字符数据的数组是字符数组，字符数组中的一个元素存放一个字符。字符数组具有数组的共同属性。由于字符串应用广泛，C 和 C++ 专门为它提供了许多方便的用法和函数。

1. 声明一个字符数组

```
char pWord[11];
```

2. 字符数组赋值方式

1）为数组元素逐一赋值

```
pWord[0]='H' pWord[1]='E' pWord[2]='L' pWord[3]='L'
pWord[4]='O' pWord[5]=' ' pWord[6]='W' pWord[7]='O'
pWord[8]='R' pWord[9]='L' pWord[10]='D'
```

2）使用聚合方式赋值

```
char pWord[]={'H','E','L','L','O',' ','W','O','R','L','D'};
```

如果花括号中提供的初值个数大于数组长度，则按语法错误处理。如果初值个数小于数组长度，则只将这些字符赋给数组中前面的元素，其余的元素自动定义为空字符。如果提供的初值个数与数组长度相同，在定义时可以省略数组长度，系统会自动根据初值个数确定数组长度。

3. 字符数组的一些说明

1）聚合方式只能在数组声明的时候使用。例如：

```
char pWord[5];
pWord={'H','E','L','L','O'};        // 错误
```

2）字符数组不能给字符数组赋值

```
char a[5]= {'H','E','L','L','O'};
char b[5];
a=b;                              // 错误
a[0]=b[0];                        // 正确
```

4. 字符串和字符串结束标志

字符数组常作为字符串使用，此时要有字符串结束符 "\0"。

可以使用字符串为字符数组赋值。例如：

```
char a[]= "HELLO WORLD";
```

等同于：

```
char a[]= "HELLO WORLD\0";
```

字符串结束符 "\0" 的作用主要是告知字符串处理函数字符串已经结束了，不需要再输出了。

下面通过实例来看一下使用字符串结束符 "\0" 和不使用字符串结束符 "\0" 的区别。

使用字符串结束符"\0"防止出现非法字符。

使用字符串结束符"\0"的程序的代码如下：

```
01  #include<iostream>
02  using namespace std;
03  void main()
04  {
05      int i;
06      char array[12];
07      array[0]='a';
08      array[1]='b';
09      array[2]='\0';
10      printf("%s\n",array);
11  }
```

程序运行结果如图 7.5 所示。

图 7.5　程序运行结果

printf 函数使用 %s 的格式可以输出字符串，如果字符串中没有结束符，函数会按整个字符数组输出。array 字符数组中只有前两个字符初始化了，所以未使用字符串结束符"\0"的程序会出现乱码。

5. 字符串处理函数

1）strcat 函数

字符串连接函数 strcat 的格式如下：

```
strcat(字符数组名1,字符数组名2)
```

该函数把字符数组 2 中的字符串连接到字符数组 1 中的字符串的后面，并且删除字符串 1 后的字符串结束标志"\0"。

下面通过实例介绍如何使用 strcat 函数将两个字符串连接在一起。

连接字符串

```
01  #include<iostream>
02  #include<string>
03  using namespace std;
04  void main()
```

```
05  {
06      char str1[30],str2[20];
07      cout<<"please input string1:"<< endl;
08      gets(str1);
09      cout<<"please input string2:"<<endl;
10      gets(str2);
11      strcat(str1,str2);
12      cout <<"Now the string1 is:"<<endl;
13      puts(str1);
14  }
```

程序运行结果如图 7.6 所示。

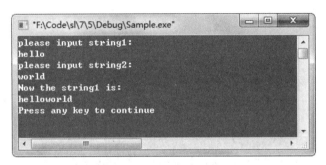

图 7.6　程序运行结果

学习笔记

　　在使用 strcat 函数的时候要注意，字符数组 1 的长度要足够大，否则不能装下连接后的字符串。

2）strcpy 函数

字符串复制函数 strcpy 的格式如下：

```
strcpy(字符数组 1,字符数组 2)
```

该函数把字符数组 2 中的字符串拷贝到字符数组 1 中。字符串结束标志 "\0" 也一同拷贝。

学习笔记

　　① 字符数组 2 应有足够的长度，否则不能全部装入拷贝的字符串。
　　② 字符数组 1 必须写成数组名形式，字符数组 2 可以是字符数组名，也可以是字符串常量，这时相当于把字符串赋予字符数组。

为了使读者更好地了解 strcpy 函数，下面通过实例介绍如何使用 strcpy 函数实现字符串拷贝的功能。

字符串拷贝

```
01  #include<iostream>
02  #include<string>
03  using namespace std;
04  void main()
05  {
06      char str1[30],str2[20];
07      cout<<"please input string1:"<< endl;
08      gets(str1);
09      cout<<"please input string2:"<<endl;
10      gets(str2);
11      strcpy(str1,str2);
12      cout<<"Now the string1 is:\n"<<endl;
13      puts(str1);
14  }
```

程序运行结果如图 7.7 所示。

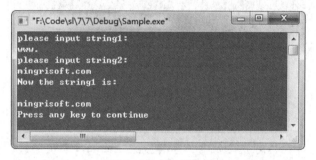

图 7.7　程序运行结果

📋 **学习笔记**

　　strcpy 函数实质上是用字符数组 2 中的字符串覆盖字符数组 1 中的内容；strcat 函数则不存在覆盖等问题，只是单纯地将字符数组 2 中的字符串连接到字符数组 1 中的字符串的后面。

3）strcmp 函数

字符串比较函数 strcmp 的格式如下：

```
strcmp(字符数组名 1，字符数组名 2)
```

该函数按照 ASCII 码顺序比较两个数组中的字符串，并由函数返回值返回比较结果。
- 字符串 1= 字符串 2，返回值为 0。
- 字符串 1> 字符串 2，返回值为一个正数。
- 字符串 1< 字符串 2，返回值为一个负数。

下面通过实例来看一下如何使用 strcmp 函数对字符串进行比较。

字符串比较

```
01  #include<iostream>
02  #include <string>
03  using namespace std;
04
05  #include<string>
06  void main()
07  {
08      char str1[30],str2[20];
09      int i=0;
10      cout<<"please input string1:"<< endl;
11      gets(str1);
12      cout<<"please input string2:"<<endl;
13      gets(str2);
14      i=strcmp(str1,str2);
15      if(i>0)
16      cout <<"str1>str2"<<endl;
17      else
18      if(i<0)
19      cout <<"str1<str2"<<endl;
20      else
21      cout <<"str1=str2"<<endl;
22  }
```

程序运行结果如图 7.8 所示。

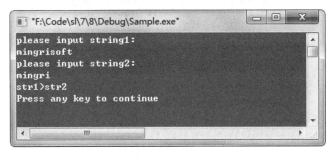

图 7.8　程序运行结果

4）strlen 函数

获取字符串长度函数 strlen 的格式如下：

strlen (字符数组名)

该函数获取字符串的实际长度（不含字符串结束标志"\0"），函数返回值为字符串的实际长度。

下面通过实例介绍如何使用 strlen 函数获取字符串长度。

获取字符串长度

```
01  #include<iostream>
02  #include <string>
03  using namespace std;
04  void main()
05  {
06      char str1[30],str2[20];
07      int len1,len2;
08      cout<<"please input string1:"<< endl;
09      gets(str1);
10      cout<<"please input string2:"<<endl;
11      gets(str2);
12      len1=strlen(str1);
13      len2=strlen(str2);
14      cout <<"the length of string1 is:"<< len1 <<endl;
15      cout <<"the length of string2 is:"<< len2 <<endl;
16  }
```

程序运行结果如图 7.9 所示。

图 7.9　程序运行结果

微课视频

7.4　指针

7.4.1　变量与指针

系统的内存就像带有编号的房间，如果想使用内存就需要得到房间号。如图 7.10 所示，定义一个整型变量 i，它需要 4 个字节，所以编译器为变量 i 分配了编号从 4001 到 4004 的房间，每个房间代表一个字节。

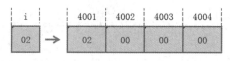

图 7.10　整型变量 i

各个变量连续地存储在系统的内存中，图 7.11 所示为两个整型变量 i 和 j 存储在内存中。

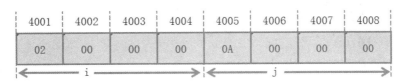

4001	4002	4003	4004	4005	4006	4007	4008
02	00	00	00	0A	00	00	00

图 7.11   整型变量 i 和 j 存储在内存中

程序中的代码通过变量名对内存单元进行存取操作，但是代码经过编译后已经将变量名转换为该变量在内存的存放地址，对变量值的存取都是通过地址进行的。例如，语句 i+j; 的整型过程是根据变量名与地址的对应关系，找到变量 i 的地址 4001，然后从 4001 开始读取 4 个字节数据，并将数据存放到 CPU 寄存器中，再找到变量 j 的地址 4005，从 4005 开始读取 4 个字节数据，并将数据存放到 CPU 另一个寄存器中，最后通过 CPU 的加法中断计算出结果。

由于通过地址能访问指定的内存存储单元，可以说地址"指向"该内存单元，例如房间号 4001 指向系统内存中的一个字节。地址形象地被称为指针,意思是通过指针能找到内存单元。一个变量的地址称为该变量的指针。如果有一个变量专门用来存放另一个变量的地址，它就是指针变量。在 C++ 语言中，有专门用来存放内存单元地址的变量类型，即指针类型。

指针是一种数据类型，通常说的指针就是指针变量，它是专门用来存放地址的变量，而变量的指针主要指变量在内存中的地址。变量的地址在编写代码时无法获取，只有在程序运行时才可以得到。

1. 指针的声明

声明指针的一般形式如下：

数据类型标识符 * 指针变量名

例如：

```
int *p_iPoint;          // 声明一个整型指针
float *a,*b             // 声明两个浮点指针
```

2. 指针的赋值

指针可以在声明的时候赋值，也可以后期赋值。

（1）在初始化时赋值：

```
int i=100;
int *p_iPoint=&i;
```

（2）在后期赋值：

```
int i=100;
p_iPoint =&i;
```

学习笔记

通过变量名访问一个变量是直接的，而通过指针访问一个变量是间接的。

3. 关于指针使用的说明

（1）指针变量名是 p，不是 *p。

p=&i 的意思是取变量 i 的地址赋给指针变量 p。

下面的实例可以获取变量的地址，并将获取的地址输出。

输出变量的地址

```
01  #include <iostream>
02  using namespace std;
03  void main()
04  {
05      int a=100;                    // 定义一个变量 a
06      int *p=&a;                    // 定义一个指针变量 p 并初始化
07      printf("%d\n",p);             // 按十进制输出 a 的地址
08  }
```

程序运行结果如图 7.12 所示。

图 7.12　程序运行结果

该实例通过 printf 函数直接将地址输出。由于变量是由系统分配空间的，所以变量的地址不是固定不变的。

📖 **学习笔记**

定义一个指针之后，一般要使指针有明确的指向。与常规的变量未赋值相同，没有明确指向的指针不会引起编译器出错，但是对于指针则可能导致无法预料的、隐藏的灾难性后果，所以指针一定要赋值。

（2）指针变量不可以直接赋值。例如：

```
int a=100;
int *p;
p=100;
```

编译不能通过，有 error C2440: '=' : cannot convert from 'const int' to 'int *' 错误提示。

如果强行赋值，使用指针运算符 * 提取指针所指变量时会出错。例如：

```
int a=100;
int *p;
```

```
p=(int*)100;              // 通过强制转换将 100 赋值给指针变量
printf("%d",p);           // 输出地址，能够输出地址
printf("%d",*p);          // 输出指针指向的值，出错语句
```

（3）不能将 *p 当作变量使用。例如：

```
int a=100;
int *p;
*p=100;                   // 指针没有获得地址
printf("%d",p);           // 输出地址，出错语句
printf("%d",*p);          // 输出指针指向的值，出错语句
```

上面的代码可以编译通过，但运行时会弹出错误提示对话框，如图 7.13 所示。

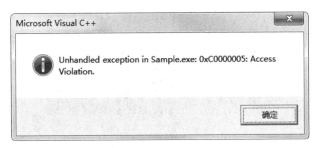

图 7.13　错误提示对话框

7.4.2　指针运算符和取地址运算符

* 和 & 是两个运算符，* 是取值运算符，& 是取地址运算符。

如图 7.14 所示，变量 i 的值为 100，存储在内存地址为 4009 的地方，取地址运算符 & 使指针变量 p 得到地址 4009。

如图 7.15 所示，指针变量存储的是地址编号 4009，指针通过指针运算符可以得到地址处的内容。

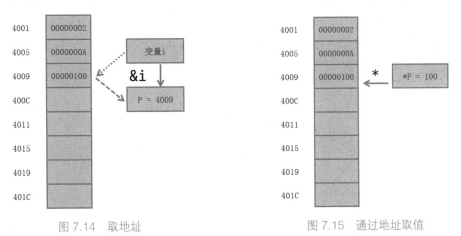

图 7.14　取地址　　　　　　　　　　图 7.15　通过地址取值

下面的实例通过指针实现输出指针对应的数值的功能。

输出指针对应的数值

```
01  #include <iostream>
02  using namespace std;
03  void main()
04  {
05      int a=100;
06      int *p=&a;
07      cout << " a=" << a <<endl;
08      cout << "*p=" << *p <<endl;
09  }
```

运行结果如图 7.16 所示。

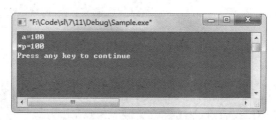

图 7.16　运行结果

声明并初始化指针变量时同时用到了 * 和 & 这两个运算符。例如：

```
    int *p=&a;
```

该语句等同于以下语句：

```
    int *p;
    p = &a;
```

📋 学习笔记

&*p 和 *&a 的区别：& 和 * 的运算符优先级别相同，按自右向左的方向结合，因此 &*p 先进行 * 运算，*p 相当于变量a；再进行 & 运算，&*p 相当于取变量a的地址。*&a 先进行 & 运算，&a 就是取变量a的地址；然后进行 * 运算，*&a 相当于取变量a所在地址的值，实际就是变量a。

7.4.3　指针运算

指针变量存储的是地址值，对指针做运算就等于对地址做运算。下面通过实例使读者了解指针的运算。

输出指针运算后的地址

```
01  #include <iostream>
02  using namespace std;
```

```
03  void main()
04  {
05      int a=100;
06      int *p=&a;
07      printf("address:%d\n",p);
08      p++;
09      printf("address:%d\n",p);
10      p--;
11      printf("address:%d\n",p);
12      p--;
13      printf("address:%d\n",p);
14  }
```

程序运行结果如图 7.17 所示。

图 7.17　程序运行结果

本程序首先输出的是指向变量 a 的指针地址"1638212"，然后对指针分别进行自加运算、自减运算、自减运算，输出的结果分别是 1638216、1638212、1638208。

学习笔记

定义指针变量时必须指定一个数据类型。指针变量的数据类型用来指定该指针变量所指向数据的类型。

7.4.4　指向空的指针与空类型指针

指针可以指向任何数据类型的数据，包括空类型（void），例如：

```
void* p;              // 定义一个指向空类型的指针变量
```

空类型指针可以接收任何类型的数据，当使用它时，我们可以将其强制转化为对应的数据类型。

空类型指针的使用

```
01  #include <iostream>
02  using namespace std;
03  int main()
04  {
```

```
05      int *pI = NULL;
06      int i = 4;
07      pI = &i;
08      float f = 3.333f;
09      bool b =true;
10      void *pV = NULL;
11      cout<<" 依次赋值给空指针 "<<endl;
12      pV = pI;
13      cout<<"pV = pI --------"<<*(int*)pV<<endl;
14      cout<<"pV = pI --------- 转为 float 类型指针 "<<*(float*)pV<<endl;
15      pV = &f;
16      cout<<"pV = &f --------"<<*(float*)pV<<endl;
17      cout<<"pV = &f -------- 转为 int 类型指针 "<<*(int*)pV<<endl;
18      return 0;
19  }
```

程序执行结果如图 7.18 所示。

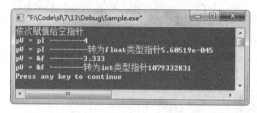

图 7.18　程序执行结果

由上可以看到，空指针赋值后，转化为对应类型的指针才能得到期望的结果。若将它转换为其他类型的指针，得到的结果将不可预知，非空类型指针同样具有这样的特性。本实例出现了一个符号 NULL，它表示空值。空值无法用输出语句表示，而且赋空值的指针无法被使用，直到它被赋予其他值。

7.4.5　指向常量的指针与指针常量

同其他数据类型一样，指针也有常量，使用 const 关键字的形式如下：

```
int i =9;
int * const p = &i;
*p = 3;
```

将关键字 const 放在标识符前，表示这个数据本身是常量，数据类型是 int*，即整型指针。与其他常量一样，指针常量必须初始化。我们无法改变它的内存指向，但是可以改变它指向内存的内容。

若将关键字 const 放到指针类型的前面，形式如下：

```
int i =9;
int const* p = &i;
```

这是指向常量的指针，虽然它指向的数据可以通过赋值语句进行修改，但是通过该指针修改内存内容的操作是不被允许的。

当 const 以以下形式使用时：

```
int i =9;
int cosnt* const p = &i;
```

该指针是一个指向常量的指针常量，既不可以改变它的内存指向，也不可以通过它修改指向内存的内容。

7.5　指针与数组

7.5.1　指针与一维数组

系统需要提供一定量连续的内存来存储数组中的各元素，内存都有地址，指针变量就是存放地址的变量。如果把数组的地址赋给指针变量，就可以通过指针变量引用数组元素。引用数组元素有两种方法：下标法和指针法。

通过指针引用数组，就要先声明一个数组，再声明一个指针。

```
int a[10];
int * p;
```

然后通过 & 运算符获取数组中元素的地址值，再将地址值赋给指针变量。

```
p=&a[0];
```

把 a[0] 元素的地址赋给指针变量 p，即 p 指向 a 数组的第 0 号元素，如图 7.19 所示。

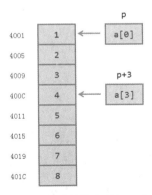

图 7.19　指针指向数组元素

下面通过实例使读者了解指针和数组间的操作，实现通过指针变量获取数组中的元素的功能。

通过指针变量获取数组中的元素

```
01  #include <iostream>
```

```
02  using namespace std;
03  void main()
04  {
05      int i,a[10];
06      int *p;
07      // 利用循环语句分别为 10 个元素赋值
08      for(i=0;i<10;i++)
09          a[i]=i;
10      // 将数组中的 10 个元素输出
11      p=&a[0];
12      for(i=0;i<10;i++,p++)
13          cout << *p << endl;
14  }
```

如果指针变量 p 已指向数组中的一个元素，则 p+1 指向同一数组中的下一个元素。

p+i 和 a+i 是 a[i] 的地址。a 代表首元素的地址，a+i 也是地址，对应数组元素 a[i]。

(p+i) 或 *（a+i）是 p+i 或 a+i 指向的数组元素，即 a[i]。

本程序使用指针获取数组首元素的地址，也可以将数组名赋值给指针，并通过指针访问数组。实现代码如下。

```
01  #include <iostream>
02  using namespace std;
03  void main()
04  {
05      int i,a[10];
06      int *p;
07      for(i=0;i<10;i++)             // 利用循环语句分别为 10 个元素赋值
08          a[i]=i;
09      p=a;                          // 让 p 指向数组 a 的首地址
10      for(i=0;i<10;i++,p++)         // 将数组中的 10 个元素输出
11          cout << *p << endl;
12  }
```

执行结果如图 7.20 所示。

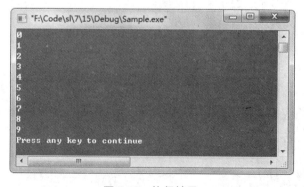

图 7.20　执行结果

学习笔记

在处理字符串函数的章节中，数组名为何能作为函数参数呢？因为它其实是一个指针常量。在数组声明之后，C++ 分配给了数组一个常指针，始终指向数组的第一个元素。而在本章中出现的字符串处理函数中，接受数组名的参数列表也接受字符指针。关于字符串数组和指针的详细问题，在后面的章节我们还会了解到。

下面的程序使用数组地址进行计算，a+i 表示数组 a 中的第 i 个元素，通过指针运算符获取数组元素的值。

```
01 #include <iostream>
02 using namespace std;
03 void main()
04 {
05     int i,a[10];
06     int *p;
07     // 利用循环语句分别为 10 个元素赋值
08     for(i=0;i<10;i++)
09         a[i]=i;
10     // 将数组中的 10 个元素输出
11     p=a;                            //p 指向 a 的首地址
12     for(i=0;i<10;i++)
13         cout << *(a+i) << endl;     // 指针向后移动 i 个单位，取出其中的值并输出
14 }
```

指针操作数组的一些说明如下。

（1）*(p--) 相当于 a[i--]，先对 p 进行 * 运算，再使 p 自减。

（2）*(++p) 相当于 a[++i]，先使 p 自加，再做 * 运算。

（3）*(--p) 相当于 a[--i]，先使 p 自减，再做 * 运算。

7.5.2　指针与二维数组

可以将一维数组的地址赋给指针变量，也可以将二维数组的地址赋给指针变量。因为一维数组的内存地址是连续的，二维数组的内存地址也是连续的，可以将二维数组看成一维数组。二维数组各元素的地址如图 7.21 所示。

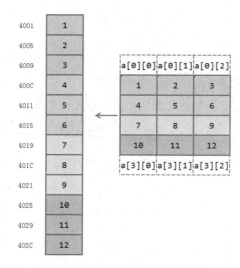

图 7.21　二维数组各元素的地址

　　使用指针引用二维数组和引用一维数组的方法相同。声明一个二维数组和一个指针
变量：

```
int a[4][3];
int * p;
```

　　a[0] 是二维数组第一个元素的地址，可以将该地址值直接赋给指针变量。

```
p=a[0];
```

　　此时使用指针 p 就可以引用二维数组中的元素了。

　　为了更好地操作二维数组，下面通过实例来实现使用指针变量遍历二维数组的功能。

使用指针变量遍历二维数组

```
01  #include <iostream>
02  #include <iomanip>
03  using namespace std;
04  void main()
05  {
06      int a[4][3]={1,2,3,4,5,6,7,8,9,10,11,12};
07      int *p;
08      p=a[0];
09      for(int i=0;i<sizeof(a)/sizeof(int);i++)     //i<48/4，循环 12 次
10      {
11          cout << "address:";
12          cout << a[i] ;
13          cout << " is " ;
14          cout << *p++ << endl;
15      }
16  }
```

程序运行结果如图 7.22 所示。

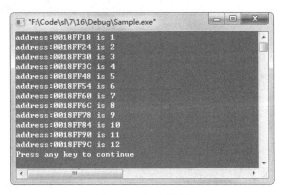

图 7.22 运行结果

本程序通过 *p 对二维数组中的所有元素进行了引用，如果想对二维数组某行中的某列元素进行引用，需要将二维数组不同行的首元素地址赋给指针变量。如图 7.23 所示，可以将 4 个行首元素地址赋给变量 p。

a 代表二维数组的地址，通过指针运算符可以获取数组中的元素。

（1）a+n 表示第 n 行的首地址。

（2）&a[0][0] 既可以被看作数组第 0 行第 0 列的首地址，又可以被看作二维数组的首地址。&a[m][n] 就是第 m 行第 n 列元素的地址。

（3）&a[0] 是第 0 行的首地址，&a[n] 就是第 n 行的首地址。

（4）a[0]+n 表示第 0 行第 n 个元素的地址。

（5）*(*(a+n)+m) 表示第 n 行第 m 列的元素。

（6）*(a[n]+m) 表示第 n 行第 m 列的元素。

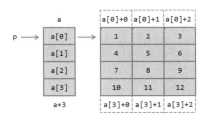

图 7.23 指针指向二维数组

下面通过一个例子使读者更好地理解二维数组的原理。

数组指针与指针数组

```
01  #include<iostream>
02  using namespace std;
03  void main()
04  {
05      int a[3][4];
```

```cpp
06      int (*b)[4];  // 定义一个数组指针，可以指向一个含有 4 个整型变量的数组
07      int *c[4];    // 定义一个储存指针的数组，最多只能储存 4 个指针
08      int *p;
09      p = a[0];     // 让 p 指向数组 a 第 0 行的地址值
10      b = a;        // 让 b 指向数组 a
11      cout<<" 利用连续内存的特点，使用 int 指针将二维 int 数组初始化 "<<endl;
12      {
13          for(int i = 0;i<12;i++)                   // 初始化二维数组
14          {
15              *(p+i) = i + 1;                       // 给第 i 行首元素赋值
16              cout<<a[i/4][i%4]<<",";
17              if((i+1)%4 == 0)                      // 每行有 4 个元素
18              {
19                  cout<<endl;
20              }
21          }
22      }
23
24      cout<<" 使用指向数组的指针，二维数组的值改变 "<<endl;
25      {
26          for(int i = 0;i<3;i++)
27          {
28              for(int j = 0;j<4;j++)
29              {
30                  *(*(b+i)+j) += 10;    // 通过数组指针修改二维数组中的内容
31              }
32          }
33
34      }
35
36      cout<<" 使用指针数组，再次输出二维数组 "<<endl;
37      {
38          for(int i= 0;i<3;i++)
39          {
40              for(int j = 0;j<4;j++)
41              {
42                  c[j] = &a[i][j];      // 用指针数组里的指针指向 a[i][j]
43                  cout<<*(c[j])<<",";
44                  if((j+1)%4 == 0)      // 每行有 4 个元素
45                  {
46                      cout<<endl;
47                  }
48              }
49          }
50      }
```

51　}

程序执行结果如图 7.24 所示。

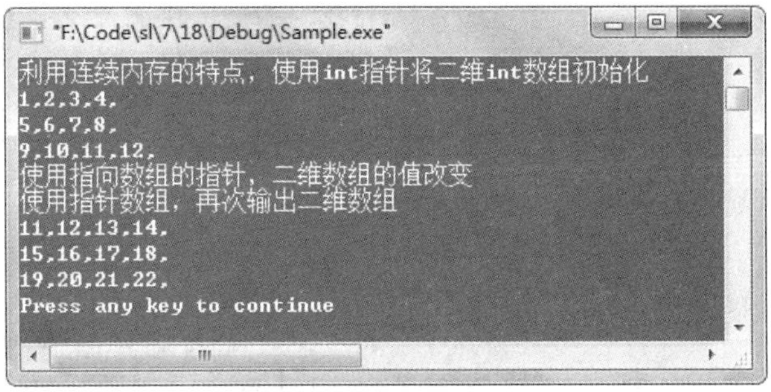

图 7.24　程序执行结果

7.5.3　指针与字符数组

字符数组是一个一维数组，使用指针也可以引用字符数组。引用字符数组的指针为字符指针，字符指针就是指向字符型内存空间的指针变量，其一般的定义语句如下：

```
char *p;
```

字符数组就是一个字符串，通过字符指针可以指向一个字符串。

语句：

```
char *string="www.mingri.book";
```

等价于下面两个语句：

```
char *string;
string="www.mingri.book";
```

为了使读者更好地了解指针与字符数组间的操作，下面通过实例实现连接两个字符数组的功能。

通过指针偏移连接两个字符数组

```
01  #include<iostream>
02  using namespace std;
03  void main()
04  {
05      char str1[50],str2[30],*p1,*p2;
06      p1=str1;                    // 让两个指针分别指向两个数组
07      p2=str2;
08      cout << "please input string1:"<< endl;
09      gets(str1);                 // 给 str1 赋值
10      cout << "please input string2:"<< endl;
11      gets(str2);                 // 给 str2 赋值
```

```
12      while(*p1!='\0')
13      p1++;                           // 把 p1 移动到 str1 的末尾
14      while(*p2!='\0')
15      *p1++=*p2++;                     // 将 p2 指向的值赋到 p1 指向的地址（str1 的末尾），
    即连接 str1 和 str2
16      *p1='\0';
17      cout << "the new string is:"<< endl;
18      puts(str1);                      // 输出新的 str1
19  }
```

程序运行结果如图 7.25 所示。

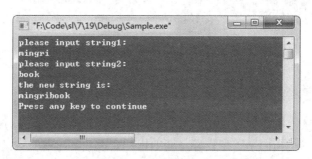

图 7.25　程序运行结果

7.6　指针在函数中的应用

微课视频

7.6.1　传递地址

以前接触的函数都是按值传递参数，也就是说，实参传递进函数体内后，生成的是实参的副本，在函数内改变副本的值并不影响实参。指针传递参数时，指针变量产生了副本，但副本与原变量指向的内存区域是同一个。改变指针副本指向的变量，就是改变原指针变量指向的变量。

调用自定义函数交换两个变量的值

```
01  #include <iostream>
02  using namespace std;
03  void swap(int *a,int *b)         // 交换 a、b 指向的两个地址的值（指针传递）
04  {
05      int tmp;                     // 定义一个临时变量
06      tmp=*a;                      // 把 a 指向的值赋给 tmp
07      *a=*b;                       // 把 b 指向的值赋到 a 指向的位置
08      *b=tmp;                      // 把 tmp 赋给 b 指向的位置
09  }
10  void swap(int a,int b)           // 交换 a、b 的值（值传递）
```

```
11  {
12      int tmp;
13      tmp=a;
14      a=b;
15      b=tmp;
16  }
17  void main()
18  {
19      int x,y;
20      int *p_x,*p_y;                      // 定义两个整型指针
21      cout << " input two number " << endl;
22      cin >> x;                           // 给 x、y 赋值
23      cin >> y;
24      p_x=&x;p_y=&y;                      // 两个指针分别指向 x、y 的地址
25      cout<<" 按指针传递参数交换 "<<endl;
26      swap(p_x,p_y);                      // 执行的是参数列表都为指针的 swap 函数
27      cout << "x=" << x <<endl;
28      cout << "y=" << y <<endl;
29      cout<<" 按值传递参数交换 "<<endl;
30      swap(x,y);                          // 执行的是参数列表为整型变量的 swap 函数
31      cout << "x=" << x <<endl;
32      cout << "y=" << y <<endl;
33  }
```

程序运行结果如图 7.26 所示。

图 7.26　程序运行结果

从图 7.26 可以看出，使用指针传递参数的函数真正实现了 x 与 y 的交换，而按值传递函数只是交换了 x 与 y 的副本。

swap 函数是用户自定义的重载函数，在 main 函数中调用该函数交换变量 a 和 b 的值。按指针传递参数的 swap 函数的两个形参被传入两个地址值，也就是传入两个指针变量，在 swap 函数的函数体内使用整型变量 tmp 作为中转变量，将两个指针变量指向的数值进行交换。在 main 函数内首先获取输入的两个数值，并分别传递给变量 x 和 y，将 x 和 y 的地址值传递给 swap 函数。在按指针传递的 swap 函数内，两个指针变量的副本 a 和 b 指向的变量正是 x 与 y，而按值传递的 swap 函数并没有实现交换 x 与 y 的功能。

7.6.2　指向函数的指针

指针变量也可以指向一个函数。一个函数在编译时被分配给一个入口地址，这个函数入口地址就称为函数的指针。可以先用一个指针变量指向函数，然后通过该指针变量调用此函数。

一个函数可以带回一个整型值、字符值、实型值等，也可以带回指针型的数据，即地址。其概念与以前类似，只是带回的值的类型是指针类型而已。返回指针值的函数简称为指针函数。

定义指针函数的一般形式为：

    类型名　* 函数名 (参数列表) ;

例如，定义一个具有两个参数和一个返回值的函数的指针：

```
int sum(int x,int y)            // 定义一个函数
int *a(int ,int );              // 定义一个函数指针
a = sum;                        // 让函数指针 a 指向函数 sum
```

函数指针能指向返回值与参数列表的函数，使用函数指针时的形式如下：

```
int c,d;                        // 定义两个整型变量
(*a)(c ,d );                    // 调用指针 a 指向的函数并传参
```

下面通过实例实现使用指针函数进行平均值计算的功能。

使用指针函数进行平均值计算

```
01 #include <iostream>
02 #include <iomanip>
03 using namespace std;
04 int avg(int a,int b);
05 void main()
06 {
07     int iWidth,iLenght,iResult;
08     iWidth=10;
09     iLenght=30;
10     int (*pFun)(int,int);              // 定义函数指针
11     pFun=avg;
12
13     iResult=(*pFun)(iWidth,iLenght);
14     cout << iResult <<endl;
15 }
16 int avg(int a,int b)
17 {
18     return (a+b)/2;
19 }
```

指针 pFun 是指向 avg 函数的函数指针，调用 pFun 函数指针和调用函数 avg 一样。

7.6.3 从函数中返回指针

定义一个返回指针类型的函数时，形式如下：

```
int* function(参数列表)
{
    ……;                              // 执行过程
    return  p;
}
```

p 是一个指针变量，也可以是形式如 &value 的地址值。当函数返回一个指针变量时，得到的是地址值。值得注意的是，返回指针的内容并不是临时变量。如果操作不当，后果将难以预料。

指针做返回值

```
01 #include <iostream>
02 using std::cout;
03 using std::endl;
04 int* pointerGet(int* p)
05 {
06     int i = 9;
07     cout<<" 函数体中 i 的地址 "<<&i<<endl;
08     cout<<" 函数体中 i 的值 :"<<i<<endl;
09     p = &i;
10     return p;
11 }
12 int main()
13 {
14     int* k = NULL;
15     cout<<"k 的地址 :"<<k<<endl;                    // 输出 k 的初始地址
16     cout<<" 执行函数，将 k 赋予函数返回值 "<<endl;
17     k = pointerGet(k);        // 调用函数，获得一个指向变量 i 的地址的指针
18     cout<<"k 的地址 :"<<k<<endl;                    // 输出 k 的新地址（ i 的地址）
19     cout<<"k 指向内存的内容 :"<<*k<<endl;           // 输出一个随机数
20 }
```

执行结果如图 7.27 所示。

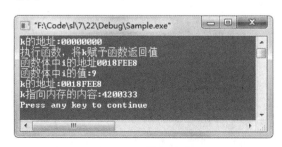

图 7.27 执行结果

可以看到，返回的是函数中定义的 i 的地址。函数执行后，i 的内存被销毁，值变成一个不可预知的数。

学习笔记

值为 NULL 的指针地址为 0，但并不意味这块内存不可以使用。将指针赋值为 NULL 也是基于安全考虑的，以后的章节将详细讨论内存的安全问题。

7.7 指针数组

微课视频

数组中的元素均为指针变量的数组称为指针数组，一维指针数组的定义形式为：

类型名 * 数组名 [数组长度];

例如：

```
int *p[4];
```

指针数组中的数组名也是一个指针变量，该指针变量为指向指针的指针。

例如：

```
int *p[4];
int a=1;
*p[0]=&a;
```

p 是一个指针数组，它的每个元素都是指针型数据（值为地址），指针数组 p 的第一个值是变量 a 的地址。指针数组中的元素可以使用指向指针的指针来引用。例如：

```
int *(*p);
```

* 运算符表示 p 是一个指针变量，*(*p) 表示指向指针的指针，* 运算符的结合性是从右到左，因此 "int *(*p);" 可以写成 int **p;。

指向指针的指针获取指针数组中的元素和利用指针获取一维数组中的元素的方法相同，如图 7.28 所示。

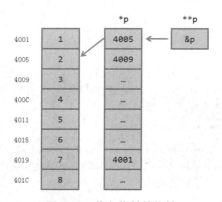

图 7.28　指向指针的指针

第一次进行指针 * 运算获取的是一个地址值，再进行一次指针 * 运算就可以获取具体值。

用指针数组中的各个元素分别指向若干个字符串

```
01  #include <iostream>
02  using namespace std;
03  void sort(char *name[],int n)                  // 对字符串进行排序
04  {
05      char *temp;
06      int i,j,k;
07      for(i=0;i<n-1;i++)
08      {
09          k=i;
10          for(j=i+1;j<n;j++)
11          if(strcmp(name[k],name[j])>0)  k=j;
12          if(k!=i)
13          {
14              temp=name[i];name[i]=name[k];name[k]=temp;
15          }
16      }
17  }
18  void print(char *name[],int n)                 // 输出字符串数组中的元素
19  {
20      int i=0;
21      char *p;
22      p=name[0];
23      while(i<n)
24      {
25          p=*(name+i++);
26          cout<<p<<endl;
27      }
28  }
29  int main( )
30  {
31      char *name[]={"mingri","soft","C++","mr"};        // 定义指针数组
32      int n=4;
33      sort(name,n);
34      print(name,n);
35      return 0;
36  }
```

程序运行结果如图 7.29 所示。

图 7.29　程序运行结果

在本程序的 print 函数中，数组名 name 代表该指针数组首元素的地址，name+i 是 name[i] 的地址。由于 name[i] 的值是地址（指针），因此 name+i 就是指向指针型数据的指针。还可以设置一个指针变量 p，指向指针数组中的元素。p 就是指向指针型数据的指针变量，指向的字符串如图 7.30 所示。

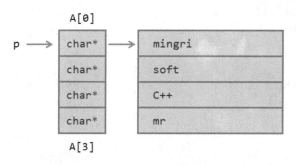

图 7.30　p 指向的字符串

利用指针变量访问另一个变量就是间接访问。如果在一个指针变量中存放一个目标变量的地址，就是单级间址。指向指针的指针使用的是二级间址，还有三级间址和四级间址，但二级间址应用最普遍。

7.8　引用

微课视频

7.8.1　引用概述

C++11 标准提出了左值引用的概念，如果不加特殊声明，一般认为引用都是左值引用。

引用实际上是一种隐式指针，它为对象建立一个别名，通过操作符 & 实现。& 操作符是取地址操作符，通过它可以获得地址。

引用的形式如下：

数据类型 & 表达式 ;

例如：

```
int a=10;
int & ia=a;
```

```
ia=2;
```

上面的代码定义了一个引用变量 ia，它是变量 a 的别名，对 ia 的操作与对 a 的操作完全一样。ia=2 是把 2 赋给 a，&ia 返回 a 的地址。执行 ia=2 和执行 a=2 等价。

使用引用的说明如下。

（1）一个 C++ 引用被初始化后，无法再使用它引用另一个对象，它不能被重新约束。

（2）引用变量只是其他对象的别名，对它的操作与对原来对象的操作具有相同作用。

（3）指针变量与引用有两个主要区别：一是指针是一种数据类型，而引用不是一个数据类型，指针可以转换为它指向变量的数据类型，以便赋值运算符两边的类型相匹配；而在使用引用时，系统要求引用和变量的数据类型必须相同，不能进行数据类型转换。二是指针变量和引用变量都用来指向其他变量，但指针变量使用的语法要复杂一些；而在定义了引用变量后，其使用方法与普通变量相同。

例如：

```
int a;
int *pa = & a;
int & ia=a;
```

（4）引用应该初始化，否则会报错。

例如：

```
int a;
int b;
int &a;
```

编译器会报出"references must be initialized"这样的错误，造成编译不能通过。

7.8.2　使用引用传递参数

在 C++ 语言中，函数参数的传递方式主要有两种，分别为值传递和引用传递。所谓值传递，是指在函数调用时，将实际参数的值复制一份传递到调用函数中，如果在调用函数中修改了参数的值，不会影响实际参数的值。而引用传递则与之相反，如果函数按引用方式传递，若在调用函数中修改了参数的值，会影响实际参数。

通过引用交换数值

```
01 #include <iostream>
02 using namespace std;
03 void swap(int & a,int & b)
04 {
05     int tmp;
06     tmp=a;
07     a=b;
08     b=tmp;
```

```
09  }
10  void main()
11  {
12      int x,y;
13      cout << "请输入 x" << endl;
14      cin >> x;
15      cout << "请输入 y" << endl;
16      cin >> y;
17      cout<<" 通过引用交换 x 和 y"<<endl;
18      swap(x,y);
19      cout << "x=" << x <<endl;
20      cout << "y=" << y <<endl;
21  }
```

程序运行结果如图 7.31 所示。

图 7.31　程序运行结果

本程序中的自定义函数 swap 定义了两个引用参数，用户输入两个值，如果第一次输入的数值比第二次输入的数值小，则调用 swap 函数交换用户输入的数值。如果使用值传递方式，swap 函数就不能实现交换。

7.8.3　数组作为函数参数

在函数调用过程中，有时需要传递多个参数，如果传递的参数都是同一类型，则可以通过数组的方式传递参数。作为参数的数组可以是一维数组，也可以是多维数组。最典型的使用数组作为函数参数的就是 main 函数。带参数的 main 函数的形式如下：

```
main(int argc,char *argv[])
```

main 函数中的参数可以获取程序运行的命令参数，即执行应用程序命令后面带的参数。例如，在 CMD 控制台执行 dir 命令，可以带上 /w 参数，"dir /w" 命令是以多列的形式显示文件夹内的文件名。在 main 函数中，参数 argc 是获取命令参数的个数；argv 是字符指针数组，可以获取具体的命令参数。

获取命令参数

```
01  #include<iostream>
02  using namespace std;
03  void main(int argc,char *argv[])
04  {
05      cout << "the list of parameter:" << endl;
06      while(argc>1)
07      {
08          ++argv;
09          cout << *argv << endl;
10          --argc;
11      }
12  }
```

这段代码是在工程 sample 中生成 sample.exe 应用程序，在执行 sample.exe 时在后面加上参数，程序就会输出命令参数。执行命令及运行结果如图 7.32 所示。

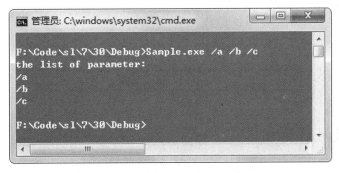

图 7.32　执行命令及运行结果

本程序执行时输入命令参数 "/a /b /c"，程序运行以后将 3 个命令参数输出，每个参数都以空格隔开，应用程序后有 3 个空格，代表程序有 3 个命令参数，argc 的值就为 3。

第8章 结构体与共用体

结构体可以将不同类型的数据组合在一起，形成一个新的数据类型。这个类型是对数据的整合，使代码更简洁。共用体和结构体很相近，它像一个存储空间可变的数据类型，使程序设计更加灵活。枚举是特殊的常量，可增加代码的可读性；自定义类型则增加了代码的可重用性。

8.1 结构体

微课视频

8.1.1 结构体定义

整型、长整型、字符型、浮点型等数据类型只能记录单一的数据，因此这些数据类型被称作基础数据类型。如果要描述一个人的信息，需要定义多个变量。例如，描述身高需要定义一个变量，描述体重需要定义一个变量，描述姓名需要定义一个变量，描述年龄需要定义一个变量。如果有一个数据类型可以将这些变量包含在一起，则会大大减少程序代码的离散性，使程序代码更符合逻辑。结构体就是实现这一功能的类型。

结构体的定义如下：

```
struct    结构体类型名
{
    成员类型    成员名;
    ……
    成员类型    成员名;
};
```

struct 就是定义结构体的关键字。结构体类型名是一种标识符，代表一个新的变量。结构体使用花括号将成员括起来，每个成员都有自己的类型，成员类型可以是常规的基础类型，也可以是自定义类型，还可以是一个类类型。

例如，定义一个简单的员工信息的结构体。

```
struct PersonInfo
{
    int index;
    char name[30];
    short age;
};
```

结构体类型名是 PersonInfo，本结构体定义了 3 个不同类型的变量。这 3 个变量就好像 3 个球被放到了一个盒子里，只要能找到这个盒子就能找到这 3 个球。同样地，找到名字为 PersonInfo 的结构体，就可以找到结构体中的变量。这 3 个变量的数据类型有字符串型和整型，分别定义了员工的编号、姓名和年龄。

🗒 学习笔记

结构体是由多个不同类型的数据组成的数据集合，而数组是相同元素的集合。

8.1.2　结构体变量

结构体是一个构造类型，前面只定义了结构体，形成一个新的数据类型，还需要使用该数据类型定义变量。结构体变量有两种声明形式。

第一种声明形式是定义结构体后使用结构体类型名声明。例如：

```
struct PersonInfo
{
    int index;
    char name[30];
    short age;
};
PersonInfo pInfo;
```

第二种声明形式是定义结构体时直接声明。例如：

```
struct PersonInfo
{
    int index;
    char name[30];
    short age;
} pInfo;
```

直接声明结构体变量时可以声明多个变量。例如：

```
struct PersonInfo
{
    int index;
    char name[30];
    short age;
} pInfo1, pInfo2;
```

8.1.3　结构体成员及初始化

引用结构体成员有两种方式：一种是声明结构体变量，通过成员运算符 "." 引用；一种是声明结构体指针变量，使用指向运算符 "->" 引用。

（1）使用成员运算符"."引用结构体成员的一般形式如下：

结构体变量名 . 成员名

例如：

```
struct PersonInfo
{
    int index;
    char name[30];
    short age;
} pInfo;
pInfo. index
pInfo. name
pInfo.age
```

引用结构体成员后，就可以分别对结构体成员进行赋值了，引用后的每个结构体成员和普通变量（整型变量、实型变量等）一样。

下面通过实例来看一下如何为结构体成员赋值。

为结构体成员赋值

```
01  #include <iostream>
02  using namespace std;
03  void main()
04  {
05      struct PersonInfo
06      {
07          int index;
08          char name[30];
09          short age;
10      } pInfo;
11      pInfo.index=0;
12      strcpy(pInfo.name," 张三 ");
13      pInfo.age=20;
14      cout << pInfo.index << endl;
15      cout << pInfo.name << endl;
16      cout << pInfo.age << endl;
17  }
```

程序运行结果如图 8.1 所示。

图 8.1　程序运行结果

　　本程序先分别引用结构体的每个成员，然后赋值，为字符数组赋值需要使用 strcpy 字符串复制函数。可以在定义结构体时直接对结构体变量赋值，例如：

```
struct PersonInfo
{
    int index;
    char name[30];
    short age;
} pInfo={0,"张三",20};
```

（2）在定义结构体时，可以同时声明结构体指针变量，例如：

```
struct PersonInFo
{
    int index;
    char name[30];
    short age;
}*pPersonInfo;
```

如果要引用结构体指针变量的成员，需要使用指向运算符 "->"，一般形式如下：

　　结构体指针变量 -> 成员名

例如：

```
pPersonInfo-> index
pPersonInfo-> name
pPersonInfo-> age
```

▥▥▌学习笔记

　　结构体指针变量只有初始化后才可以使用。

　　下面通过实例来看一下如何通过结构体指针变量引用结构体成员。

使用结构体指针变量引用结构体成员

```
01  #include <iostream>
02  using namespace std;
03  void main()
04  {
05      struct PERSONINFO
06      {
07          int index;
08          char name[30];
09          short age;
10      }*pPersonInfo, pInfo={0,"张三",20};
11      pPersonInfo=&pInfo;
12      cout << pPersonInfo->index << endl;
```

```
13      cout << pPersonInfo->name << endl;
14      cout << pPersonInfo->age << endl;
15 }
```

程序运行结果如图 8.2 所示。

图 8.2　程序运行结果

8.1.4　结构体的嵌套

定义完结构体后就形成一个新的数据类型，在 C++ 语言中，定义结构体时可以声明其他已定义好的结构体变量，也可以在定义结构体时定义子结构体。

（1）在结构体中定义子结构体，例如：

```
struct PersonInfo
{
    int index;
    char name[30];
    short age;
    struct WorkPlace
    {
        char Address[150];
        char PostCode[30];
        char GateCode[50];
        char Street[100];
        char Area[50];
    };
};
```

（2）定义结构体时声明其他已定义好的结构体变量，例如：

```
struct WorkPlace
{
    char Address[150];
    char PostCode[30];
    char GateCode[50];
    char Street[100];
    char Area[50];
};
struct PersonInfo
```

```
    {
        int index;
        char name[30];
        short age;
        WorkPlace myWorkPlace;
    };
```

通过上面两种方法都可以完成结构体的嵌套，下面通过第一种方法实现结构体的嵌套。

使用嵌套的结构体

```
01  #include <iostream>
02  using namespace std;
03  void main()
04  {
05      struct PersonInfo
06      {
07          int index;
08          char name[30];
09          short age;
10          struct WorkPlace
11          {
12              char Address[150];
13              char PostCode[30];
14              char GateCode[50];
15              char Street[100];
16              char Area[50];
17          }WP;
18      };
19      PersonInfo pInfo;
20      strcpy(pInfo.WP.Address,"House");
21      strcpy(pInfo.WP.PostCode,"10000");
22      strcpy(pInfo.WP.GateCode,"302");
23      strcpy(pInfo.WP.Street,"Lan Tian");
24      strcpy(pInfo.WP.Area,"china");
25
26      cout << pInfo.WP.Address << endl;
27      cout << pInfo.WP.PostCode << endl;
28      cout << pInfo.WP.GateCode << endl;
29      cout << pInfo.WP.Street << endl;
30      cout << pInfo.WP.Area << endl;
31  }
```

程序运行结果如图 8.3 所示。

本程序先在 PersonInfo 结构体中嵌套了 WorkPlace 结构体，然后分别对 WorkPlace 子结构体中的成员进行赋值，最后将 WorkPlace 子结构体中的成员输出。

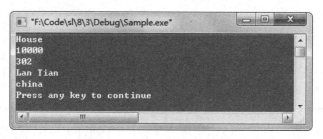

图 8.3　运行结果

8.1.5　结构体大小

结构体是一种构造的数据类型，数据类型都与占用内存多少有关。在没有字符对齐要求或结构成员对齐单位为 1 时，结构体变量的大小是定义结构体时各成员的大小之和。例如 PersonInfo 结构体：

```
struct PersonInfo
{
    int index;
    char name[30];
    short age;
};
```

PersonInfo 结构体的大小是成员 name、index 和 age 的大小之和。成员 name 是字符数组，1 个字符占用 1 个字节，共占用 30 个字节；成员 index 是整型数据，在 32 位系统中占 4 个字节；age 是短整型数据，在 32 位系统中占 2 个字节，所以 PersonInfo 结构体的大小是 30+4+2=36（字节）。

可以使用 sizeof 运算获取结构体大小。例如：

```
01 #include <iostream>
02 using namespace std;
03 void main()
04 {
05     struct PersonInfo
06     {
07         int index;
08         char name[30];
09         short age;
10     }pInfo;
11     cout << sizeof(pInfo) <<endl;
12 }
13
```

本程序使用 sizeof 运算符输出的结果仍然是 36。

如果更改结构成员对齐单位，PersonInfo 结构体实际占用的内存空间就不是 36 了。在

VC 6.0 中，可以通过修改工程属性来改变结构成员对齐单位。通过菜单 Project/Settings 打开 Project Settings 对话框，如图 8.4 所示，选择 C/C++ 选项卡，在"分类"下拉列表框中选择 Code Generation 选项，在 Struct member alignment 下拉列表框中选择结构成员对齐单位。

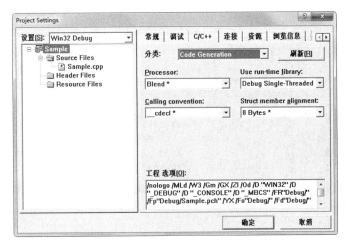

图 8.4　Project Settings 对话框

　　默认结构成员对齐单位是 8 个字节，在使用结构体变量传送数据时能看到结构成员对齐单位的差异。

8.2　重命名数据类型

微课视频

C++ 允许使用关键字 typedef 给一个数据类型定义一个别名。例如：

```
typedef int flag;                // 给 int 数据类型取一个别名
```

程序中的 flag 可以作为 int 数据类型使用：

```
flag a;
```

a 实质上是 int 类型的数据，此时 int 类型的别名就是 flag。

类或结构在声明的时候使用 typedef，例如：

```
typedef class asdfghj{
    成员列表
}myClass,ClassA;
```

这样就令声明的类拥有 myClass 和 ClassA 两个别名。

typedef 主要的用途如下。

（1）定义很复杂的基本类型名称，如函数指针 int (*)(int i)。

```
typedef int (*)(int i) pFun;        // 用 pFun 代替函数指针 int (*)(int i)
```

（2）使用其他人开发的类型时，使类型名符合自己的代码习惯（规范）。

typedef 关键字具有作用域，范围是别名声明所在的区域（包含名称空间）。

三只宠物犬

```cpp
01  #include <iostream>
02  #include <string>
03  using namespace std;
04  namespace pet
05  {
06      typedef string kind;
07      typedef string petname;
08      typedef string voice;
09      typedef class dog
10      {
11          private:
12              kind m_kindName;    // 宠物犬种类
13          protected:                      // 如果有别的子类继承，则不需要使用种类这个属性
14              petname m_dogName;
15              int m_age;
16              voice m_voice;
17              void setVoice(kind name);
18          public:
19          dog(kind name);
20          void sound();
21          void setName(petname name);
22      }Dog,DOG;                    // 声明别名，用 Dog 和 DOG 代替类 dog
23      void dog::setVoice(kind name)
24      {
25          if(name == " 北京犬 ")
26          {
27              m_voice = " 嗷嗷 ";
28          }
29          else if(name == " 狼犬 ")
30          {
31              m_voice = " 呜嗷 ";
32          }
33          else if(name == " 黄丹犬 ")
34          {
35              m_voice = " 喔嗷 ";
36          }
37      }
38      dog::dog(kind name)
39      {
40          m_kindName = name;
41          m_dogName = name;
42          setVoice(name);
43      }
```

```
44      void dog::sound()
45      {
46          cout<<m_dogName<<" 发出 "<<m_voice<<" 的叫声 "<<endl;
47      }
48      void dog::setName(petname name)
49      {
50          m_dogName = name;
51      }
52 }
53 using pet::dog;                          // 使用 pet 名称空间的宠物犬 dog 类
54 using pet::DOG;
55 int main()
56 {
57      dog a = dog(" 北京犬 ");              // 名称空间的类被包含进来后可以直接使用
58      pet::Dog b = pet::Dog(" 狼犬 ");     // 别名仍需要使用名称空间
59      pet::DOG c = pet::DOG(" 黄丹犬 ");
60      a.setName(" 小白 ");
61      c.setName(" 阿黄 ");
62      a.sound();
63      b.sound();
64      c.sound();
65      return 0;
66 }
```

程序运行结果如图 8.5 所示。

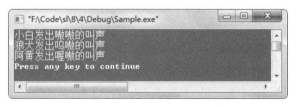

图 8.5　运行结果

本程序在 pet 名称空间定义了多种类型的别名，这些别名的实际类型不发生改变，并且在主函数内演示了如何使用名称空间中的类别名。

宠物犬 dog 类使用 string 类区分宠物犬的种类，通过 setVoice 函数设定每种宠物犬的声音。那么，有没有比使用 string 对象更简单的办法呢？除了建立三个子类，有没有更简便的方法呢？在下一节我们将继续讨论。

8.3　结构体与函数

结构体数据类型在 C++ 语言中是可以作为函数的参数传递的，可以直接使用结构体变量做函数的参数，也可以使用结构体指针变量做函数的参数。

8.3.1 结构体变量做函数的参数

可以把结构体变量当作普通变量，这样它就可以作为函数的参数，可以减少函数参数的个数，使代码看起来更简洁。

下面通过实例来了解如何使用结构体变量做函数的参数。

使用结构体变量做函数的参数

```
01  #include <iostream>
02  using namespace std;
03  struct PersonInfo                              // 定义结构体
04  {
05      int index;
06      char name[30];
07      short age;
08  };
09  void ShowStuctMessage(struct PersonInfo MyInfo)   // 自定义函数，输出结构体变
     量成员
10  {
11      cout << MyInfo.index << endl;
12      cout << MyInfo.name << endl;
13      cout << MyInfo.age<< endl;
14
15  }
16  void main()
17  {
18
19      PersonInfo pInfo;                          // 声明结构体
20      pInfo.index=1;
21      strcpy(pInfo.name," 张三 ");
22      pInfo.age=20;
23      ShowStuctMessage(pInfo);                   // 调用自定义函数
24  }
```

程序运行结果如图 8.6 所示。

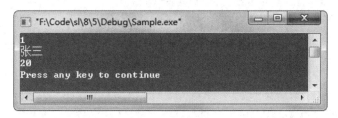

图 8.6　运行结果

程序自定义了函数 ShowStuctMessage，它使用 PersonInfo 结构体作为参数。如果不使用结构体作为参数，需要将 index、name、age 三个成员分别定义为参数。

8.3.2 结构体指针变量做函数的参数

使用结构体指针变量做函数的参数时传递的只是地址,能够减少时间和空间上的开销,提高程序的运行效率。这种方式在实际应用中产生的效果比较好。

下面通过实例来看如何使用结构体指针变量做函数的参数。

使用结构体指针变量做函数的参数

```
01  #include <iostream>
02  using namespace std;
03  struct PersonInfo
04  {
05      int index;
06      char name[30];
07      short age;
08  };
09  void ShowStuctMessage(struct PersonInfo *pInfo)
10  {
11      cout << pInfo->index << endl;
12      cout << pInfo->name << endl;
13      cout << pInfo->age<< endl;
14
15  }
16  void main()
17  {
18      PersonInfo pInfo;
19      pInfo.index=1;
20      strcpy(pInfo.name," 张三 ");
21      pInfo.age=20;
22      ShowStuctMessage(&pInfo);
23  }
```

程序运行结果如图 8.7 所示。

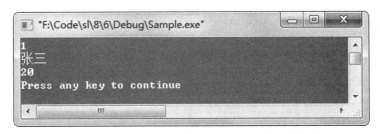

图 8.7 运行结果

图 8.6 和图 8.7 的运行结果相同,但在程序执行效率上,使用结构体指针变量做函数的参数要快很多。

8.4 结构体数组

数组元素也可以是结构体类型的，因此可以构成结构体数组。结构体数组中的每个元素都是具有相同结构体类型的下标结构体变量。

8.4.1 结构体数组声明与引用

结构体数组可以在定义结构体时声明；也可以使用结构体变量声明；还可以直接声明结构体数组，无须定义结构体名。

（1）在定义结构体时直接声明。

```cpp
struct PersonInfo
{
    int index;
    char name[30];
    short age;
}Person[5];
```

（2）使用结构体变量声明。

```cpp
struct PersonInfo
{
    int index;
    char name[30];
    short age;
};
struct PersonInfo Person[5]
```

（3）直接声明结构体数组。

```cpp
struct
{
    int index;
    char name[30];
    short age;
}Person[5];
```

可以在声明结构体数组时直接对数组进行初始化。

```cpp
struct PersonInfo
{
    int index;
    char name[30];
    short age;
}Person[5]={
    {1," 张三 ",20},
    {2," 李可可 ",21},
```

```
                {3,"宋桥 ",22},
                {4,"元员 ",22},
                {5,"王冰冰 ",22}
        };
```

📋学习笔记

当对全部数组元素进行初始化赋值时，可以不给出数组长度。

8.4.2　指针变量访问结构体数组

指针变量可以指向一个结构体数组，这时结构体指针变量的值是整个结构体数组的首地址。结构体指针变量也可以指向结构体数组中的一个元素，这时结构体指针变量的值是该元素的首地址。

使用指针变量访问结构体数组

```
01  #include <iostream>
02  using namespace std;
03  void main()
04  {
05      struct PersonInfo
06      {
07          int index;
08          char name[30];
09          short age;
10      }Person[5]={{1,"张三 ",20},
11                  {2,"李可可 ",21},
12                  {3,"宋桥 ",22},
13                  {4,"元员 ",22},
14                  {5,"王冰冰 ",22}};
15
16      struct PersonInfo *pPersonInfo;
17      pPersonInfo=Person;
18      for(int i=0;i<5;i++,pPersonInfo++)
19      {
20          cout << pPersonInfo->index << endl;
21          cout << pPersonInfo->name << endl;
22          cout << pPersonInfo->age << endl;
23      }
24  }
```

程序运行结果如图 8.8 所示。

本程序的关键在于 pPersonInfo++ 的运算上，pPersonInfo 指针开始指向数组的首元素，结构体指针自加 1，其结果使 pPersonInfo 指针指向下一个元素。

图 8.8　运行结果

8.5　共用体

共用体数据类型是指将不同的数据项组织为一个整体，它和结构体类似，但在内存中占用首地址相同的一段存储单元。因为共用体的关键字为 union，中文意思为"联合"，所以它也称为"联合体"。

8.5.1　共用体类型的定义与声明

定义共用体类型的一般形式为：

```
union   共用体类型名
{
    成员类型     共用体成员名 1;
    成员类型     共用体成员名 2;
    ……
    成员类型     共用体成员名 n;
};
```

union 是定义共用体数据类型的关键字；共用体类型名是一个标识符，它的后面是一个新的数据类型；成员类型是常规的数据类型，用来设置共用体成员的存储空间。

声明共用体数据类型变量有以下几种方式。

（1）先定义共用体，然后声明共用体变量。

```
union myUnion
{
    int i;
    char ch;
```

```
        float f;
    };
    myUnion u;        // 声明变量
```

（2）直接在定义时声明共用体变量。

```
    union myUnion
    {
        int i;
        char ch;
        float f;
    }u;                    // 声明变量
```

（3）直接声明共用体变量。

```
    union
    {
        int i;
        char ch;
        float f;
    }u;
```

第三种方式省略了共用体类型名，直接声明了变量 u。

引用共用体对象成员和引用结构体对象成员的方式相同，也是使用"."运算符。例如，引用共用体 u 的成员：

```
    u.i
    u.ch
    u.f
```

上面是对共用体 u 的三个成员的引用，需要注意的是，不能引用共用体变量，只能引用共用体变量中的成员。例如，直接引用 u 是错误的。

8.5.2　共用体的大小

共用体中的每个成员分别占有自己的内存单元。共用体变量所占的内存大小等于最大的成员占用的内存大小。一个共用体变量不能同时存放多个成员的值，某一时刻只能存放一个成员的值，也就是最后赋予它的值。

使用共用体变量

```
01  #include<iostream>
02  using namespace std;
03  union myUnion
04  {
05      int iData;
06      char chData;
07      float fData;
```

```
08  }uStruct;
09  int main()
10  {
11      uStruct.chData='A';
12      uStruct.fData=0.3;
13      uStruct.iData=100;
14      cout << uStruct.chData << endl;
15      cout << uStruct.fData << endl;
16      cout << uStruct.iData << endl;              // 正确显示
17      uStruct.iData=100;
18      uStruct.fData=0.3;
19      uStruct.chData='A';
20      cout << uStruct.chData << endl;             // 正确显示
21      cout << uStruct.fData << endl;
22      cout << uStruct.iData << endl;
23      uStruct.iData=100;
24      uStruct.chData='A';
25      uStruct.fData=0.3;
26      cout << uStruct.chData << endl;
27      cout << uStruct.fData << endl;              // 正确显示
28      cout << uStruct.iData << endl;
29      return 0;
30  }
```

程序运行结果如图 8.9 所示。

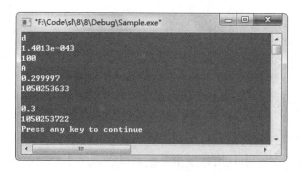

图 8.9　运行结果

本程序按不同顺序为 uStruct 变量的三个成员赋值，结果只有最后赋值的成员能正确显示。

8.5.3　共用体数据类型的特点

共用体数据类型有以下几个特点。

（1）使用共用体变量的目的是用同一个内存段存放不同类型的数据，但请注意，在每一瞬时只能存放一种类型的数据，而不是同时存放几种类型的数据。

（2）能够访问的是共用体变量最后一次被赋值的成员，在对一个新的成员赋值后，原有的成员失去作用。

（3）共用体变量的地址和它的各成员的地址都是同一地址。

（4）不能对共用体变量赋值，不能通过引用共用体变量得到一个值，不能在定义共用体变量时对它初始化，不能用共用体变量作为函数的参数。

微课视频

8.6　枚举类型

枚举就是一一列举的意思，C++语言中的枚举类型是一些标识符的集合。从形式上看，枚举类型就是用大括号将不同的标识符名称放在一起。用枚举类型声明的变量的值只能取自括号内的标识符。

8.6.1　枚举类型的声明

枚举类型定义有两种声明形式。

（1）枚举类型的一般形式如下。

```
enum   枚举类型名   {标识符列表};
```

例如：

```
enum  weekday{Sunday,Monday,Tuesday,Wednesday,Thursday,Friday,Saturday};
```

enum 是定义枚举类型的关键字，**weekday** 是新定义的类型名，大括号内是枚举类型变量应取的值。

（2）带赋值的枚举类型声明形式如下。

```
enum   枚举类型名
{
    标识符 [= 整型常数],
    标识符 [= 整型常数],
    ......
    标识符 [= 整型常数],
} 枚举变量;
```

例如：

```
enum   weekday{Sunday=0,Monday=1,Tuesday=2,Wednesday=3,Thursday=4,Friday=5,
Saturday=6};
```

使用枚举类型的说明如下。

（1）编译器默认给标识符赋值为整型常数。例如：

```
enum  weekday{Sunday,Monday,Tuesday,Wednesday,Thursday,Friday,Saturday};
enum  weekday{Sunday=0,Monday=1,Tuesday=2,Wednesday=3,Thursday=4,Friday=5,
Saturday=6};
```

（2）可以自行修改整型常数的值。例如：

```
enum   weekday{Sunday=2,Monday=3,Tuesday=4,Wednesday=5,Thursday=0,Friday=1,
Saturday=6};
```

（3）如果只给前几个标识符赋值为整型常数，编译器会自动给后面的标识符累加赋值。例如：

```
enum   weekday{Sunday=7,Monday=1,Tuesday,Wednesday,Thursday,Friday,Saturday};
```

相当于：

```
enum   weekday{Sunday=7,Monday=1,Tuesday=2,Wednesday=3,Thursday=4,Friday=5,
Saturday=6};
```

8.6.2　枚举类型变量

声明枚举类型之后，可以用它定义变量。例如：

```
enum   weekday{Sunday,Monday,Tuesday,Wednesday,Thursday,Friday,Saturday};
[enum] weekday myworkday;
```

myworkday 是 weekday 的变量。在 C 语言中，枚举类型名包括关键字 enum；在 C++ 语言中，允许不写 enum 关键字。

关于使用枚举类型变量的说明如下。

（1）枚举变量的值只能是 Sunday ～ Saturday 中的一个。例如：

```
myworkday = Tuesday;
myworkday = Saturday;
```

（2）一个整数不能直接赋给一个枚举变量。例如：

```
enum weekday{Sunday=7,Monday=1,Tuesday,Wednesday,Thursday,Friday,Saturday};
enum weekday day;
```

则 day=(enum weekday)3; 等价于 day=Wednesday;。day=3; 是错误的。

整数虽然不能直接为枚举类型变量赋值，但是可以通过强制类型转换将整数转换为合适的枚举型数值。

枚举变量的赋值

```
01  #include <iostream>
02  using namespace std;
03  void main()
04  {
05      enum Weekday {Sunday,Monday,Tuesday,Wednesday,Thursday,Friday,Saturday};
06      int a=2,b=1;
07      Weekday day;
08      day=(Weekday)a;
09      cout << day << endl;
10      day=(Weekday)(a-b);
```

```
11      cout << day << endl;
12      day=(Weekday)(Sunday+Wednesday);
13      cout << day << endl;
14      day=(Weekday)5;
15      cout << day << endl;
16  }
```

程序运行结果如图 8.10 所示。

图 8.10　运行结果

本程序使用了各种形式的赋值，原理都是一样的，都是通过强制类型转换为枚举变量赋值。

（3）可以直接定义枚举变量。

定义枚举类型的同时可以直接定义变量，例如：

```
enum{sun, mon, tue, wed, thu, fri, sat} workday,week_end;
```

8.6.3　枚举类型的运算

枚举值相当于整型变量，可以用枚举值进行一些运算。

枚举值可以和整型变量比较，枚举值之间也可以比较。

枚举值的比较运算

```
01  #include <iostream>
02  using namespace std;
03  enum Weekday {Sunday,Monday,Tuesday,Wednesday,Thursday,Friday,Saturday};
04  void main()
05  {
06      Weekday day1,day2;
07      day1=Monday;
08      day2=Saturday;
09      int n;
10      n=day1;
11      n=day2+1;
12      if(n>day1)                    // 可以比较
13          cout << "n>day1" <<endl;
14      if(day1<day2)
```

```
15          cout << "day1<day2" <<endl;
16 }
```

程序运行结果如图 8.11 所示。

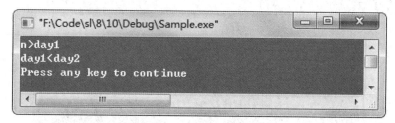

图 8.11 运行结果

本程序进行变量 n 和枚举变量 day1 的比较，以及枚举变量 day1 和 day2 的比较。

第9章 面向对象编程基础

面向对象编程可以有效解决代码复用问题。它不同于以往的面向过程编程，面向过程编程需要将功能细分，而面向对象编程需要将不同功能抽象到一起。本章通过 UML 建模演示面向对象编程思想，通过对一个程序的前期分析了解如何使用面向对象编程。

9.1 面向对象概述

微课视频

面向对象（Object Oriented，OO）是一种设计思想，不仅应用在软件设计上，数据库设计、计算机辅助设计（CAD）、网络结构设计、人工智能算法设计等领域也开始应用这种思想。

对象（Object）指的是客观世界存在的对象，它们具有唯一性，各有各的特点，都有自己的运动规律和内部状态。对象与对象之间是可以相互联系、相互作用的。概括地讲，面向对象技术是一种从组织结构上模拟客观世界的方法。

针对面向对象思想应用的不同领域，面向对象可以分为面向对象分析（Object Oriented Analysis，OOA）、面向对象设计（Object Oriented Design，OOD）、面向对象编程（Object Oriented Programming，OOP）、面向对象测试（Object Oriented Test，OOT）和面向对象维护（Object Oriented Soft Maintenance，OOSM）。

客观世界中的任何事物都可以被看成一个对象，每个对象都有属性和行为两个要素。属性就是对象的内部状态及自身特点，行为就是改变自身状态的动作。

对象也可以是一个抽象的事物，可以从类似的事物中抽象出一个对象。如圆形、正方形、三角形，可以从中抽象得出的对象是简单图形，简单图形就是一个对象，它有自己的属性和行为，边的个数是它的属性，面积也是它的属性，输出图形的面积就是它的行为。

面向对象有三大特点，即封装、继承和多态。

1）封装

封装有两个作用，一是将不同的小对象封装成一个大对象，二是把一部分内部属性和功能对外界屏蔽。例如，一辆汽车是一个大对象，它由发动机、底盘、车身和轮子等小对象组成。在设计时，可以先对小对象进行设计，然后小对象之间通过相互联系确定人小等方面的属性，最后将它们组成一个大对象。

2）继承

继承是和类密切相关的概念。继承性是子类自动共享父类数据结构和方法的机制，这是类之间的一种关系。在定义和实现一个类的时候，可以在一个已经存在的类的基础上进行，把已经存在的类定义的内容作为自己的内容，并加入若干新内容。

在类层次中，若子类只继承一个父类的数据结构和方法，称为单重继承；若子类继承多个父类的数据结构和方法，则称为多重继承。

在软件开发中，类的继承性使建立的软件具有开放性、可扩充性，这是信息组织与分类行之有效的方法，简化了对象和类创建的工作量，增加了代码的可重用性。

继承性是面向对象程序设计语言不同于其他语言的最重要的特点，是其他语言不具备的特点。采用继承性，使公共特性能够共享，提高了软件的可重用性。

3）多态

多态性是指相同的行为可作用于多种类型的对象上，并获得不同的结果。不同的对象收到同一消息可以产生不同的结果，这种现象称为多态性。多态性允许每个对象以适合自身的方式响应共同的消息。

9.2　面向对象与面向过程编程

微课视频

9.2.1　面向过程编程

面向过程编程的主要思想是先做什么后做什么，在一个过程中实现特定功能。一个大的实现过程可以分成多个模块，各个模块可以按功能进行划分，并组合在一起实现特定功能。在面向过程编程中，程序模块可以是一个函数，也可以是整个源文件。

面向过程编程主要以数据为中心，传统的面向过程的功能分解法属于结构化分析方法。分析者先将对象系统的现实世界看作一个大的处理系统，然后将其分解为若干个子处理过程，解决系统的总体控制问题。在分析过程中，用数据描述各子处理过程之间的联系，整理各子处理过程的执行顺序。

面向过程编程的一般流程为：现实世界—面向过程建模（包括流程图、变量、函数）—面向过程的语言—执行求解。

面向过程编程的稳定性、可维护性和可重用性都比较差。

1）软件可重用性差

可重用性是指同一事物不经修改或稍加修改就可多次重复使用的性质。软件可重用性是软件工程追求的目标之一。在面向过程编程中，不同的过程有不同的结构，当过程改变时，结构也需要改变，前期开发的代码无法充分地得到再利用。

2）软件可维护性差

软件工程强调软件的可维护性和文档资料的重要性，最终的软件产品应该由完整、一致的配置成分组成。在软件开发过程中，始终强调软件的可读性、可修改性和可测试性是重要的质量指标。面向过程编程由于软件的可重用性差，造成维护的费用和成本很高，而且大量修改的代码存在许多未知的漏洞。

3）开发的软件不能满足用户需要

大型软件系统一般涉及不同领域的知识，面向过程编程往往描述软件最低层的结构，针对不同领域设计不同的结构及处理机制，当用户需求发生变化时，就要修改最低层的结构。当用户需求变化较大时，面向过程编程将无法修改最低层的结构，可能导致软件需要重新开发。

9.2.2　面向对象编程

面向过程编程有令人费解的数据结构、复杂的组合逻辑、详细的过程和数据之间的关系、高深的算法，面向过程开发的程序可以描述成"算法 + 数据结构"。面向过程是分析过程与数据之间的边界在哪里，进而解决问题。面向对象则是从另一种角度思考，将编程思维设计成符合人的思维逻辑。

面向对象程序设计者的任务包括两方面：一是设计需要的各种类和对象，即决定把哪些数据和操作封装在一起；二是考虑怎样向有关对象发送消息，以完成任务。面向对象开发的程序如同一个总调度，不断地向各个对象发出消息，让它们活动起来（或者说激活这些对象），完成自己职责范围内的工作。

各个对象的操作完成了，整个任务也就完成了。显然，对一个大型任务来说，面向对象程序设计方法是十分有效的，它能大大降低程序设计人员的工作难度，减少出错机会。

面向对象开发的程序可以描述成"对象 + 消息"。面向对象编程的一般流程为：现实世界—面向对象建模（包括类图、对象、方法）—面向对象的语言—执行求解。

9.2.3　面向对象的特点

面向对象技术充分体现了分解、抽象、模块化、信息隐藏等思想，可以有效提高软件生产率和软件质量、缩短软件开发时间，是控制复杂度的有效途径。

面向对象不仅适合普通人员，也适合经理。降低维护开销的技术可以释放管理者的资源，将其投入待处理应用中。在经理们看来，面向对象不是纯技术的，它能给企业的组织和经理的工作带来变化。

若一个企业采纳了面向对象编程，其组织将发生变化。类的重用需要类库和类库管理人员，每个程序员都要加入两个组中的一个：一个是设计和编写新类组，另一个是应用类创建新应用程序组。面向对象编程不太强调编程，需求分析相对地变得更加重要。

面向对象编程主要有代码容易修改、代码可重用性高、满足用户需求三个特点。

1）代码容易修改

面向对象编程的代码都是封装在类里面的，如果类的某个属性发生变化，只需要修改类中成员函数的实现即可，其他的程序函数不发生改变。如果类中的属性变化较大，则使用继承的方法重新派生新类。

2）代码可重用性高

面向对象编程的类都是具有特定功能的封装，需要使用类中特定的功能，声明该类并调用其成员函数即可。如果需要的功能在不同类中，还可以进行多重继承，将不同类的成员封装到一个类中。功能的实现可以像积木一样随意组合，大大提高了代码的可重用性。

3）满足用户需求

由于面向对象编程的代码可重用性高，当用户的需求发生变化时，只需要修改发生变化的类即可。如果用户的需求变化较大，就对类进行重新组装，将变化大的类重新开发，没有发生变化的类可以直接使用。因此，面向对象编程可以及时地响应用户需求的变化。

9.3 统一建模语言

微课视频

9.3.1 统一建模语言概述

模型是用某种工具对同类或其他工具进行表达的方式，是系统语义的完整抽象。模型可以分解为包的层次结构，最外层的包对应整个系统。模型的内容是从顶层包到模型元素的包所含关系的闭包。

模型可以用于捕获精确的表达项目的需求和应用领域中的知识，以使各方面的利益相关者能够相互理解并达成一致。

UML（统一建模语言）是一种直观化、明确化、构建和文档化软件系统产物的通用可视化建模语言，记录了被构建系统的有关决定和理解，可用于对系统的理解、设计、浏览、配置及信息控制。UML 的应用贯穿系统开发的需求分析、分析、设计、构造、测试五个阶段，包括概念的语义、表示法和说明，提供静态、动态、系统环境及组织结构的建模。建模语言是一种图形化的文档描述性语言，解决的核心问题是沟通障碍，UML 则是借鉴了以往建模技术的经验并吸收其优秀成果的标准建模方法。

9.3.2 统一建模语言的结构

UML 由图和元模型组成，图是 UML 的语法；元模型则是给出的图的意思，是 UML 的语义。语义定义在一个四层抽象级建模概念框架中。

1. 元介质模型层

该层描述基本的类型、属性、关系，它们都用于定义 UML 元模型。元介质模型强调用少数功能较强的模型成分表达复杂的语义。每个方法和技术都应在相对独立的抽象层次上。

2. 元模型层

该层组成了 UML 的基本元素，包括面向对象和面向组件的概念，这层中的每个概念都在元介质模型的"事物"的实例中。

3. 模型层

该层组成了 UML 的模型，其中的每个概念都是元模型层中的概念的一个实例，这层的模型通常叫作类模型或类型模型。

4. 用户模型层

该层中的所有元素都是 UML 模型的例子，每个概念都是模型层的一个实例，也是元模型层的一个实例。这层的模型通常叫作对象模型或实例模型。

UML 使用模型描述系统的结构或静态特征，以及行为或动态特征，并通过不同的视图体现行为或动态特征。常用的视图有以下几种。

1. 用例视图

该视图强调以用户的角度看到的或需要的系统功能为出发点建模，有时也被称为用户模型视图。

2. 逻辑视图

该视图用于展现系统的静态和结构组成及其特征，也被称为结构模型视图或静态视图。

3. 并发视图

该视图体现系统的动态或行为特征，也被称为行为模型视图、过程视图、写作视图或动态视图。

4. 组件视图

该视图体现系统实现的结构和行为特征，有时也被称为模型实现视图。

5. 开发视图

该视图体现系统实现环境的结构和行为特征，也被称为物理视图。

UML 的视图由一个或多个图组成。一个图体现一个系统架构的某个功能，所有的图一起组成系统的完整视图。UML 提供九种不同的图，分别是用例图、类图、对象图、组件图、配置图、序列图、写作图、状态图和活动图。活动图如图 9.1 所示，图书借阅者要先使用图书管理系统查找图书，然后确定想要的图书，接着取走图书，最后查询和修改图书在系统中的状态。

UML 还提供包图和交互图，包图如图 9.2 所示，图书管理系统中的查询模块包括查询抽象类包、通过书名查询包、通过作者查询包。通过书名查询包和通过作者查询包都派生于查询抽象类包，并且都调用其他子系统下的数据库包。

包图描述类的结构，交互图则描述类对象的交互步骤，交互图如图 9.3 所示。

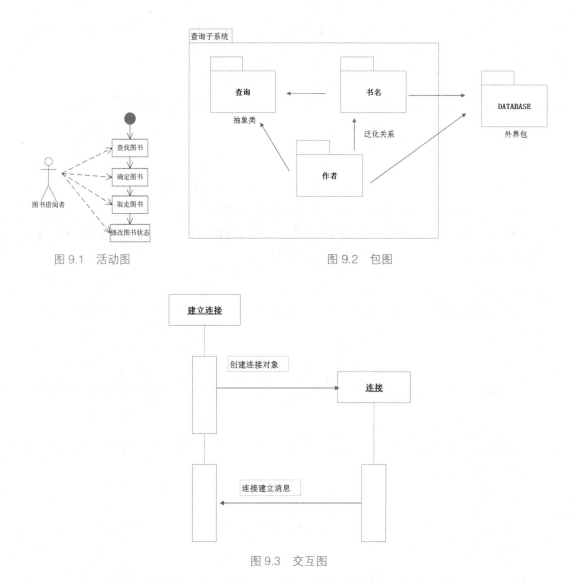

图 9.1　活动图

图 9.2　包图

图 9.3　交互图

　　交互图演示的是建立连接动作对象和连接对象的交互过程，首先发送"创建连接对象"消息，当连接对象创建完后，返回"连接建立消息"给建立连接动作对象。

9.3.3　面向对象的建模

　　面向对象的建模是一种新的思维方式，是一种关于计算机和信息结构化的新思维。面向对象的建模把系统看作相互协作的对象，这些对象是结构和行为的封装，都属于某个类，并且这个类具有某种层次化的结构。系统的所有功能通过对象相互发送消息获得。面向对象的建模可以被视为一个包含以下元素的概念框架：抽象、封装、模块化、层次、分类、并行、稳定、可重用和可扩展。

第 10 章　类和对象

C++ 既可以开发面向过程的应用程序，也可以开发面向对象的应用程序。类是对象的实现，面向对象中的类是抽象概念。类是在程序开发过程中定义一个对象，这个对象可以是现实生活中的真实对象，也可以是从现实生活中抽象的对象。

10.1　C++ 类

10.1.1　类概述

面向对象中的对象需要通过定义类来声明，"对象"是一种形象的说法，在编写代码的过程中通过定义一个类来实现。

C++ 类不同于汉语中的类、分类、类型，它是一个特殊的概念，可以是对统一类型的事物进行抽象处理，也可以是一个层次结构中的不同层次节点。例如，将客观世界看成一个 Object 类，动物是客观世界中的一部分，定义为 Animal 类。狗是一种哺乳动物，是动物的一类，定义为 Dog 类；鱼也是一种动物，定义为 Fish 类。类的层次关系如图 10.1 所示。

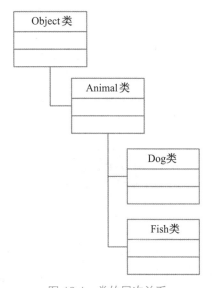

图 10.1　类的层次关系

类是一个新的数据类型，它和结构体相似，是由不同数据类型组成的集合体，但类增加了操作数据的行为，即函数。

10.1.2　类的声明与定义

10.1.1 节已经对类的概念进行了说明，可以看出类是用户自己指定的类型。如果程序中要用到类，就必须自己根据需要进行声明，或者使用别人设计好的类。下面来看一下如何设计一个类。

类的声明格式如下：

```
class 类名标识符
{
[public:]
[ 数据成员的声明 ]
[ 成员函数的声明 ]
[private:]
[ 数据成员的声明 ]
[ 成员函数的声明 ]
[protected:]
[ 数据成员的声明 ]
[ 成员函数的声明 ]
};
```

类的声明格式的说明如下。

- class 是定义类的关键字，花括号内被称为类体或类空间。
- 类名标识符指定的是类名，类名是一个新的数据类型，通过类名可以声明对象。
- 类的成员有函数和数据两种类型。
- 花括号内是定义和声明类成员的地方，关键字 public、private、protected 是类成员访问的修饰符。

类中的数据成员的类型可以是任意的，包含整型、浮点型、字符型、数组、指针和引用等，也可以是对象。一个类的对象可以作为另一个类的成员，但是自身类的对象不可以作为该类的成员，自身类的指针或引用可以作为该类的成员。

📋**学习笔记**

定义类和结构体时，花括号后要有分号。

例如，给出一个员工信息类声明。

```
01 class CPerson
02 {
03     /* 数据成员 */
04     int m_iIndex;                    // 声明数据成员
05     char m_cName[25];                // 声明数据成员
06     short m_shAge;                   // 声明数据成员
07     double m_dSalary;                // 声明数据成员
08     /* 成员函数 */
```

```
09      short getAge();                        // 声明成员函数
10      int setAge(short sAge);                 // 声明成员函数
11      int getIndex();                         // 声明成员函数
12      int setIndex(int iIndex);               // 声明成员函数
13      char* getName();                        // 声明成员函数
14      int setName(char cName[25]);            // 声明成员函数
15      double getSalary();                     // 声明成员函数
16      int setSalary(double dSalary);          // 声明成员函数
17 };
```

在本段代码中，class 关键字是用来定义类这种类型的，CPerson 是定义的员工信息类名称，花括号中包含 4 个数据成员，分别表示 CPerson 类的属性；包含 8 个成员函数，表示 CPerson 类的行为。

10.1.3　类的实现

10.1.2 节中的例子只是在 CPerson 类中声明类的成员，要使用这个类中的方法，即成员函数，还要定义具体的操作。下面来看一下如何定义类中的方法。

（1）将类的成员函数都定义在类体内。

以下代码都在 person.h 头文件内，类的成员函数都定义在类体内。

```
01 #include <stdio.h>
02 #include <stdlib.h>
03 #include <string.h>
04 class CPerson
05 {
06 public:
07     // 数据成员
08     int m_iIndex;
09     char m_cName[25];
10     short m_shAge;
11     double m_dSalary;
12     // 成员函数
13     short getAge() { return m_shAge; }
14     int setAge(short sAge)
15     {
16         m_shAge=sAge;
17         return 0;                            // 执行成功返回 0
18     }
19     int getIndex() { return m_iIndex; }
20     int setIndex(int iIndex)
21     {
22         m_iIndex=iIndex;
23         return 0;                            // 执行成功返回 0
```

```
24          }
25      char* getName()
26      { return m_cName; }
27      int setName(char cName[25])
28      {
29          strcpy(m_cName,cName);
30          return 0;                          // 执行成功返回 0
31      }
32      double getSalary() { return m_dSalary; }
33      int setSalary(double dSalary)
34      {
35          m_dSalary=dSalary;
36          return 0;                          // 执行成功返回 0
37      }
38  };
```

（2）将类体内的成员函数的实现放在类体外。如果类成员定义在类体外，需要用到域运算符 "::"，类成员放在类体内和类体外的效果是一样的。

```
01  #include <stdio.h>
02  #include <stdlib.h>
03  #include <string.h>
04  class CPerson
05  {
06  public:
07      // 数据成员
08      int m_iIndex;
09      char m_cName[25];
10      short m_shAge;
11      double m_dSalary;
12      // 成员函数
13      short getAge();
14      int setAge(short sAge);
15      int getIndex();
16      int setIndex(int iIndex);
17      char* getName();
18      int setName(char cName[25]);
19      double getSalary();
20      int setSalary(double dSalary);
21  };
22  // 类成员函数的实现部分
23  short CPerson::getAge()
24  {
25      return m_shAge;
26  }
```

```
27  int CPerson::setAge(short sAge)
28  {
29      m_shAge=sAge;
30      return 0;                              // 执行成功返回 0
31  }
32  int CPerson::getIndex()
33  {
34      return m_iIndex;
35  }
36  int CPerson::setIndex(int iIndex)
37  {
38      m_iIndex=iIndex;
39      return 0;                              // 执行成功返回 0
40  }
41  char* CPerson::getName()
42  {
43      return m_cName;
44  }
45  int CPerson::setName(char cName[25])
46  {
47      strcpy(m_cName,cName);
48      return 0;                              // 执行成功返回 0
49  }
50  double CPerson::getSalary()
51  {
52      return m_dSalary;
53  }
54  int CPerson::setSalary(double dSalary)
55  {
56      m_dSalary=dSalary;
57      return 0;                              // 执行成功返回 0
58  }
```

这两种方式都是将代码存储在同一个文件内。在 C++ 语言中，可以将函数的声明和函数的定义放在不同的文件内，一般在头文件中放入函数的声明，在实现文件中放入函数的实现。也可以将类的定义放在头文件中，将类成员函数的实现放在实现文件内。存放类的头文件和实现文件最好和类名相同或相似。例如，将 CPerson 类的声明放在 person.h 文件内，代码如下。

```
01  #include <stdio.h>
02  #include <stdlib.h>
03  #include <string.h>
04  class CPerson
05  {
06  public:
```

```
07        // 数据成员
08        int m_iIndex;
09        char m_cName[25];
10        short m_shAge;
11        double m_dSalary;
12        // 成员函数
13        short getAge();
14        int setAge(short sAge);
15        int getIndex() ;
16        int setIndex(int iIndex);
17        char* getName() ;
18        int setName(char cName[25]);
19        double getSalary() ;
20        int setSalary(double dSalary);
21    };
```

将 CPerson 类的实现放在 person.cpp 文件内，代码如下。

```
01 #include "person.h"
02 // 类成员函数的实现部分
03 short CPerson::getAge()
04 {
05      return m_shAge;
06 }
07 int CPerson::setAge(short sAge)
08 {
09      m_shAge=sAge;
10      return 0;                          // 执行成功返回 0
11 }
12 int CPerson::getIndex()
13 {
14      return m_iIndex;
15 }
16 int CPerson::setIndex(int iIndex)
17 {
18      m_iIndex=iIndex;
19      return 0;                          // 执行成功返回 0
20 }
21 char* CPerson::getName()
22 {
23      return m_cName;
24 }
25 int CPerson::setName(char cName[25])
26 {
27      strcpy(m_cName,cName);
28      return 0;                          // 执行成功返回 0
```

```
29  }
30  double CPerson::getSalary()
31  {
32      return m_dSalary;
33  }
34  int CPerson::setSalary(double dSalary)
35  {
36      m_dSalary=dSalary;
37      return 0;                              // 执行成功返回 0
38  }
```

整个工程的所有文件如图 10.2 所示。

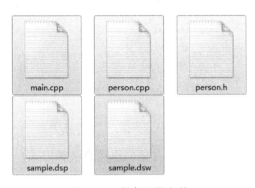

图 10.2　所有工程文件

关于类的实现有以下两点说明。

（1）类的数据成员需要初始化，但不可以在类的声明中初始化，成员函数还要添加实现代码。

```
01  class CPerson
02  {
03      // 数据成员
04      int m_iIndex=1;                    // 错误写法，不应该初始化
05      char m_cName[25]="Mary";           // 错误写法，不应该初始化
06      short m_shAge=22;                  // 错误写法，不应该初始化
07      double m_dSalary=1700.00;          // 错误写法，不应该初始化
08      // 成员函数
09      short getAge();
10      int setAge(short sAge);
11      int getIndex();
12      int setIndex(int iIndex);
13      char* getName();
14      int setName(char cName[25]);
15      double getSalary();
16      int setSalary(double dSalary);
17  };
```

上面的代码是不能通过编译的。

（2）空类是 C++ 中最简单的类，声明方式如下：

```
class CPerson{ };
```

空类起到占位的作用，需要的时候再定义类成员及实现。

10.1.4　对象的声明

定义一个新类后，可以通过类名声明一个对象。声明的形式如下：

　　类名　对象名表

类名是定义好的新类的标识符，对象名表中是一个或多个对象的名称，如果声明的是多个对象，就用逗号运算符将它们分隔开。

例如，声明一个对象的形式如下：

```
CPerson p;
```

声明多个对象的形式如下：

```
CPerson p1,p2,p3;
```

声明完对象就要进行对象的引用，对象的引用有两种方式，一种是成员引用方式，一种是对象指针方式。

1）成员引用方式

成员变量引用的形式如下：

　　对象名 . 成员名

"."是一个运算符，表示对象的成员。

成员函数引用的形式如下：

　　对象名 . 成员名（参数表）

例如：

```
CPerson p;
p.m_iIndex;
```

2）对象指针方式

对象声明形式中的对象名表，除了可以是用逗号运算符分隔的多个对象名，还可以是对象名数组、对象名指针和引用形式的对象名。

声明一个对象指针：

```
CPerson *p;
```

但若想使用对象的成员，需要使用 "->" 运算符，它是表示成员的运算符，与 "." 运算符的意义相同。"->" 运算符表示对象指针所指的成员，对象指针就是指向对象的指针。例如：

```
CPerson *p;
```

```
        p->m_iIndex;
```

下面的对象数据成员的两种表示形式是等价的：

    对象指针名 -> 数据成员

与

    (* 对象指针名) . 数据成员

同样地，下面的成员函数的两种表示形式也是等价的：

    对象指针名 -> 成员名（参数表）

与

    (* 对象指针名) . 成员名（参数表）

例如：

```
    CPerson *p;
    (*p).m_iIndex;                              // 对类中的成员进行引用
    p->m_iIndex;                                // 对类中的成员进行引用
```

对象的引用

在本实例中，利用前文声明的类定义对象，并使用该对象引用其中的成员。

```
01  #include <iostream.h>
02  #include "Person.h"
03  void main()
04  {
05      int iResult=-1;
06      CPerson p;
07      iResult=p.setAge(25);
08      if(iResult>=0)
09          cout << "m_shAge is:" << p.getAge() << endl;
10
11      iResult=p.setIndex(0);
12      if(iResult>=0)
13          cout << "m_iIndex is:" << p.getIndex() << endl;
14
15      char bufTemp[]="Mary";
16      iResult=p.setName(bufTemp);
17      if(iResult>=0)
18          cout << "m_cName is:" << p.getName() << endl;
19
20      iResult=p.setSalary(1700.25);
21      if(iResult>=0)
22          cout << "m_dSalary is:" << p.getSalary() << endl;
23  }
```

从上面的代码可以看到，首先使用 CPerson 类定义对象 p，然后使用 p 引用类中的成员函数。

p.setAge(25) 引用类中的 setAge 成员函数，将参数中的数据赋值给数据成员，设置对象的属性。函数的返回值赋给 iResult 变量，通过 iResult 变量值判断函数 setAge 为数据成员赋值是否成功。如果赋值成功，则使用 p.getAge() 得到赋值的数据，并将其输出显示。

使用对象 p 依次引用成员函数 setIndex、setName 和 setSalary，并通过对 iResult 变量的判断，决定是否引用成员函数 getIndex、getName 和 getSalary。

10.2 构造函数

微课视频

10.2.1 构造函数概述

在类的实例进入其作用域时，也就是建立一个对象时，构造函数就会被调用。那么构造函数的作用是什么呢？当建立一个对象时，常常需要做某些初始化工作，例如，对数据成员进行赋值、设置类的属性，而这些操作刚好在构造函数中完成。

前文介绍过结构体的相关知识，在对结构体进行初始化时，可以使用下面的方法：

```cpp
struct PersonInfo
{
    int index;
    char name[30];
    short age;
};

void InitStruct()
{
    PersonInfo p={1,"mr",22};
}
```

但是类不能像结构体一样初始化，其构造方法如下：

```cpp
class CPerson
{
    public:
    CPerson();                 // 构造函数
    int m_iIndex;
    int getIndex();
};
// 构造函数
CPerson::CPerson()
{
    m_iIndex=10;
}
```

CPerson() 是默认构造函数，不显式地写上函数的声明也可以。

构造函数是可以有参数的，修改上面的代码，使其构造函数带参数，例如：

```
class CPerson
{
    public:
    CPerson(int iIndex);            // 构造函数
    int m_iIndex;
    int setIndex(int iIndex);
};
// 构造函数
CPerson::CPerson(int iIndex)
{
    m_iIndex= iIndex;
}
```

使用构造函数进行初始化操作

```
01 #include <iostream>
02 using namespace std;
03 // 定义 CPerson 类
04 class CPerson
05 {
06 public:
07     CPerson();
08     CPerson(int iIndex,short m_shAge,double m_dSalary);
09     int m_iIndex;
10     short m_shAge;
11     double m_dSalary;
12     int getIndex();
13     short getAge();
14     double getSalary();
15 };
16 // 在默认构造函数中初始化
17 CPerson::CPerson()
18 {
19     m_iIndex=0;
20     m_shAge=10;
21     m_dSalary=1000;
22 }
23 // 在带参数的构造函数中初始化
24 CPerson::CPerson(int iIndex,short m_shAge,double m_dSalary)
25 {
26     m_iIndex=iIndex;
27     m_shAge=m_shAge;
28     m_dSalary=m_dSalary;
```

```
29  }
30  int CPerson::getIndex()
31  {
32      return m_iIndex;
33  }
34  // 在 main 函数中输出类的成员值
35  void main()
36  {
37      CPerson p1;
38      cout << "m_iIndex is:" << p1.getIndex() << endl;
39
40      CPerson p2(1,20,1000);
41      cout << "m_iIndex is:" << p2.getIndex() << endl;
42  }
```

程序运行结果如图 10.3 所示。

图 10.3　运行结果

本程序声明两个对象：p1 和 p2，p1 使用默认构造函数初始化成员变量，p2 使用带参数的构造函数初始化，所以在调用同一个类成员函数 getIndex 时输出结果不同。

10.2.2　复制构造函数

开发程序时可能需要保存对象的副本，以便程序执行过程中恢复对象的状态。那么如何用一个已经初始化的对象生成一个与之一模一样的对象？答案是使用复制构造函数。复制构造函数的参数是一个已经初始化的类对象。

使用复制构造函数

在头文件 person.h 中声明和定义类。代码如下：

```
01  class CPerson
02  {
03      public:
04      CPerson(int iIndex,short shAge,double dSalary);   // 构造函数
05      CPerson(CPerson & copyPerson);                    // 复制构造函数
06      int m_iIndex;
07      short m_shAge;
08      double m_dSalary;
09      int getIndex();
```

```
10     short getAge();
11     double getSalary() ;
12 };
13 // 构造函数
14 CPerson::CPerson(int iIndex,short shAge,double dSalary)
15 {
16     m_iIndex=iIndex;
17     m_shAge=shAge;
18     m_dSalary=dSalary;
19 }
20 // 复制构造函数
21 CPerson::CPerson(CPerson & copyPerson)
22 {
23     m_iIndex=copyPerson.m_iIndex;
24     m_shAge=copyPerson.m_shAge;
25     m_dSalary=copyPerson.m_dSalary;
26 }
27 short CPerson::getAge()
28 {
29     return m_shAge;
30 }
31 int CPerson::getIndex()
32 {
33     return m_iIndex;
34 }
35 double CPerson::getSalary()
36 {
37     return m_dSalary;
38 }
```

在主程序文件中实现类对象的调用。代码如下：

```
01 #include <iostream>
02 #include "person.h"
03 using namespace std;
04 void main()
05 {
06     CPerson p1(20,30,100);
07     CPerson p2(p1);
08     cout << "m_iIndex of p1 is:" << p2.getIndex() << endl;
09     cout << "m_shAge of p1 is:" << p2.getAge() << endl;
10     cout << "m_dSalary of p1 is:" << p2.getSalary() << endl;
11     cout << "m_iIndex of p2 is:" << p2.getIndex() << endl;
12     cout << "m_shAge of p2 is:" << p2.getAge() << endl;
13     cout << "m_dSalary of p2 is:" << p2.getSalary() << endl;
14 }
```

程序运行结果如图 10.4 所示。

图 10.4　运行结果

本程序先用带参数的构造函数声明对象 p1，然后通过复制构造函数声明对象 p2。因为 p1 是初始化完成的类对象，所以它可以作为复制构造函数的参数。通过输出结果可以看出，两个对象是相同的。

10.3　析构函数

构造函数和析构函数是类定义中比较特殊的两个成员函数，因为它们都没有返回值，而且构造函数名标识符和类名标识符相同，析构函数名标识符就是在类名标识符前面加"～"符号。

构造函数主要用在对象创建时，给对象中的一些数据成员赋值，主要目的就是初始化对象。析构函数的功能是释放一个对象，在对象被删除前做一些清理工作，它与构造函数的功能正好相反。

使用析构函数

在头文件 person.h 中声明和定义类。代码如下：

```
01  #include <iostream>
02  #include <string.h>
03  using namespace std;
04  class CPerson
05  {
06  public:
07      CPerson();
08      ~CPerson();// 析构函数
09      char* m_pMessage;
10      void ShowStartMessage();
11      void ShowFrameMessage();
12  };
13  CPerson::CPerson()
14  {
15      m_pMessage = new char[2048];
16  }
```

```
17  void CPerson::ShowStartMessage()
18  {
19      strcpy(m_pMessage,"Welcome to MR");
20      cout << m_pMessage << endl;
21  }
22  void CPerson::ShowFrameMessage()
23  {
24      strcpy(m_pMessage,"**************");
25      cout << m_pMessage << endl;
26  }
27  CPerson::~CPerson()
28  {
29      delete[] m_pMessage;
30  }
```

在主程序文件中实现类对象的调用。代码如下：

```
01  #include <iostream>
02  using namespace std;
03  #include "person.h"
04  void main()
05  {
06      CPerson p;
07      p.ShowFrameMessage();
08      p.ShowStartMessage();
09      p.ShowFrameMessage();
10  }
```

程序运行结果如图 10.5 所示。

图 10.5 运行结果

本程序在构造函数中使用 new 为成员 m_pMessage 分配空间，在析构函数中使用 delete 释放由 new 分配的空间。成员 m_pMessage 为字符指针，在 ShowStartMessage 成员函数中输出字符指针指向的内容。

使用析构函数的注意事项如下：
- 一个类中只能定义一个析构函数。
- 析构函数不能重载。
- 构造函数和析构函数不能使用 return 语句返回值，不用加关键字 void。

构造函数和析构函数的调用环境如下：

- 自动变量的作用域是某个模块，此模块被激活时自动变量调用构造函数，退出此模块时调用析构函数。
- 全局变量在进入 main 函数之前会调用构造函数，在程序终止时会调用析构函数。
- 动态分配的对象使用 new 为对象分配内存时会调用构造函数，使用 delete 删除对象时会调用析构函数。
- 临时变量的作用是支持计算，是由编译器自动产生的。临时变量的生命期的开始和结尾会调用构造函数和析构函数。

10.4 类成员

微课视频

10.4.1 访问类成员

封装在类中的数据可以设置成对外可见或不可见，通过关键字 public、private、protected 进行设置，也就是设置其他类是否可以访问该数据成员。

关键字 public、private、protected 说明类成员是公有的、私有的、保护的。这三个关键字将类划分为三个区域，public 区域中的类成员可以在类作用域外被访问，而 private 区域和 protected 区域中的类成员只能在类作用域内被访问，如图 10.6 所示。

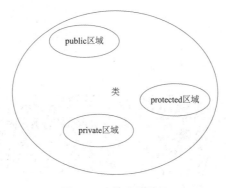

图 10.6 类成员属性

这三种类成员的属性如下：

- public 属性的成员对外可见，对内可见。
- private 属性的成员对外不可见，对内可见。
- protected 属性的成员对外不可见，对内可见，且对派生类是可见的。

如果在类定义的时候没有加任何关键字，在默认状态，类成员都在 private 区域。

例如，类成员在头文件 person.h 中：

```
01 class CPerson
02 {
```

```
03      int m_iIndex;
04      int getIndex() { return m_iIndex; }
05      int setIndex(int iIndex)
06      {
07          m_iIndex=iIndex;
08          return 0;                                    // 执行成功返回 0
09      }
10 };
```

类成员在实现文件 person.cpp 中：

```
01 #include <iostream.h>
02 #include "person.h"
03 void main()
04 {
05     CPerson p;
06     p.m_iIndex=100;                                   // 错误
07     cout << "m_iIndex is:" << p.getIndex() << endl;   // 错误
08 }
```

在编译上面的代码时会发现编译不能通过。这是什么原因呢？

因为在默认状态下，类成员的属性为 private，只能被类中的其他成员访问，不能被外部访问。例如，CPerson 类中的 m_iIndex 数据成员只能在类体的作用域内被访问和赋值，数据类型为 CPerson 类的对象 p 无法对 m_iIndex 数据成员进行赋值。

有了不同区域，开发人员可以根据需求对类进行封装。将不想让其他类访问和调用的类成员定义在 private 区域和 protected 区域，这就保证了类成员的隐蔽性。需要注意的是，如果将成员的属性设置为 protected，那么继承类也可以访问父类的保护成员，但是不能访问类中的私有成员。

关键字的作用范围是直到下一次出现另一个关键字为止。例如：

```
01 class CPerson
02 {
03 private:
04     int m_iIndex;                        // 私有属性成员
05 public:
06     int getIndex() { return m_iIndex; }  // 公有属性成员
07     int setIndex(int iIndex)             // 公有属性成员
08     {
09         m_iIndex=iIndex;
10         return 0;                        // 执行成功返回 0
11     }
12 };
```

在上面的代码中，private 访问权限控制符设置 m_iIndex 成员变量为私有。public 关键字下面的成员函数被设置为公有，private 的作用域到 public 出现为止。

10.4.2　内联成员函数

在定义函数时，可以使用 inline 关键字将函数定义为内联函数。在定义类的成员函数时，也可以使用 inline 关键字将成员函数定义为内联成员函数。其实，对于成员函数来说，如果其定义在类体中，即使没有使用 inline 关键字，它也被认为是内联成员函数。例如：

```
01 class CUser                              // 定义一个 CUser 类
02 {
03 private:
04     char m_Username[128];                // 定义数据成员
05     char m_Password[128];
06 public:
07     inline char* GetUsername()const;     // 定义一个内联成员函数
08 };
09 char* CUser::GetUsername()const          // 实现内联成员函数
10 {
11     return (char*)m_Username;
12 }
```

本程序使用 inline 关键字将类中的成员函数设置为内联成员函数，也可以在类成员函数的实现部分使用 inline 关键字标识函数为内联成员函数。例如：

```
01 class CUser                              // 定义一个 CUser 类
02 {
03 private:
04     char m_Username[128];                // 定义数据成员
05     char m_Password[128];
06 public:
07     char* GetUsername()const;            // 定义成员函数
08 };
09 inline char* CUser::GetUsername()const   // 函数为内联成员函数
10 {
11     return (char*)m_Username;            // 设置返回值
12 }
```

本程序中的代码演示了在何处使用关键字 inline。对于内联函数来说，程序会在函数调用的地方直接插入函数代码，如果函数体语句较多，则会导致程序代码膨胀。如果将类的析构函数定义为内联函数，可能会导致潜在的代码膨胀。

10.4.3　静态类成员

本节之前定义的类成员都是通过对象访问的，不能通过类名直接访问。如果将类成员定义为静态类成员，则允许使用类名直接访问。静态类成员是在类成员定义前使用 static 关键字标识的。例如：

```
01  class CBook
02  {
03  public:
04      static unsigned int m_Price;                    // 定义一个静态数据成员
05  };
```

在定义静态数据成员时，通常需要在类体外部对静态数据成员进行初始化。例如：

```
    unsigned int CBook::m_Price = 10;                   // 初始化静态数据成员
```

静态成员不仅可以通过对象访问，还可以直接使用类名访问。例如：

```
01  int main(int argc, char* argv[])
02  {
03      CBook book;                                     // 定义一个 CBook 类对象 book
04      cout << CBook::m_Price << endl;                 // 通过类名访问静态成员
05      cout<<book.m_Price<<endl;                       // 通过对象访问静态成员
06      return 0;
07  }
```

在一个类中，静态数据成员是被所有类对象共享的，这就意味着无论定义多少个类对象，类的静态数据成员只有一份。同时，如果某个对象修改了静态数据成员，那么其他对象的静态数据成员（实际上是同一个静态数据成员）也将改变。

使用静态数据成员时需要注意以下几点。

（1）静态数据成员可以是当前类的类型，而其他数据成员只能是当前类的指针或引用类型。

在定义类成员时，静态数据成员的类型可以是当前类的类型，而非静态数据成员则不可以是当前类的类型，除非数据成员的类型为当前类的指针或引用类型。例如：

```
01  class CBook
02  {
03  public:
04      static unsigned int m_Price ;
05      CBook m_Book;                   // 非法定义，不允许在该类中定义所属类的对象
06      static CBook m_VCbook;          // 正确，静态数据成员允许定义类的所属类对象
07      CBook *m_pBook;                 // 正确，允许定义类的所属类型的指针类型对象
08  };
```

（2）静态数据成员可以作为成员函数的默认参数。

在定义类的成员函数时，可以为成员函数指定默认参数，参数的默认值可以是类的静态数据成员，但是普通的数据成员不能作为成员函数的默认参数。例如：

```
01  class CBook                                         // 定义 CBook 类
02  {
03  public:
04      static unsigned int m_Price ;                   // 定义一个静态数据成员
05      int m_Pages;                                    // 定义一个普通数据成员
```

```
06      void OutputInfo(int data = m_Price)      // 定义一个函数，以静态数据成员作为
   默认参数
07      {
08          cout <<data<< endl;                   // 输出信息
09      }
10      void OutputPage(int page = m_Pages)      // 错误定义，类的普通数据成员不能作
   为默认参数
11      {
12          cout << page<< endl;                  // 输出信息
13      }
14  };
```

在介绍完类的静态数据成员之后，下面介绍类的静态成员函数。定义类的静态成员函数与定义普通成员函数类似，只是在普通成员函数前添加 static 关键字。例如：

```
    static void OutputInfo();                     // 定义类的静态成员函数
```

类的静态成员函数只能访问类的静态数据成员，不能访问普通的数据成员。例如：

```
01  class CBook                                   // 定义一个类 CBook
02  {
03  public:
04      static unsigned int m_Price ;            // 定义一个静态数据成员
05      int m_Pages;                             // 定义一个普通数据成员
06      static void OutputInfo()                  // 定义一个静态成员函数
07      {
08          cout << m_Price<< endl;               // 正确的访问
09          cout << m_Pages<< endl;     // 非法的访问，不能访问非静态数据成员
10      }
11  };
```

在上述代码中，语句 "cout << m_Pages<< endl;" 是错误的，因为 m_Pages 是非静态数据成员，不能在静态成员函数中访问。

此外，静态成员函数不能被定义为 const 成员函数，即静态成员函数末尾不能使用 const 关键字。例如，下面的静态成员函数的定义是非法的。

```
    static void OutputInfo()const;               // 错误的定义，静态成员函数不能使用
const 关键字
```

在定义静态数据成员函数时，如果函数的实现代码处于类体之外，则在函数的实现部分不能再标识 static 关键字。例如，下面的函数定义是非法的。

```
01  static void CBook::OutputInfo() // 错误的函数定义，不能使用 static 关键字
02  {
03      cout << m_Price << endl;                  // 输出信息
04  }
```

如果上述代码去掉 static 关键字则是正确的。例如：

```
01  void CBook::OutputInfo()          // 正确的函数定义
02  {
03      cout << m_Price<< endl;       // 输出信息
04  }
```

10.4.4　隐藏的 this 指针

对于类的非静态成员，每个对象都有自己的一份拷贝，即每个对象都有自己的数据成员，不过成员函数是每个对象共享的。那么，调用共享的成员函数是如何找到自己的数据成员的呢？答案就是通过类中隐藏的 this 指针找到自己的数据成员。下面通过实例说明 this 指针的作用。

例如，每个对象都有自己的一份拷贝。

```
01  class CBook                       // 定义一个 CBook 类
02  {
03  public:
04      int m_Pages;                 // 定义一个数据成员
05      void OutputPages()           // 定义一个成员函数
06      {
07          cout<<m_Pages<<endl;     // 输出信息
08      }
09  };
10  int main(int argc, char* argv[])
11  {
12      CBook vbBook,vcBook;          // 定义两个 CBook 类对象
13      vbBook.m_Pages = 512;         // 设置 vbBook 对象的成员数据
14      vcBook.m_Pages = 570;         // 设置 vcBook 对象的成员数据
15      vbBook.OutputPages();         // 调用 OutputPages 方法输出 vbBook 对象的数据成员
16      vcBook.OutputPages();         // 调用 OutputPages 方法输出 vcBook 对象的数据成员
17      return 0;
18  }
```

程序运行结果如图 10.7 所示。

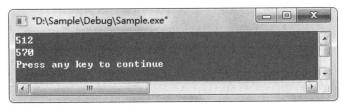

图 10.7　运行结果

从代码中可以看出，vbBook 和 vcBook 两个对象均有自己的数据成员 m_Pages，而且调用 OutputPages 成员函数时输出的均是自己的数据成员。在 OutputPages 成员函数中只是访问了 m_Pages 数据成员，那每个对象调用 OutputPages 方法时是如何区分自己的数据

成员的呢？答案是通过 this 指针区分自己的数据成员。每个类的成员函数（非静态成员函数）中都隐藏一个 this 指针，该指针指向被调用对象的指针，类型为当前类类型的指针类型，在 const 方法中为当前类类型的 const 指针类型。当 vbBook 对象调用 OutputPages 成员函数时，this 指针指向 vbBook 对象；当 vcBook 对象调用 OutputPages 成员函数时，this 指针指向 vcBook 对象。在 OutputPages 成员函数中，用户可以显式地使用 this 指针访问数据成员。例如：

```
01  void OutputPages()
02  {
03      cout <<this->m_Pages<<endl;          // 使用 this 指针访问数据成员
04  }
```

实际上，为了实现 this 指针，编译器在成员函数中自动添加了 this 指针对数据成员的方法，类似于 OutputPages 方法。此外，为了将 this 指针指向当前调用对象，并使其能够在成员函数中使用，每个成员函数中都隐藏一个 this 指针作为函数参数，而且在函数调用时将对象自身的地址作为实际参数传递。以 OutputPages 成员函数为例，编译器将其定义为：

```
01  void OutputPages(CBook* this)            // 隐藏添加 this 指针
02  {
03      cout <<this->m_Pages<<endl;
04  }
```

在对象调用成员函数时，传递对象的地址到成员函数中。以 "vbBook.OutputPages();" 语句为例，编译器将其解释为 "vbBook.OutputPages(&vbBook);"，这就使 this 指针合法，并且使其能够在成员函数中使用。

10.4.5 嵌套类

C++ 语言允许在一个类中定义另一个类，这被称为嵌套类。例如，下面的代码在定义 CList 类时，在内部又定义了一个嵌套类 CNode。

```
01  #define MAXLEN 128                  // 定义一个宏
02  class CList                         // 定义 CList 类
03  {
04  public:                            // 嵌套类为公有的
05      class CNode                    // 定义嵌套类 CNode
06      {
07          friend class CList;        // 将 CList 类作为自己的友元类
08      private:
09          int m_Tag;                 // 定义私有成员
10      public:
11          char m_Name[MAXLEN];       // 定义公有数据成员
12      };                             //CNode 类定义结束
13  public:
```

```
14    CNode m_Node;                              // 定义一个 CNode 类型的数据成员
15    void SetNodeName(const char *pchData)      // 定义成员函数
16    {
17        if (pchData != NULL)                   // 判断指针是否为空
18        {
19            strcpy(m_Node.m_Name,pchData);     // 访问 CNode 类的公有数据
20        }
21    }
22    void SetNodeTag(int tag)                    // 定义成员函数
23    {
24        m_Node.m_Tag = tag;                     // 访问 CNode 类的私有数据
25    }
26 };
```

上述代码在嵌套类 CNode 中定义了一个私有成员 m_Tag，还定义了一个公有成员 m_Name。对于外围类 CList 来说，通常它不能够访问嵌套类的私有成员，虽然嵌套类是在其内部定义的。但是，上述代码在定义 CNode 类时将 CList 类作为自己的友元类，这就使得 CList 类能够访问 CNode 类的私有成员。

内部的嵌套类只允许在外围的类域中使用，在其他类域或作用域中其是不可见的。下面的定义是非法的。

```
01 int main(int argc, char* argv[])
02 {
03    CNode node;                              // 错误的定义，不能访问 CNode 类
04    return 0;
05 }
```

上述代码在 main 函数的作用域中定义了一个 CNode 对象，导致 CNode 没有被声明的错误。对于 main 函数来说，嵌套类 CNode 是不可见的，但是可以通过使用外围类域作为限定符来定义 CNode 对象。下面的定义是合法的。

```
01 int main(int argc, char* argv[])
02 {
03    CList::CNode node;                        // 合法的定义
04    return 0;
05 }
```

上述代码通过使用外围类域作为限定符访问到了 CNode 类。但是这样做通常是不合理的，也是有限制条件的。因为既然定义了嵌套类，通常就不允许在外界访问，否则就违背了使用嵌套类的原则。而且，在定义嵌套类时，如果将其定义为私有的或受保护的，即使使用外围类域作为限定符，外界也无法访问嵌套类。

10.4.6 局部类

类的定义也可以放置在函数中，这样的类被称为局部类。

例如，定义一个局部类 CBook。

```
01  void LocalClass()                    // 定义一个函数
02  {
03      class CBook                      // 定义一个局部类 CBook
04      {
05      private:
06          int m_Pages;                 // 定义一个私有数据成员
07      public:
08          void SetPages(int page)      // 定义公有成员函数
09          {
10              if (m_Pages != page)
11                  m_Pages = page;      // 为数据成员赋值
12          }
13          int GetPages()               // 定义公有成员函数
14          {
15              return m_Pages;          // 获取数据成员信息
16          }
17      };
18      CBook book;                      // 定义一个 CBook 对象
19      book.SetPages(300);              // 调用 SetPages 方法
20      cout << book.GetPages()<< endl;  // 输出信息
21  }
```

上述代码在 LocalClass 函数中定义了一个类 CBook，该类被称为局部类，它在函数外是不能够被访问的，因为局部类被封装在函数的局部作用域中。

10.5 友元

微课视频

10.5.1 友元概述

在讲述类的内容时说明了隐藏数据成员的好处，但是有些时候，类会允许一些特殊的函数直接读写其私有数据成员。

使用 friend 关键字可以让特定的函数或其他类的所有成员函数对私有数据成员进行读写，这样既可以保持数据的私有性，又能够使特定的类或函数直接访问私有数据。

有时候，普通函数需要直接访问一个类的保护或私有数据成员。如果没有友元机制，则只能将类的数据成员声明为公有的，任何函数都可以无约束地访问它。

普通函数直接访问类的保护或私有数据成员主要是为了提高效率。

例如，没有使用友元函数的情况如下：

```
01  #include <iostream.h>
02  class CRectangle
```

```
03  {
04  public:
05      CRectangle()
06      {
07          m_iHeight=0;
08          m_iWidth=0;
09      }
10       CRectangle(int iLeftTop_x,int iLeftTop_y,int iRightBottom_x,int
    iRightBottom_y)
11      {
12          m_iHeight=iRightBottom_y-iLeftTop_y;
13          m_iWidth=iRightBottom_x-iLeftTop_x;
14      }
15
16      int getHeight()
17      {
18          return m_iHeight;
19      }
20      int getWidth()
21      {
22          return m_iWidth;
23      }
24  protected:
25      int m_iHeight;
26      int m_iWidth;
27  };
28  int ComputerRectArea(CRectangle & myRect)          // 不是友元函数的定义
29  {
30      return myRect.getHeight()*myRect.getWidth();
31  }
32  void main()
33  {
34      CRectangle rg(0,0,100,100);
35       cout << "Result of ComputerRectArea is :"<< ComputerRectArea(rg) <<
    endl;
36  }
```

在代码中可以看到，定义 ComputerRectArea 函数时只能对类中的函数进行引用，因为类中的函数属性都为公有属性，对外是可见的，但是数据成员的属性为受保护属性，对外是不可见的，所以只能使用公有成员函数得到想要的值。

下面来看一下使用友元函数的情况：

```
01  #include <iostream.h>
02  class CRectangle
03  {
```

```
04  public:
05      CRectangle()
06      {
07          m_iHeight=0;
08          m_iWidth=0;
09      }
10       CRectangle(int iLeftTop_x,int iLeftTop_y,int iRightBottom_x,int
    iRightBottom_y)
11      {
12          m_iHeight=iRightBottom_y-iLeftTop_y;
13          m_iWidth=iRightBottom_x-iLeftTop_x;
14
15      }
16      int getHeight()
17      {
18          return m_iHeight;
19      }
20      int getWidth()
21      {
22          return m_iWidth;
23      }
24      friend int ComputerRectArea(CRectangle & myRect);      // 声明为友元函数
25  protected:
26      int m_iHeight;
27      int m_iWidth;
28  };
29  int ComputerRectArea(CRectangle & myRect)                  // 友元函数的定义
30  {
31      return myRect.m_iHeight*myRect.m_iWidth;
32  }
33  void main()
34  {
35      CRectangle rg(0,0,100,100);
36       cout << "Result of ComputerRectArea is :"<< ComputerRectArea(rg) <<
    endl;
37  }
```

在 ComputerRectArea 函数的定义中可以看到，使用 CRectangle 的对象可以直接引用其中的数据成员，这是因为在 CRectangle 类中将 ComputerRectArea 函数声明为友元函数了。使用友元函数保持了 CRectangle 类中数据的私有性，起到了隐藏数据成员的作用，而且特定的类或函数可以直接访问这些隐藏数据成员。

10.5.2 友元类

类的私有方法只有该类可以访问，其他类是不能访问的。但在开发程序时，如果两个类的耦合度比较紧密，能够在一个类中访问另一个类的私有成员会带来很大的方便。C++语言提供了友元类和友元函数（或者称为友元方法）来访问其他类的私有成员。当用户希望另一个类能够访问当前类的私有成员时，可以在当前类中将另一个类作为自己的友元类。

定义友元类

```
01  class CItem                          // 定义一个 CItem 类
02  {
03  private:
04      char m_Name[128];                // 定义私有的数据成员
05      void OutputName()                // 定义私有的成员函数
06      {
07          printf("%s\n",m_Name);       // 输出 m_Name
08      }
09  public:
10      friend  class  CList;            // 将 CList 类作为自己的友元类
11      void SetItemName(const char* pchData)   // 定义公有成员函数，设置 m_Name 成员
12      {
13          if (pchData != NULL)         // 判断指针是否为空
14          {
15              strcpy(m_Name,pchData);  // 赋值字符串
16          }
17      }
18      CItem()                          // 构造函数
19      {
20          memset(m_Name,0,128);        // 初始化数据成员 m_Name
21      }
22  };
23  class CList                          // 定义类 CList
24  {
25  private:
26      CItem m_Item;                    // 定义私有的数据成员 m_Item
27  public:
28      void OutputItem();               // 定义公有成员函数
29  };
30  void CList::OutputItem()             //OutputItem 函数的实现代码
31  {
32      m_Item.SetItemName("BeiJing");   // 调用 CItem 类的公有方法
33      m_Item.OutputName();             // 调用 CItem 类的私有方法
34  }
```

在定义 CItem 类时，使用 friend 关键字将 CList 类定义为 CItem 类的友元，这样 CList

类中的所有函数都可以访问 CItem 类中的私有成员。在 CList 类的 OutputItem 函数中，语句"m_Item.OutputName()"演示了调用 CItem 类的私有函数 OutputName。

10.5.3　友元函数

在开发程序时，有时需要控制另一个类对当前类的私有成员的函数。例如，只允许 CList 类的某个成员访问 CItem 类的私有成员，不允许其他成员函数访问 CItem 类的私有数据，这可以通过定义友元函数来实现。在定义 CItem 类时，可以将 CList 类的某个函数定义为友元函数，这样就只允许该函数访问 CItem 类的私有成员。

定义友元函数

```
01  class CItem;                              // 前导声明 CItem 类
02  class CList                               // 定义 CList 类
03  {
04  private:
05      CItem * m_pItem;                      // 定义私有数据成员 m_pItem
06  public:
07      CList();                              // 定义默认构造函数
08      ~CList();                             // 定义析构函数
09      void OutputItem();                    // 定义 OutputItem 成员函数
10  };
11  class CItem                               // 定义 CItem 类
12  {
13      friend void CList::OutputItem();      // 声明友元函数
14  private:
15      char m_Name[128];                     // 定义私有数据成员
16      void OutputName()                     // 定义私有成员函数
17      {
18          printf("%s\n",m_Name);            // 输出数据成员信息
19      }
20  public:
21      void SetItemName(const char* pchData) // 定义公有函数
22      {
23          if (pchData != NULL)              // 判断指针是否为空
24          {
25              strcpy(m_Name,pchData);       // 赋值字符串
26          }
27      }
28      CItem()                               // 构造函数
29      {
30          memset(m_Name,0,128);             // 初始化数据成员 m_Name
31      }
32  };
```

```
33  void CList::OutputItem()            //CList 类的 OutputItem 成员函数的实现
34  {
35      m_pItem->SetItemName("BeiJing");        // 调用 CItem 类的公有函数
36      m_pItem->OutputName();        // 在友元函数中访问 CItem 类的私有函数 OutputName
37  }
38  CList::CList()                              //CList 类的默认构造函数
39  {
40      m_pItem = new CItem();                 // 构造 m_pItem 对象
41  }
42  CList::~CList()                            //CList 类的析构函数
43  {
44      delete m_pItem;                        // 释放 m_pItem 对象
45      m_pItem = NULL;                        // 将 m_pItem 对象设置为空
46  }
47  int main(int argc, char* argv[])           // 主函数
48  {
49      CList list;                            // 定义 CList 对象 list
50      list.OutputItem();                     // 调用 CList 的 OutputItem 函数
51      return 0;
52  }
```

在定义 CItem 类时，使用 friend 关键字将 CList 类的 OutputItem 函数设置为友元函数，在 CList 类的 OutputItem 函数中访问了 CItem 类的私有函数 OutputName。程序运行结果如图 10.8 所示。

图 10.8 运行结果

友元函数不仅可以是类的成员函数，还可以是全局函数。例如：

```
01  class CItem                                // 定义 CItem 类
02  {
03      friend void OutputItem(CItem *pItem);  // 将全局函数 OutputItem 定义为友
    元函数
04  private:
05      char m_Name[128];                      // 定义数据成员
06      void OutputName()                      // 定义私有函数
07      {
08          printf("%s\n",m_Name);             // 输出信息
09      }
10  public:
11      void SetItemName(const char* pchData)  // 定义公有函数
```

```
12        {
13            if (pchData != NULL)              // 判断指针是否为空
14            {
15                strcpy(m_Name,pchData);   // 赋值字符串
16            }
17        }
18        CItem()                              // 定义构造函数
19        {
20            memset(m_Name,0,128);            // 初始化数据成员
21        }
22    };
23    void OutputItem(CItem *pItem)            // 定义全局函数
24    {
25        if (pItem != NULL)                    // 判断参数是否为空
26        {
27            pItem->SetItemName(" 同一个世界, 同一个梦想 \n");   // 调用 CItem 类的公有函数
28            pItem->OutputName();              // 调用 CItem 类的私有函数
29        }
30    }
31    int main(int argc, char* argv[])         // 主函数
32    {
33        CItem Item;                          // 定义一个 CItem 类对象 Item
34        OutputItem(&Item);                   // 通过全局函数访问 CItem 类的私有函数
35        return 0;
36    }
```

上面的代码定义了全局函数 OutputItem, 并在 CItem 类中使用 friend 关键字将其声明为友元函数。而 CItem 类中的 OutputName 函数的属性是私有的, 对外是不可见的。因为函数 OutputItem 是 CItem 类的友元函数, 所以其可以引用类中的私有成员。

10.6　命名空间

微课视频

10.6.1　使用命名空间

在一个应用程序的多个文件中可能存在同名的全局对象, 这样会导致应用程序链接错误。使用命名空间是消除命名冲突的最佳方式。

例如, 下面的代码定义了两个命名空间。

```
01  namespace MyName1
02  {
03      int iInt1=10;
04      int iInt2=20;
05  };
06
```

```
07  namespace MyName2
08  {
09      int iInt1=10;
10      int iInt2=20;
11  };
```

在上面的代码中，namespace 是关键字，MyName1 和 MyName2 是定义的两个命名空间的名称，花括号中是所属命名空间中的对象。虽然在两个花括号中定义的变量是一样的，但是它们在不同的命名空间中，所以避免了标识符的冲突，保证了标识符的唯一性。

总而言之，命名空间就是一个命名的范围区域，在这个特定范围内创建的所有标识符都是唯一的。

10.6.2 定义命名空间

我们在 10.6.1 节了解了命名空间的作用，本节来具体看一下如何定义命名空间。

命名空间的定义格式为：

```
namespace 名称
{
    常量、变量、函数等对象的定义
};
```

定义命名空间要使用关键字 namespace，例如：

```
01  namespace MyName
02  {
03      int iInt1=10;
04      int iInt2=20;
05  };
```

在上面的代码中，MyName 就是定义的命名空间的名称，花括号中定义了两个整型变量 iInt1 和 iInt2，这两个整型变量属于 MyName 命名空间。

定义完命名空间后，如何使用其中的成员呢？在讲解类时介绍过使用作用域限定符"::"引用类中的成员，这里依然使用 "::" 引用命名空间中的成员。引用命名空间中的成员的一般形式是：

```
命名空间名称 :: 成员 ;
```

例如，引用 MyName 命名空间中的成员：

```
MyName::iInt1=30;
```

定义命名空间

在本实例中，定义命名空间包含变量成员，使其具有唯一性。

```
01  #include<iostream>
02  using namespace std;
```

```
03
04  namespace MyName1                      // 定义命名空间
05  {
06      int iValue=10;
07  };
08
09  namespace MyName2                      // 定义命名空间
10  {
11      int iValue=20;
12  };
13
14  int iValue=30;                         // 全局变量
15
16  int main()
17  {
18      cout<<MyName1::iValue<<endl;        // 引用 MyName1 命名空间中的变量
19      cout<<MyName2::iValue<<endl;        // 引用 MyName2 命名空间中的变量
20      cout<<iValue<<endl;
21      return 0;
22  }
```

本程序使用 namespace 关键字定义了两个命名空间，分别是 MyName1 和 MyName2。在这两个命名空间范围内都定义了变量 iValue，并分别赋值为 10 和 20。

在源文件中又定义了一个全局变量 iValue，并赋值为 30。在主函数 main 中分别调用命名空间中的 iValue 变量和全局变量，将值进行输出显示。MyName1::iValue 表示引用 MyName1 命名空间中的变量，MyName2::iValue 表示引用 MyName2 命名空间中的变量，iValue 是全局变量。

通过使用命名空间，虽然定义相同名称的变量表示不同的值，但是也可以正确地进行引用显示。

程序运行结果如图 10.9 所示。

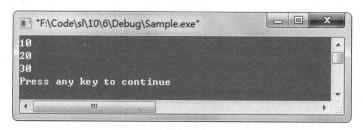

图 10.9　运行结果

还有一种引用命名空间中的成员的方法，就是使用 using namespace 语句。一般形式为：

```
using namespace 命名空间名称；
```

例如，在源程序中包含 MyName 命名空间：

```
    using namespace MyName;
    iInt=30;
```

如果使用 using namespace 语句，则在引用空间中的成员时直接使用就可以。

使用 using namespace 语句

在本实例中，使用 using namespace 语句将命名空间包含在程序中，并引用命名空间
中的变量。

```
01  #include<iostream>
02
03  namespace MyName                    // 定义命名空间
04  {
05      int iValue=10;                  // 定义整型变量
06  }
07
08  using namespace std;                // 使用命名空间 std
09  using namespace MyName;             // 使用命名空间 MyName
10
11  int main()
12  {
13      cout<<iValue<<endl;             // 输出命名空间中的变量
14      return 0;
15  }
```

本程序先定义命名空间 MyName，之后使用 using namespace 语句引用 MyName 命名
空间，这样在 main 函数中使用的 iValue 变量就是指 MyName 命名空间中的 iValue 变量。

程序运行结果如图 10.10 所示。

图 10.10　运行结果

需要注意的是，如果定义多个命名空间，并且这些命名空间都有标识符相同的成员，
那么使用 using namespace 语句引用成员，就会产生歧义，这时最好使用作用域限定符进
行引用。

10.6.3　在多个文件中定义命名空间

在定义命名空间时，通常在头文件中声明命名空间中的函数，在源文件中定义命名空
间中的函数，将程序的声明与实现分开。例如，在头文件中声明命名空间中的函数：

```
01  namespace Output
02  {
03      void Demo();                          // 声明函数
04  }
```

在源文件中定义函数：

```
01  void Output::Demo()                       // 定义函数
02  {
03      cout<<"This is a  function!\n";
04  }
```

在源文件中定义函数时，要使用命名空间名作为前缀，表明实现的是命名空间中定义的函数，否则将定义一个全局函数。

将命名空间中的定义放在头文件中，将命名空间中有关成员的定义放在源文件中。例如：

```
01  ////////////////////////////////////////////////////////////////
02  // 在 Detach.h 头文件中
03  ////////////////////////////////////////////////////////////////
04
05  namespace Output
06  {
07      void Demo();                          // 声明函数
08  }
09
10  ////////////////////////////////////////////////////////////////
11  // 在 Detach.cpp 源文件中
12  ////////////////////////////////////////////////////////////////
13
14  #include<iostream>
15  #include"Detach.h"
16  using namespace std;
17
18  void Output::Demo()                       // 定义函数
19  {
20      cout<<"This is a  function!\n";
21  }
22
23  int main()
24  {
25      Output::Demo();                       // 调用函数
26      return 0;
27  }
```

将命名空间中的定义和命名空间中成员的具体操作分开，更符合程序编写规范，并且易于修改和观察。

程序运行结果如图 10.11 所示。

图 10.11　程序运行结果

在 Detach.cpp 头文件中还可以定义 Output 命名空间。例如：

```
01  namespace Output
02  {
03      void show()
04      {
05          cout<<"This is show function"<<endl;
06      }
07  }
```

此时，命名空间 Output 中的内容为两个文件 Output 命名空间内容的总和。因此，如果在 login.cpp 文件的 Output 命名空间中定义一个函数名称为 Demo 是非法的，因为进行了重复定义，编译器会提示 Demo 已经有一个函数体。

10.6.4　定义嵌套的命名空间

命名空间可以定义在其他命名空间中，在这种情况下，仅仅使用外部的命名空间作为前缀，程序便可以引用在命名空间之外定义的其他标识符。然而，在命名空间内不确定的标识符需要作为外部命名空间和内部命名空间名称的前缀出现。例如：

```
01  namespace Output
02  {
03      void Show()                          // 定义函数
04      {
05          cout<<"Output's function!"<<endl;
06      }
07      namespace MyName
08      {
09          void Demo()                      // 定义函数
10          {
11              cout<<"MyName's function!"<<endl;
12          }
13      }
14  }
```

在上述代码中，Output 命名空间又定义了一个命名空间 MyName，如果访问 MyName

命名空间中的对象，可以使用外部命名空间和内部命名空间作为前缀。例如：

```
        Output::MyName::Demo();              // 调用 MyName 命名空间中的函数
```

也可以直接使用 using 命令引用嵌套的 MyName 命名空间。例如：

```
01  using namespace Output::MyName;         // 引用嵌套的 MyName 命名空间
02  Demo();                                 // 调用 MyName 命名空间中的函数
```

在上述代码中，"using namespace Output::MyName;"语句只引用了嵌套在 Output 命名空间中的 MyName 命名空间，并没有引用 Output 命名空间，因此试图访问 Output 命名空间中定义的对象是非法的。例如：

```
01  using namespace Windows::GDI;
02  show();                                 // 错误的访问，无法访问 Output 命名空间中的函数
```

定义嵌套的命名空间

本实例定义嵌套的命名空间，使用命名空间名称选择调用函数。

```
01
02  #include<iostream>
03  using namespace std;
04
05  namespace Output                       // 定义命名空间
06  {
07      void Show()                        // 定义函数
08      {
09          cout<<"Output's function!"<<endl;
10      }
11      namespace MyName                   // 定义嵌套的命名空间
12      {
13          void Demo()                    // 定义函数
14          {
15              cout<<"MyName's function!"<<endl;
16          }
17      }
18  }
19
20  int main()
21  {
22      Output::Show();                    // 调用 Output 命名空间中的函数
23      Output::MyName::Demo();            // 调用 MyName 命名空间中的函数
24      return 0;
25  }
```

本程序定义了 Output 命名空间，又在其中定义了命名空间 MyName。

Show 函数属于 Output 命名空间中的成员，Demo 函数属于 MyName 命名空间中的成

员。在 main 函数中调用 Show 和 Demo 函数时，要将所属的命名空间的作用范围写出。
Output::Show 表示 Output 命名空间中的 Show 函数，Output::MyName::Demo 表示嵌套命
名空间 MyName 中的成员函数。

程序运行结果如图 10.12 所示。

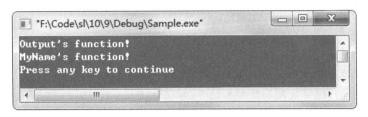

图 10.12　程序运行结果

10.6.5　定义未命名的命名空间

尽管为命名空间指定名称是有益的，但是 C++ 也允许在定义中省略命名空间的名称，
以简单定义未命名的命名空间。

例如，定义一个未命名的包含两个整型变量的命名空间：

```
01  namespace
02  {
03      int iValue1=10;
04      int iValue2=20;
05  }
```

事实上，在未命名的命名空间中定义的标识符被设置为全局命名空间，不过这违背了
命名空间的设置原则。所以未命名的命名空间没有被广泛应用。

第 11 章　继承与派生

继承与派生是面向对象程序设计的两个重要特性,继承是从已有的类得到已有的特性,已有的类被称为基类或父类,新类被称为派生类或子类。继承与派生从不同角度说明类之间的关系,这种关系包含访问机制、多态和重载等。

11.1　继承

继承(inheritance)是面向对象的主要特征之一,它使得一个类可以从现有类中派生,不必重新定义一个新类。继承的实质就是用已有的数据类型创建新的数据类型,并保留已有数据类型的特点。继承以旧类为基础创建新类,新类包含旧类的数据成员和成员函数,并且可以在新类中添加新的数据成员和成员函数。

11.1.1　类的继承

类继承的形式如下:

```
class 派生类名标识符 : [继承方式] 基类名标识符
{
    [访问控制修饰符:]
    [成员声明列表]
};
```

继承方式有三种派生类型,分别为公有型(public)、保护型(protected)和私有型(private);访问控制修饰符也有 public、protected、private 三种类型;成员声明列表中包含类的成员变量及成员函数,是派生类新增的成员;":"是一个运算符,表示基类和派生类之间的继承关系,如图 11.1 所示。

图 11.1　继承关系

例如,定义一个继承员工类的操作员类。

定义一个员工类,包含员工 ID、员工姓名、所属部门等信息。

```
01  class CEmployee                              // 定义员工类
02  {
03  public:
04      int m_ID;                               // 定义员工 ID
05      char m_Name[128];                        // 定义员工姓名
06      char m_Depart[128];                      // 定义所属部门
07  };
```

定义一个操作员类，通常操作员属于公司员工，包含员工 ID、员工姓名、所属部门等信息，还包含密码、登录方法等信息。

```
01  class COperator :public CEmployee   // 定义一个操作员类，该类从 CEmployee 类派生
02  {
03  public:
04      char m_Password[128];                    // 定义密码
05      bool Login();
06  };
```

操作员类是从员工类派生的一个新类，新类中增加密码、登录方法等信息，员工 ID、员工姓名等信息直接从员工类中继承。

以公有方式继承

```
01  #include <iostream>
02  using namespace std;
03  class CEmployee                              // 定义员工类
04  {
05  public:
06      int m_ID;                               // 定义员工 ID
07      char m_Name[128];                        // 定义员工姓名
08      char m_Depart[128];                      // 定义所属部门
09      CEmployee()                              // 定义默认构造函数
10      {
11          memset(m_Name,0,128);               // 初始化 m_Name
12          memset(m_Depart,0,128);             // 初始化 m_Depart
13      }
14  void OutputName()                           // 定义公有成员函数
15  {
16      cout <<" 员工姓名 "<<m_Name<<endl;       // 输出员工姓名
17  }
18  };
19  class COperator :public CEmployee   // 定义一个操作员类，该类从 CEmployee 类派生
20  {
21  public:
22      char m_Password[128];                    // 定义密码
23      bool Login()                             // 定义登录成员函数
24      {
```

```
25          if (strcmp(m_Name,"MR")==0 &&       // 比较用户名
26              strcmp(m_Password,"KJ")==0)      // 比较密码
27          {
28          cout<<" 登录成功 ！"<<endl;          // 输出信息
29              return true;                     // 设置返回值
30          }
31          else
32          {
33              cout<<" 登录失败 ！"<<endl;       // 输出信息
34              return false;                    // 设置返回值
35          }
36      }
37  };
38  int main(int argc, char* argv[])
39  {
40      COperator optr;                          // 定义一个 COperator 类对象
41      strcpy(optr.m_Name,"MR");                // 访问基类的 m_Name 成员
42      strcpy(optr.m_Password,"KJ");            // 访问 m_Password 成员
43      optr.Login();                // 调用 COperator 类的 Login 成员函数
44      optr.OutputName();           // 调用基类 CEmployee 的 OutputName 成员函数
45      return 0;
46  }
```

本程序中的 CEmployee 类是 COperator 类的基类，也就是父类。COperator 类将继承 CEmployee 类的所有非私有成员（private 类型成员不能被继承）。optr 对象初始化 m_Name 和 m_Password 成员后，调用 Login 成员函数，程序运行结果如图 11.2 所示。

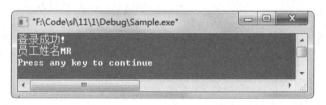

图 11.2　程序运行结果

用户在父类中派生子类时，可能在子类中定义了一个与父类同名的成员函数，这种情况称为子类隐藏了父类的成员函数。例如，重新定义 COperator 类，添加一个 OutputName 成员函数。

11.1.2　继承的可访问性

继承方式有 public、private、protected 三种，说明分别如下。

1. 公有型派生

公有型派生表示基类中的 public 数据成员和成员函数在派生类中仍然是 public，基类

中的 private 数据成员和成员函数在派生类中仍然是 private。例如：

```
01  class CEmployee
02  {
03      public:
04      void Output()
05      {
06          cout <<    m_ID << endl;
07          cout <<    m_Name << endl;
08          cout <<    m_Depart << endl;
09      }
10  private :
11      int m_ID;
12      char m_Name[128];
13      char m_Depart[128];
14  };
15  class COperator :public CEmployee
16  {
17  public:
18      void Output()
19      {
20          cout <<    m_ID << endl;            // 引用基类的私有成员，错误
21          cout <<    m_Name << endl;          // 引用基类的私有成员，错误
22          cout <<    m_Depart << endl;        // 引用基类的私有成员，错误
23          cout <<    m_Password << endl;      // 正确
24      }
25  private:
26      char m_Password[128];
27      bool Login();
28  };
```

COperator 类无法访问 CEmployee 类中的 private 数据成员 m_ID、m_Name 和 m_Depart，只有将 CEmployee 类中的所有成员都设置为 public，COperator 类才能访问 CEmployee 类中的所有成员。例如：

```
01  class CEmployee
02  {
03      public:
04      void Output()
05      {
06          cout <<    m_ID << endl;
07          cout <<    m_Name << endl;
08          cout <<    m_Depart << endl;
09      }
10  //private:
```

```
11        int m_ID;
12        char m_Name[128];
13        char m_Depart[128];
14  };
15  class COperator :public CEmployee
16  {
17  public:
18        void Output()
19        {
20            cout <<    m_ID << endl;            // 正确
21            cout <<    m_Name << endl;          // 正确
22            cout <<    m_Depart << endl;        // 正确
23            cout <<    m_Password << endl;      // 正确
24        }
25  private:
26        char m_Password[128];
27        bool Login();
28  };
```

2. 私有型派生

私有型派生表示基类中的 public、protected 数据成员和成员函数在派生类中可以访问，基类中的 private 数据成员在派生类中不可以访问。

3. 保护型派生

保护型派生表示基类中的 public、protected 数据成员和成员函数在派生类中均为 protected。protected 类型在派生类的定义时可以访问，用派生类声明的对象不可以访问，也就是说在类体外不可以访问。protected 成员可以被基类的所有派生类使用。这一性质可以沿继承树无限向下传播。

因为保护类的内部数据不能被随意更改，实例类本身负责维护，这就起到很好的封装性作用。把一个类分为两部分，一部分是公共的，另一部分是保护的，保护成员对于使用者来说是不可见的，也是不需要了解的，这就减少了类与其他代码的关联程度。类的功能是独立的，不依赖应用程序的运行环境，可以放到不同的程序中使用，这就能够非常容易地用一个类替换另一个类。类访问限制的保护机制使编制的应用程序更加可靠和易维护。

11.1.3 构造函数访问顺序

父类和子类中都有构造函数和析构函数，在创建子类对象时，是父类先进行构造，还是子类先进行构造？同样地，在释放子类对象时，是父类先进行释放，还是子类先进行释放？这就涉及顺序问题。当从父类派生一个子类，并声明一个子类对象时，将先调用父类的构造函数，然后调用当前类的构造函数；在释放子类对象时，先调用当前类的析构函数，然后调用父类的析构函数。

构造函数访问顺序

```
01  #include <iostream>
02  using namespace std;
03  class CEmployee                          // 定义 CEmployee 类
04  {
05  public:
06      int m_ID;                            // 定义数据成员
07      char m_Name[128];                    // 定义数据成员
08      char m_Depart[128];                  // 定义数据成员
09      CEmployee()                          // 定义构造函数
10      {
11          cout << "CEmployee 类构造函数被调用 "<< endl;      // 输出信息
12      }
13      ~CEmployee()                                         // 析构函数
14      {
15          cout << "CEmployee 类析构函数被调用 "<< endl;      // 输出信息
16      }
17  };
18  class COperator :public CEmployee        // 从 CEmployee 类派生一个子类
19  {
20  public:
21      char m_Password[128];                // 定义数据成员
22      COperator()                          // 定义构造函数
23      {
24          strcpy(m_Name,"MR");             // 设置数据成员
25          cout << "COperator 类构造函数被调用 "<< endl;      // 输出信息
26      }
27      ~COperator()                                         // 析构函数
28      {
29          cout << "COperator 类析构函数被调用 "<< endl;      // 输出信息
30      }
31  };
32  int main(int argc, char* argv[])                         // 主函数
33  {
34      COperator optr;                      // 定义一个 COperator 对象
35      return 0;
36  }
```

程序运行结果如图 11.3 所示。

从图 11.3 可以发现，在定义 COperator 类对象时，首先调用的是父类 CEmployee 的构造函数，然后调用 COperator 类的构造函数。子类对象的释放过程则与构造过程恰恰相反，先调用自身的析构函数，然后调用父类的析构函数。

图 11.3　程序运行结果

　　分析完对象的构建、释放过程后，需要考虑这样一种情况：定义一个基类类型的指针，调用子类的构造函数为其构建对象，当对象被释放时，是只调用父类的析构函数，还是先调用子类的析构函数，再调用父类的析构函数呢？答案是：如果析构函数是虚函数，则先调用子类的析构函数，然后调用父类的析构函数；如果析构函数不是虚函数，则只调用父类的析构函数。可以想象，如果在子类中为某个数据成员在堆中分配了空间，父类中的析构函数不是虚函数，将使子类的析构函数不被调用，使对象不能被正确释放，导致内存泄漏。因此，在编写类的析构函数时，析构函数通常是虚函数。构造函数调用顺序不受基类在成员初始化表中是否存在及被列出的顺序的影响。

11.1.4　子类显示调用父类构造函数

　　当父类含有带参数的构造函数时，创建子类的时候会调用它吗？

　　创建子类对象时，无论调用的是哪种子类构造函数，都会自动调用父类默认构造函数。若想使用父类带参数的构造函数，则需要通过显示方式调用。

子类显示调用父类构造函数

```
01  #include <iostream>
02  using namespace std;
03  class CEmployee                        // 定义 CEmployee 类
04  {
05  public:
06      int m_ID;                          // 定义数据成员
07      char m_Name[128];                  // 定义数据成员
08      char m_Depart[128];                // 定义数据成员
09      CEmployee(char name[])             // 带参数的构造函数
10      {
11          strcpy(m_Name,name);
12          cout << m_Name<<" 调用了 CEmployee 类带参数的构造函数 "<< endl;
13      }
14      CEmployee()                        // 无参构造函数
15      {
16          strcpy(m_Name,"MR");
17          cout << m_Name<<"CEmployee 类无参构造函数被调用 "<< endl;
18      }
```

```
19      ~CEmployee()                              // 析构函数
20      {
21          cout << "CEmployee 类析构函数被调用 "<< endl;        // 输出信息
22      }
23 };
24 class COperator :public CEmployee        // 从 CEmployee 类派生一个子类
25 {
26 public:
27      char m_Password[128];                   // 定义数据成员
28      COperator(char name[ ]):CEmployee(name)    // 显示调用父类带参数的构造函数
29      {        // 设置数据成员
30          cout << "COperator 类构造函数被调用 "<< endl;        // 输出信息
31      }
32      COperator():CEmployee("JACK")        // 显示调用父类带参数的构造函数
33      {        // 设置数据成员
34          cout << "COperator 类构造函数被调用 "<< endl;        // 输出信息
35      }
36      ~COperator()                              // 析构函数
37      {
38          cout << "COperator 类析构函数被调用 "<< endl;        // 输出信息
39      }
40 };
41 int main(int argc, char* argv[])                              // 主函数
42 {
43      COperator optr1;     // 定义一个 COperator 对象,调用自身无参构造函数
44      COperator optr2("LaoZhang");     // 定义一个 COperator 对象,调用自身带参数构
    造函数
45      return 0;
46 }
```

运行结果如图 11.4 所示。

图 11.4　运行结果

在父类无参构造函数中,初始化成员字符串数组 "m_Name" 的内容为 "MR"。从执行结果来看,子类对象创建时没有调用父类无参构造函数,调用的是带参数的构造函数。

当父类只有带参数的构造函数时，子类必须以显示方式调用父类带参数的构造函数，否则编译会出现错误。

11.1.5　子类隐藏父类的成员函数

如果子类中定义了一个和父类一样的成员函数，那么子类对象是调用父类中的成员函数，还是调用子类中的成员函数呢？答案是调用子类中的成员函数。

子类隐藏父类的成员函数

```
01  #include <iostream>
02  using namespace std;
03  class CEmployee               // 定义 CEmployee 类
04  {
05  public:
06      int m_ID;                 // 定义数据成员
07      char m_Name[128];         // 定义数据成员
08      char m_Depart[128];
09      CEmployee()               // 定义构造函数
10      {
11      }
12      ~CEmployee()              // 析构函数
13      {
14      }
15      void OutputName()         // 定义 OutputName 成员函数
16      {
17          cout << "调用 CEmployee 类的 OutputName 成员函数 : "<< endl;   // 输出操
    作员姓名
18      }// 定义数据成员
19  };
20  class COperator :public CEmployee          // 定义 COperator 类
21  {
22  public:
23      char m_Password[128];                  // 定义数据成员
24      void OutputName()                      // 定义 OutputName 成员函数
25      {
26          cout << "调用 COperator 类的 OutputName 成员函数 :"<< endl;  // 输出操作
    员姓名
27      }
28
29  };
30  int main(int argc, char* argv[])           // 主成员函数
```

```
31 {
32     COperator optr;                 // 定义 COperator 对象
33     optr.OutputName();              // 调用 COperator 类的 OutputName 成员函数
34     return 0;
35 }
```

程序运行结果如图 11.5 所示。

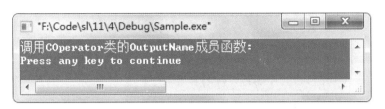

图 11.5　程序运行结果

从图 11.5 可以发现，语句 "optr.OutputName();" 调用的是 COperator 类的 OutputName 成员函数，而不是 CEmployee 类的 OutputName 成员函数。如果用户想访问父类的 OutputName 成员函数，需要显式使用父类名。例如：

```
01 COperator optr;                    // 定义一个 COperator 类
02 strcpy(optr.m_Name,"MR");          // 赋值字符串
03 optr.OutputName();                 // 调用 COperator 类的 OutputName 成员函数
04 optr.CEmployee::OutputName();      // 调用 CEmployee 类的 OutputName 成员函数
```

如果子类隐藏了父类的成员函数，则父类中所有同名的成员函数（重载函数）均被隐藏，因此下面黑体部分的代码是错误的。例如：

```
01 class CEmployee                     // 定义 CEmployee 类
02 {
03 public:
04     int m_ID;                       // 定义数据成员
05     char m_Name[128];               // 定义数据成员
06     char m_Depart[128];             // 定义数据成员
07     CEmployee()
08     {
09         memset(m_Name,0, 128);      // 初始化数据成员
10         memset(m_Depart,0, 128);    // 初始化数据成员
11         cout << " 员工类构造函数被调用 "<< endl;    // 输出信息
12     }
13     void OutputName()                           // 定义重载成员函数
14     {
15         cout << " 员工姓名： "<<m_Name<< endl;    // 输出信息
16     }
17     void OutputName(const char* pchData)        // 定义重载成员函数
18     {
19         if (pchData != NULL)                    // 判断参数是否为空
```

```
20              {
21                  strcpy(m_Name,pchData);            // 复制字符串
22                  cout << " 设置并输出员工姓名 :"<<pchData<< endl; // 输出信息
23              }
24          }
25  };
26  class COperator :public CEmployee             // 定义 COperator 类
27  {
28  public:
29      char m_Password[128];                     // 定义数据成员
30      void OutputName()     // 定义 OutputName 成员函数，隐藏基类的成员函数
31      {
32          cout << " 操作员姓名： "<<m_Name<< endl;              // 输出信息
33      }
34      bool Login()                              // 定义 Login 成员函数
35      {
36          if (strcmp(m_Name,"MR")==0 &&         // 比较用户名称
37              strcmp(m_Password,"KJ")==0)        // 比较用户密码
38          {
39              cout << " 登录成功 "<< endl;        // 输出信息
40              return true;                       // 设置返回值
41          }
42          else
43          {
44              cout << " 登录失败 "<< endl;        // 输出信息
45              return false;                      // 设置返回值
46          }
47      }
48  };
49  int main(int argc, char* argv[])
50  {
51      COperator optr;                            // 定义 COperator 类对象
52      optr.OutputName("MR");                     // 错误的代码，不能访问基类的重载成员函数
53   return 0;
54  }
```

本程序在 CEmployee 类中定义了重载的 OutputName 成员函数，在 COperator 类中又定义了一个 OutputName 成员函数，导致父类中的所有同名成员函数被隐藏。语句 "optr.OutputName("MR");" 是错误的。如果用户想访问被隐藏的父类成员函数，需要指定父类名称。例如：

```
01  COperator optr;                       // 定义一个 COperator 对象
02  optr.CEmployee::OutputName("MR");      // 调用基类中被隐藏的成员函数
```

在派生完一个子类后，可以定义一个父类的类型指针，通过子类的构造函数为其创建

对象。例如：

```
      CEmployee *pWorker = new COperator ();                    // 定义 CEmployee 类型
指针，调用子类构造函数
```

如果使用 pWorker 对象调用 OutputName 成员函数，例如执行"pWorker->OutputName();"语句，那么调用的是 CEmployee 类的 OutputName 成员函数，还是 COperator 类的 OutputName 成员函数呢？答案是调用的是 CEmployee 类的 OutputName 成员函数。编译器对 OutputName 成员函数进行的是静态绑定，即根据对象定义时的类型确定调用哪个类的成员函数。由于 pWorker 属于 CEmployee 类型，因此调用的是 CEmployee 类的 OutputName 成员函数。那么是否有成员函数执行"pWorker->OutputName();"语句调用 COperator 类的 OutputName 成员函数呢？答案是有，此功能需要使用虚函数来实现。

微课视频

11.2　重载运算符

运算符实际上是一个函数，所以运算符的重载实际上是函数的重载。编译程序对运算符重载的选择，遵循函数重载的选择原则。当遇到不是很明显的运算时，编译程序会寻找与参数匹配的运算符函数。

11.2.1　重载运算符的必要性

C++ 语言中的数据类型分为基础数据类型和构造数据类型，基础数据类型可以直接完成算术运算。例如：

```
01  #include <iostream>
02  using namespace std;
03  void main()
04  {
05    int a=10;
06    int b=20;
07    cout << a+b << endl;          // 两个整型变量相加
08  }
```

本程序实现了两个整型变量的相加，可以正确输出运行结果 30。两个浮点变量、两个双精度变量都可以直接运用加法运算符"+"求和。但是类属于新构造的数据类型，类的两个对象无法通过加法运算符求和。例如：

```
01  #include <iostream>
02  using namespace std;
03  class CBook
04  {
05  public:
06      CBook (int iPage)
```

```
07        {
08            m_iPage=iPage;
09        }
10        void display()
11        {
12            cout << m_iPage << endl;
13        }
14   protected:
15        int m_iPage;
16   };
17   void main()
18   {
19        CBook bk1(10);
20        CBook bk2(20);
21        CBook tmp(0);
22        tmp=bk1+bk2;            // 错误
23        tmp.display();
24   }
```

编译器编译到语句 bk1+bk2 就会报错，因为它不知道如何使两个对象相加。实现两个类对象的加法运算有两种方法，一种方法是使用成员函数，另一种方法是重载操作符。

使用成员函数求和

```
01   #include <iostream>
02   using namespace std;
03   class CBook
04   {
05   public:
06        CBook (int iPage)
07        {
08            m_iPage=iPage;
09        }
10        int add(CBook a)
11        {
12            return m_iPage+a.m_iPage;
13        }
14   protected:
15        int m_iPage;
16   };
17
18   void main()
19   {
20        CBook bk1(10);
21        CBook bk2(20);
22        cout << bk1.add(bk2) << endl;
```

```
23  }
```

本程序可以正确地输出运行结果 30。使用成员函数实现求和的形式比较单一，并且不利于代码复用，如果要实现多个对象的累加，则代码的可读性会大大降低。使用重载操作符就可以解决这些问题。

11.2.2 重载运算符的形式与规则

重载运算符的声明形式如下：

```
operator 类型名();
```

operator 是需要重载的运算符，整个语句没有返回类型，类型名就代表了它的返回类型。重载运算符将对象转换成类型名规定的类型，转换时的形式就像强制转换一样，但如果没有重载运算符定义，直接强制转换编译器将无法通过编译。

重载运算符不可以是新创建的运算符，只能是 C++ 语言中已有的运算符。可以重载的运算符如下：

- 算术运算符：+、-、×、/、%、++、--。
- 位操作运算符：&、|、~、^、>>、<<。
- 逻辑运算符：!、&&、||。
- 比较运算符：<、>、>=、<=、==、!=。
- 赋值运算符：=、+=、-=、*=、/=、%=、&=、|=、^=、<<=、>>=。
- 其他运算符：[]、()、->、,、new、delete、new[]、delete[]、->*。

并不是所有的 C++ 语言中的运算符都可以重载，不允许重载的运算符有 .、*、::、? 和 :。

重载运算符时不能改变运算符操作数的个数，不能改变运算符原有的优先级，不能改变运算符原有的结合性，不能改变运算符原有的语法结构，即单目运算符只能重载为单目运算符，双目运算符只能重载为双目运算符。重载运算符的含义必须清楚，不能有二义性。

通过重载运算符实现求和

```
01  #include <iostream>
02  using namespace std;
03  class CBook
04  {
05  public:
06      CBook (int iPage)
07      {
08          m_iPage=iPage;
09      }
10      CBook operator+( CBook b)
11      {
12          return CBook (m_iPage+b.m_iPage);
13      }
```

```
14      void display()
15      {
16          cout << m_iPage << endl;
17      }
18  protected:
19      int m_iPage;
20  };
21
22  void main()
23  {
24      CBook bk1(10);
25      CBook bk2(20);
26      CBook tmp(0);
27      tmp= bk1+bk2;
28      tmp.display();
29  }
```

程序运行结果如图 11.6 所示。

图 11.6　程序运行结果

类 CBook 重载了求和运算符后，由它声明的两个对象 bk1 和 bk2 可以像两个整型变量一样相加。

11.2.3　重载运算符的运算

重载运算符后可以完成对象和对象之间的运算，也可以通过重载运算实现对象和普通类型数据的运算。例如：

```
01  #include <iostream>
02  using namespace std;
03  class CBook
04  {
05  public:
06      int m_Pages;
07      void OutputPages()
08      {
09          cout << m_Pages<< endl;
10      }
11      CBook()
```

```
12        {
13            m_Pages=0;
14        }
15        CBook operator+(const int page)
16        {
17            CBook bk;
18            bk.m_Pages = m_Pages + page;
19            return bk;
20        }
21  };
22  void main()
23  {
24      CBook vbBook,vfBook;
25      vfBook = vbBook + 10;
26      vfBook. OutputPages();
27  }
```

通过修改运算符的参数为整数类型，可以实现 CBook 对象与整数相加。

对于两个整型变量相加，用户可以调换加数和被加数的顺序，因为加法符合交换律。但是，对于通过重载运算符实现的两个不同类型的对象相加，则不可以调换对象的顺序，因此下面的语句是非法的。

```
        vfBook = 10 + vbBook;                    // 非法代码
```

对于"++"和"--"运算符，由于涉及前置运算和后置运算，在重载运算符时如何区分呢？在默认情况下，如果重载运算符没有参数，则表示前置运算。例如：

```
01  void operator++()                        // 前置运算
02  {
03      ++m_Pages;
04  }
```

如果重载运算符使用整数作为参数，则表示后置运算。参数值可以被忽略，它只是一个标识，标识后置运算。

```
01  void operator++(int)                     // 后置运算
02  {
03      ++m_Pages;
04  }
```

在默认情况下，将一个整数赋值给一个对象是非法的，但可以通过重载赋值运算符将其变为合法的。例如：

```
01  void operator = (int page)               // 重载赋值运算符
02  {
03      m_Pages = page;
04  }
```

10.2.2 节介绍了通过复制构造函数将一个对象赋值给另一个对象，通过重载赋值运算符也可以实现将一个整型数赋值给一个对象。例如：

```
01 #include <iostream>
02 using namespace std;
03 class CBook
04 {
05 public:
06     int m_Pages;
07     void OutputPages()
08     {
09         cout << m_Pages<< endl;
10     }
11     CBook(int page)
12     {
13         m_Pages = page;
14     }
15     operator=(const int page)
16     {
17         m_Pages = page;
18     }
19 };
20 void main()
21 {
22     CBook mybk(0);
23     mybk=100;
24     mybk.OutputPages();
25 }
```

本程序重载了赋值运算符，给 mybk 对象赋值 100，并通过 OutputPages 成员函数将该值输出，也可以通过重载构造函数将一个整数赋值给一个对象。例如：

```
01 #include <iostream>
02 using namespace std;
03 class CBook
04 {
05 public:
06     int m_Pages;
07     void OutputPages()
08     {
09         cout <<m_Pages<< endl;
10     }
11     CBook()
12     {
13         ;
14     }
```

```
15      CBook(int page)
16      {
17          m_Pages = page;
18      }
19  };
20  void main()
21  {
22      CBook vbBook;
23      vbBook = 200;
24      vbBook.OutputPages();
25  }
```

本程序定义了一个重载构造函数，以一个整数作为函数参数，将一个整数赋值给一个 CBook 类对象。语句"vbBook = 200;"调用构造函数 CBook(int page) 重新构造一个 CBook 对象，并将其赋值给 vbBook 对象。

11.2.4　转换运算符

C++ 语言中的普通数据类型可以进行强制类型转换，例如：

```
01  int i=10;
02  double d;
03  d=(double)i;
```

本程序将整型数 i 强制转换成双精度类型。

语句：

```
    d=(double)i;
```

等同于：

```
    d= double(i);
```

double() 在 C++ 语言中被称为转换运算符。重载转换运算符可以将类对象转换成需要的数据。

转换运算符

```
01  #include <iostream>
02  using namespace std;
03  class CBook
04  {
05  public:
06      CBook (double iPage=0);
07      operator double()
08      {
09          return m_iPage;
10      }
11
```

```
12  protected:
13      int m_iPage;
14  };
15  CBook:: CBook (double iPage)
16  {
17      m_iPage=iPage;
18  }
19  void main()
20  {
21      CBook bk1(10.0);
22      CBook bk2(20.00);
23      cout << "bk1+bk2=" << double(bk1)+double(bk2) << endl;
24  }
```

程序运行结果如图 11.7 所示。

图 11.7　程序运行结果

本程序重载了转换运算符 double()，将类 CBook 的两个对象强制转换为 double 类型后进行求和，并输出求和结果。

微课视频

11.3　多重继承

前文介绍的继承方式属于单继承，即子类只从一个父类继承公有的和受保护的成员。与其他面向对象的语句不同，C++ 语言允许子类从多个父类继承公有的和受保护的成员，这被称为多重继承。

11.3.1　多重继承定义

多重继承是指有多个基类名标识符，声明形式如下：

　　class 派生类名标识符 :[继承方式] 基类名标识符 1,…, 基类名标识符 n
　　{
　　　　[访问控制修饰符 :]
　　　　[成员声明列表]
　　};

声明形式中有 ":" 运算符，基类名标识符之间用 "," 运算符分开。

例如，鸟能够在天空飞翔；鱼能够在水里游；水鸟既能够在天空飞翔，又能够在水里游。那么在定义水鸟类时，可以将鸟类和鱼类同时作为其基类。

```
01  #include "iostream.h"
02  class CBird                                      // 定义鸟类
03  {
04  public:
05      void FlyInSky()                              // 定义成员函数
06      {
07          cout << " 鸟能够在天空飞翔 "<< endl;       // 输出信息
08      }
09      void Breath()                                // 定义成员函数
10      {
11          cout << " 鸟能够呼吸 "<< endl;            // 输出信息
12      }
13  };
14  class CFish                                      // 定义鱼类
15  {
16  public:
17      void SwimInWater()                           // 定义成员函数
18      {
19          cout << " 鱼能够在水里游 "<< endl;         // 输出信息
20      }
21      void Breath()                                // 定义成员函数
22      {
23          cout << " 鱼能够呼吸 "<< endl;            // 输出信息
24      }
25  };
26  class CWaterBird: public CBird, public CFish // 定义水鸟类，该类从鸟类和鱼类派生
27  {
28  public:
29      void Action()                                // 定义成员函数
30      {
31          cout << " 水鸟既能飞又能游 "<< endl;       // 输出信息
32      }
33  };
34  int main(int argc, char* argv[])                 // 主函数
35  {
36      CWaterBird waterbird;                        // 定义水鸟对象
37      waterbird.FlyInSky();          // 调用从鸟类继承的 FlyInSky 成员函数
38      waterbird.SwimInWater();       // 调用从鱼类继承的 SwimInWater 成员函数
39      return 0;
40  }
```

程序运行结果如图 11.8 所示。

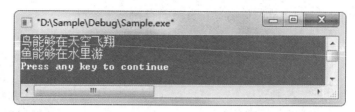

图 11.8　程序运行结果

本程序定义了鸟类 CBird 和鱼类 CFish，并从鸟类和鱼类派生了一个子类水鸟类 CWaterBird。水鸟类继承了鸟类和鱼类的所有公有的和受保护的成员，因此 CWaterBird 类对象能够调用 FlyInSky 和 SwimInWater 成员函数。CBird 类提供了一个 Breath 成员函数，CFish 类也提供了一个 Breath 成员函数，如果 CWaterBird 类对象调用 Breath 成员函数，将执行哪个类的 Breath 成员函数呢？答案是将出现编译错误，编译器将产生歧义，不知道调用哪个类的 Breath 成员函数。为了让 CWaterBird 类对象能够访问 Breath 成员函数，需要在 Breath 成员函数前指定类名。例如：

```
01  waterbird.CFish::Breath();            // 调用 CFish 类的 Breath 成员函数
02  waterbird.CBird::Breath();            // 调用 CBird 类的 Breath 成员函数
```

在多重继承中存在这样一种情况，假如 CBird 类和 CFish 类派生于同一个父类，如 CAnimal 类，那么当从 CBird 类和 CFish 类派生子类 CWaterBird 时，在 CWaterBird 类中将存在两个 CAnimal 类的复制。能否使 CWaterBird 类只存在一个 CAnimal 类呢？为了解决该问题，C++ 语言提供了虚继承机制，这会在后面的章节讲到。

11.3.2　二义性

派生类在调用成员函数时，先在自身的作用域内寻找，如果找不到，再到基类中寻找。当派生类继承的基类中有同名成员时，派生类中就会出现来自不同基类的同名成员。例如：

```
01  class CBaseA
02  {
03  public:
04      void function();
05  };
06  class CBaseB
07  {
08  public:
09      void function();
10  };
11  class CDeriveC:public CBaseA,public CBaseB
12  {
13  public:
14      void function();
15  };
```

CBaseA 类和 CBaseB 类都是 CDeriveC 类的父类，并且它们都含有 function 成员函数，此时 CDeriveC 类将不知道调用哪个基类的 function 成员函数，这就产生了二义性。

11.3.3 多重继承的构造顺序

11.1.3 节讲过，单一继承先调用基类的构造函数，然后调用派生类的构造函数，但多重继承将如何调用构造函数呢？多重继承中的基类构造函数被调用的顺序以类派生表中声明的顺序为准。派生表就是多重继承定义中继承方式后面的内容，调用就是按照基类名标识符的前后顺序进行的。

多重继承的构造顺序

```
01 #include <iostream>
02 using namespace std;
03 class CBicycle
04 {
05 public:
06     CBicycle()
07     {
08         cout << "Bicycle Construct" << endl;
09     }
10     CBicycle(int iWeight)
11     {
12         m_iWeight=iWeight;
13     }
14     void Run()
15     {
16         cout << "Bicycle Run" << endl;
17     }
18
19 protected:
20     int m_iWeight;
21 };
22
23 class CAirplane
24 {
25 public:
26     CAirplane()
27     {
28         cout << "Airplane Construct " << endl;
29     };
30     CAirplane(int iWeight)
31     {
32         m_iWeight=iWeight;
33     }
```

```
34      void Fly()
35      {
36          cout << "Airplane Fly " << endl;
37      }
38
39  protected:
40      int m_iWeight;
41  };
42
43  class CAirBicycle : public CBicycle, public CAirplane
44  {
45  public:
46      CAirBicycle()
47      {
48          cout << "CAirBicycle Construct" << endl;
49      }
50      void RunFly()
51      {
52          cout << "Run and Fly" << endl;
53      }
54  };
55  void main()
56  {
57      CAirBicycle ab;
58      ab.RunFly();
59  }
```

程序运行结果如图 11.9 所示。

图 11.9　程序运行结果

本程序基类的声明顺序是先 CBicycle 类后 CAirplane 类，所以对象的构造顺序是先 CBicycle 类后 CAirplane 类，最后是 CAirBicycle 类。

11.4　多态

微课视频

多态性（polymorphism）是面向对象程序设计的一个重要特征，利用多态性可以设计和实现一个易于扩展的系统。在 C++ 语言中，多态性是指具有不同功能的函数可以使用同一个函数名，这样就可以用一个函数名调用不同内容的函数，发出同样的消息被不同类型的对象接收时，导致完全不同的行为。这里所说的消息主要指类的成员函数的调用，不同的行为是指不同的实现。

多态性通过联编实现。联编是指一个计算机程序自身彼此关联的过程。按照进行的阶段不同，可分为两种联编方法：静态联编和动态联编。在 C++ 中，根据联编时刻的不同，存在两种类型的多态性，即函数重载和虚函数。

11.4.1　虚函数概述

在类的继承层次结构中，不同的层次可以出现名字、参数个数和类型都相同而功能不同的函数。编译器按照先自己后父类的顺序进行查找覆盖，如果子类有与父类相同的原型成员函数，要想调用父类的成员函数，需要对父类重新引用调用。虚函数可以解决子类和父类相同的原型成员函数的调用问题。虚函数允许在派生类中重新定义与基类同名的函数，并且可以通过基类指针或引用来访问基类和派生类中的同名函数。

在基类中用 virtual 声明成员函数为虚函数，在派生类中重新定义此函数，改变该函数的功能。在 C++ 语言中，虚函数可以继承，当一个成员函数被声明为虚函数后，其派生类中的同名函数都自动成为虚函数，如果派生类没有覆盖基类的虚函数，则调用基类的函数定义。

覆盖和重载的区别：重载是在同一层次中函数名相同，覆盖是在继承层次中成员函数的函数原型完全相同。

11.4.2　利用虚函数实现动态绑定

多态主要体现在虚函数上，只要有虚函数存在，对象类型就会在程序运行时动态绑定。动态绑定的实现方法：定义一个指向基类对象的指针变量，并使它指向同一类族中需要调用该函数的对象，通过该指针变量调用此虚函数。

利用虚函数实现动态绑定

```
01  #include <iostream>
02  using namespace std;
03  class CEmployee                           // 定义 CEmployee 类
04  {
05  public:
06      int m_TD;                             // 定义数据成员
07      char m_Name[128];                     // 定义数据成员
08      char m_Depart[128];                   // 定义数据成员
09      CEmployee()                           // 定义构造函数
10      {
11          memset(m_Name,0,128);             // 初始化数据成员
12          memset(m_Depart,0,128);           // 初始化数据成员
```

```
13        }
14        virtual void OutputName()          // 定义一个虚成员函数
15        {
16            cout << " 员工姓名 : "<<m_Name << endl;        // 输出信息
17        }
18 };
19 class COperator :public CEmployee     // 从 CEmployee 类派生一个子类
20 {
21 public:
22        char m_Password[128];          // 定义数据成员
23        void OutputName()                 // 定义 OutputName 虚函数
24        {
25            cout << " 操作员姓名 : "<<m_Name<< endl;        // 输出信息
26        }
27 };
28 int main(int argc, char* argv[])
29 {
30        // 定义 CEmployee 类型指针，调用 COperator 类构造函数
31        CEmployee *pWorker = new COperator();
32        strcpy(pWorker->m_Name,"MR");       // 设置 m_Name 数据成员信息
33        pWorker->OutputName();               // 调用 COperator 类的 OutputName 成员函数
34        delete pWorker;                      // 释放对象
35        return 0;
36 }
```

上述代码在 CEmployee 类中定义了一个虚函数 OutputName，在子类 COperator 中改写了 OutputName 成员函数。即使 COperator 类中的 OutputName 成员函数没有使用 virtual 关键字，其仍为虚函数。下面定义一个 CEmployee 类型的指针，调用 COperator 类的构造函数构造对象。

程序运行结果如图 11.10 所示。

图 11.10　程序运行结果

从图中可以发现，"pWorker->OutputName();"语句调用的是 COperator 类的 OutputName 成员函数。虚函数有以下几方面限制：

（1）只有类的成员函数才能为虚函数。

（2）静态成员函数不能是虚函数，因为静态成员函数不受限于某个对象。

（3）内联函数不能是虚函数，因为内联函数是不能在运行中动态确定位置的。

（4）构造函数不能是虚函数，析构函数通常是虚函数。

11.4.3 虚继承

11.3.1 节讲解从 CBird 类和 CFish 类派生子类 CWaterBird 时，在 CWaterBird 类中将存在两个 CAnimal 类的复制。那么如何在派生 CWaterBird 类时使其只存在一个 CAnimal 基类呢？C++ 语言提供的虚继承机制解决了这个问题。

虚继承

```
01  #include <iostream>
02  using namespace std;
03  class CAnimal                            // 定义一个动物类
04  {
05  public:
06   CAnimal()                               // 定义构造函数
07   {
08    cout << " 动物类被构造 "<< endl;         // 输出信息
09   }
10     void Move()                           // 定义成员函数
11     {
12         cout << " 动物能够移动 "<< endl;    // 输出信息
13     }
14  };
15  class CBird : virtual public CAnimal      // 从 CAnimal 类虚继承 CBird 类
16  {
17  public:
18     CBird()                               // 定义构造函数
19   {
20    cout << " 鸟类被构造 "<< endl;           // 输出信息
21   }
22   void FlyInSky()                          // 定义成员函数
23     {
24         cout << " 鸟能够在天空飞翔 "<< endl;  // 输出信息
25     }
26     void Breath()                         // 定义成员函数
27     {
28         cout << " 鸟能够呼吸 "<< endl;       // 输出信息
29     }
30  };
31  class CFish: virtual public CAnimal       // 从 CAnimal 类虚继承 CFish
32  {
33  public:
34     CFish()                               // 定义构造函数
35     {
36         cout << " 鱼类被构造 "<< endl;       // 输出信息
37     }
```

```
38        void SwimInWater()                              // 定义成员函数
39        {
40            cout << " 鱼能够在水里游 "<< endl;            // 输出信息
41        }
42        void Breath()                                   // 定义成员函数
43        {
44            cout << " 鱼能够呼吸 "<< endl;               // 输出信息
45        }
46  };
47  class CWaterBird: public CBird, public CFish          // 从 CBird 类和 CFish 类派
    生子类 CWaterBird
48  {
49  public:
50        CWaterBird()                                    // 定义构造函数
51        {
52            cout << " 水鸟类被构造 "<< endl;             // 输出信息
53        }
54   void Action()                                        // 定义成员函数
55        {
56            cout << " 水鸟既能飞又能游 "<< endl;          // 输出信息
57        }
58  };
59  int main(int argc, char* argv[])                      // 主函数
60  {
61        CWaterBird waterbird;                           // 定义水鸟对象
62        return 0;
63  }
```

程序运行结果如图 11.11 所示。

图 11.11　程序运行结果

上述代码在定义 CBird 类和 CFish 类时使用了关键字 virtual，从基类 CAnimal 派生而来。实际上，虚继承对于 CBird 类和 CFish 类没有产生多少影响，却对 CWaterBird 类产生了很大影响。CWaterBird 类中不再有两个 CAnimal 类的复制，只存在一个 CAnimal 类的复制。

通常，在定义一个对象时，先依次调用基类的构造函数，最后调用自身的构造函数。但是对于虚继承来说，情况有些不同。在定义 CWaterBird 类对象时，先调用基类 CAnimal 的构造函数，然后调用 CBird 类的构造函数。CBird 类虽然为 CAnimal 的子类，但是在调用它的构造函数时，将不再调用 CAnimal 类的构造函数。调用 CFish 类时也是同样的道理。

在程序开发过程中，多继承虽然带来了很多便利，但是很少有人愿意使用它，因为它也会带来很多复杂的问题，并且它能够完成的功能通过单继承同样可以实现。如今流行的 C#、Delphi、Java 等面向对象语言没有提供多继承功能，只采用单继承，这是经过设计者充分考虑的。因此，在开发应用程序时，如果能够使用单继承实现，尽量不要使用多继承。

微课视频

11.5　抽象类

包含纯虚函数的类称为抽象类，一个抽象类至少有一个纯虚函数。抽象类只能作为基类派生出的新的子类，不能在程序中被实例化（即不能说明抽象类的对象），但是可以使用指向抽象类的指针。在开发程序过程中，并不是所有代码都是由软件构造师自己写的，有时候需要调用库函数，有时候需要让别人写。一名软件构造师可以先通过纯虚函数建立接口，然后让程序员填写代码实现接口，自己主要负责建立抽象类。

纯虚函数（Pure Virtual Function）是指被标明为不具体实现的虚成员函数，不具备函数的功能。在许多情况下，在基类中不能给虚函数一个有意义的定义，这时可以在基类中将它说明为纯虚函数，其实现留给派生类去做。纯虚函数不能被直接调用，仅起到提供一个与派生类一致的接口的作用。声明纯虚函数的形式为：

    virtual　类型　函数名（参数表列）=0；

纯虚函数不可以被继承。当基类是抽象类时，在派生类中必须给出基类中纯虚函数的定义，或者在该类中再声明其为纯虚函数。只有在派生类中给出了基类中所有纯虚函数的实现时，该派生类才不再成为抽象类。

创建纯虚函数

```
01  #include <iostream>
02  using namespace std;
03  class CFigure
04  {
05  public:
06      virtual double getArea() =0;
07  };
08  const double PI=3.14;
09  class CCircle : public CFigure
10  {
11  private:
12      double m_dRadius;
13  public:
14      CCircle(double dR){m_dRadius=dR;}
15      double getArea()
16      {
17          return m_dRadius*m_dRadius*PI;
18      }
19  };
```

```
20  class CRectangle : public CFigure
21  {
22  protected:
23      double m_dHeight,m_dWidth;
24  public:
25      CRectangle(double dHeight,double dWidth)
26      {
27          m_dHeight=dHeight;
28          m_dWidth=dWidth;
29      }
30      double getArea()
31      {
32          return m_dHeight*m_dWidth;
33      }
34  };
35  void main()
36  {
37      CFigure *fg1;
38      fg1= new CRectangle(4.0,5.0);
39      cout << fg1->getArea() << endl;
40      delete fg1;
41      CFigure *fg2;
42      fg2= new CCircle(4.0);
43      cout << fg2->getArea() << endl;
44      delete fg2;
45  }
```

程序运行结果如图 11.12 所示。

图 11.12　程序运行结果

本程序定义了矩形类 CRectangle 和圆形类 CCircle，两个类都派生于图形类 CFigure。图形类是一个在现实生活中不存在的对象，抽象类面积的计算方法不确定，所以将图形类 CFigure 面积的计算方法设置为纯虚函数，这样圆形有圆形面积的计算方法，矩形有矩形面积的计算方法，每个继承自 CFigure 的对象都有自己的面积的计算方法，通过 getArea 成员函数就可以获取面积值。

📋 学习笔记

包含纯虚函数的类是不能够实例化的，"CFigure figure;" 语句是错误的。

第 12 章　模板

　　模板是 C++ 的高级特性，分为函数模板和类模板，程序员要完全掌握 C++ 模板的用法并不容易。模板使程序员能够快速建立类型安全的类库集合和函数集合，它的实现大大方便了大规模软件开发。本章将介绍 C++ 模板的基本概念、函数模板和类模板，使读者有效地掌握模板的用法，正确使用 C++ 系统日益庞大的标准模板库 stl。

12.1　函数模板

微课视频

　　函数模板不是一个实在的函数，编译器不能为其生成可执行代码。定义函数模板只是对函数功能框架的描述，具体执行时，将根据传递的实际参数决定其功能。

12.1.1　函数模板的定义

　　函数模板定义的一般形式如下：

```
template <类型形式参数表> 返回类型 函数名 (形式参数表)
{
...    // 函数体
}
```

　　template 为关键字，表示定义一个模板；尖括号 <> 表示模板参数，主要有两种，一种是模板类型参数，另一种是模板非类型参数。上述形式定义的模板使用的是模板类型参数，使用关键字 class 或 typedef 开始，其后是一个用户定义的合法标识符。模板非类型参数与普通参数定义相同，通常为一个常数。

　　可以将声明函数模板分成 template 部分和函数名部分，例如：

```
01  template<class T>
02  void fun(T t)
03  {
04  ...    // 函数实现
05  }
```

　　可以定义一个求和的函数模板，例如：

```
01  template <class type>              // 定义一个模板类型
02  type Sum(type xvar,type yvar)      // 定义函数模板
03  {
04      return xvar + yvar;
```

```
05  }
```

定义完函数模板之后，需要在程序中调用函数模板。下面的代码演示了 Sum 函数模板的调用。

```
int iret = Sum(10,20);              // 实现两个整数的相加
double dret = Sum(10.5,20.5);       // 实现两个实数的相加
```

如果采用以下形式调用 Sum 函数模板，将会出现错误。

```
int iret = Sum(10.5,20);            // 错误的调用
double dret = Sum(10,20.5);         // 错误的调用
```

上述代码为函数模板传递了两个类型不同的参数，编译器产生了歧义。如果用户在调用函数模板时显式标识模板类型，就不会出现错误了。例如：

```
01  int iret = Sum<int>(10.5,20);          // 正确地调用函数模板
02  double dret = Sum<double>(10,20.5);     // 正确地调用函数模板
```

用函数模板生成实际可执行的函数又称为模板函数。函数模板与模板函数不是一个概念。从本质上讲，函数模板是一个框架，它不是真正可以编译生成代码的程序；模板函数是把函数模板中的类型参数实例化后生成的函数，它和普通函数的本质是相同的，可以生成可执行代码。

12.1.2　函数模板的作用

假设求两个数中的最大值，如果数值为整型数和实型数，则需要定义两个函数，定义如下：

```
01  int max(int a, int b)
02  {
03      return a>b?a: b;            // 返回最大值
04  }
05  float max(float a, float b)
06  {
07      return a>b?a: b;            // 返回最大值
08  }
```

能不能通过一个 max 函数既求整型数之间的最大值，又求实型数之间的最大值呢？答案是使用函数模板及 #define 宏定义。

#define 宏定义可以在预编译期对代码进行替换。例如：

```
#define max(a,b) ((a) > (b) ? (a) : (b))
```

上述代码可以求整型数最大值和实型数最大值。但宏定义 #define 只是进行简单替换，无法对类型进行检查，有时计算结果可能不是预计的结果，例如：

```
01  #include <iostream>
02  #include <iomanip>
```

```
03  using namespace std;
04  #define max(a,b) ((a) > (b) ? (a) : (b))
05  void main()
06  {
07      int m=0,n=0;
08      cout << max(m,++n) << endl;
09      cout << m << setw(2) << endl;
10  }
```

程序运行结果如图 12.1 所示。

程序运行的预期结果应该是"1"和"0"，为什么输出的结果与此不同呢？原因在于宏替换之后"++n"被执行了两次，因此 n 的值是"2"，而不是"1"。

图 12.1　程序运行结果

宏是预编译指令，很难调试，无法单步进入宏的代码中。模板函数和 #define 宏定义相似，但模板函数是用模板实例化得到的函数，与普通函数没有本质区别，可以重载模板函数。

使用模板函数求最大值的代码如下：

```
01  template<class Type>
02  Type max(Type a,Type b)
03  {
04      if(a > b)
05          return a;
06      else
```

```
07          return b;
08  }
```

调用模板函数 max 可以正确计算整型数和实型数中的最大值。例如：

```
01  cout << "最大值：" << max(10,1) << endl;
02  cout << "最大值：" << max(200.05,100.4) << endl;
```

使用数组作为模板参数

```
01  #include <iostream>
02  using namespace std;
03  template <class type,int len>                    // 定义一个模板类型
04  type Max(type array[len])                        // 定义函数模板
05  {
06      type ret = array[0];                         // 定义一个变量
07      for(int i=1; i<len; i++)                     // 遍历数组元素
08      {
09          ret = (ret > array[i])? ret : array[i];  // 比较数组元素大小
10      }
11      return ret;                                  // 返回最大值
12  }
13  void main()
14  {
15      int array[5] = {1,2,3,4,5};                  // 定义一个整型数组
16      int iret = Max<int,5>(array);                // 调用函数模板 Max
17      double dset[3] = {10.5,11.2,9.8};            // 定义实数数组
18      double dret = Max<double,3>(dset);           // 调用函数模板 Max
19      cout << dret << endl;
20  }
```

程序运行结果如图 12.2 所示。

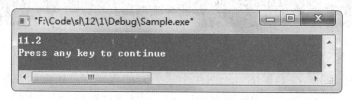

图 12.2   程序运行结果

本程序定义了一个函数模板 Max，用来求数组中元素的最大值。模板参数使用模板类型参数 type 和模板非类型参数 len，参数 type 声明了数组中的元素类型，参数 len 声明了数组中的元素个数。给定数组元素后，程序将数组中的最大值输出。

12.1.3   重载函数模板

编译器可以直接比较整型数和实型数，使用函数模板也可以直接比较整型数和实型数，

那字符指针指向的字符串该如何比较呢？答案是通过重载函数模板来实现比较。通常字符串需要通过库函数进行比较，重载函数模板可以实现字符串的比较。

求字符串的最小值

```
01  #include <iostream >
02  #include <string >
03  using namespace std;
04  template<class Type>
05  Type min(Type a,Type b)            // 定义函数模板
06  {
07      if(a < b)
08          return a;
09      else
10          return b;
11  }
12  char * min(char * a,char * b)       // 重载函数模板
13  {
14      if(strcmp(a,b))
15          return b;
16      else
17          return a;
18  }
19  void main ()
20  {
21      cout << " 最小值: " << min(10,1) << endl;
22      cout << " 最小值: " << min('a','b') << endl;
23      cout << " 最小值: " << min("hi","mr") << endl;
24  }
```

程序运行结果如图 12.3 所示。

图 12.3　程序运行结果

本程序在重载函数模板 min 的实现中，使用 strcmp 库函数完成字符串的比较，此时使用 min 函数可以比较整型数据、实型数据、字符数据和字符串数据。

12.2　类模板

使用 template 关键字不但可以定义函数模板，也可以定义类模板。类模板代表一族类，

微课视频

是用来描述通用数据类型或处理方法的机制，使类中的一些数据成员和成员函数的参数或返回值可以取任意数据类型。类模板是用类生成类，减少了类的定义数量。

12.2.1　类模板的定义与声明

类模板的一般定义形式如下：

```
template <类型形式参数表> class 类模板名
{
...    // 类模板体
};
```

类模板成员函数定义形式如下：

```
template <类型形式参数表>
返回类型 类模板名 <类型名表>::: 成员函数名 ( 形式参数列表 )
{
...    // 函数体
}
```

template 是关键字，类型形式参数表与函数模板定义中的相同。类模板的成员函数定义时的类模板名与类模板定义时的要一致，类模板不是一个真实的类，需要重新生成类，生成类的形式如下：

类模板名 < 类型实在参数表 >

用新生成的类定义对象的形式如下：

类模板名 < 类型实在参数表 > 对象名

类型实在参数表应与该类模板中的类型形式参数表匹配。用类模板生成的类称为模板类。类模板和模板类不是同一个概念，类模板是模板的定义，不是真实的类，定义中要用到类型参数；模板类的本质与普通类相同，它是类模板的类型参数实例化之后得到的类。

定义一个容器的类模板的代码如下：

```
01 template<class Type>
02 class Container
03 {
04     Type tItem;
05     public:
06     Container(){};
07     void begin(const Type& tNew);
08     void end(const Type& tNew);
09     void insert(const Type& tNew);
10     void empty(const Type& tNew);
11 };
12
```

和普通类一样，需要对类模板成员函数进行定义，代码如下：

```
01 void Container<type>:: begin (const Type& tNew)      // 容器的第一个元素
02 {
03     tItem=tNew;
04 }
05 void Container<type>:: end (const Type& tNew)        // 容器的最后一个元素
06 {
07     tItem=tNew;
08 }
09 void Container<type>::insert(const Type& tNew)       // 向容器中插入元素
10 {
11     tItem=tNew;
12 }
13 void Container<type>:: empty (const Type& tNew)      // 清空容器
14 {
15     tItem=tNew;
16 }
```

先将模板类的参数设置为整型，然后用模板类声明对象。代码如下：

```
    Container<int> myContainer;                    // 声明 Container<int> 类对象
```

声明对象后就可以调用类成员函数，代码如下：

```
01 int i=10;
02 myContainer.insert(i);
```

在类模板定义中，类型形式参数表中的参数也可以是其他类模板，例如：

```
01 template < template<class A> class B>
02 class CBase
03 {
04 private:
05     B<int> m_n;
06 }
```

类模板也可以进行继承，例如：

```
01 template <class T>
02 class CDerived public T
03 {
04 public :
05     CDerived();
06 };
07 template <class T>
08 CDerived<T>::CDerived() : T()
09 {
10     cout << "" <<endl;
11 }
```

```
12  void main()
13  {
14      CDerived<CBase1> D1;
15      CDerived<CBase1> D1;
16  }
```

T 是一个类，CDerived 继承自该类，CDerived 可以对类 T 进行扩展。

12.2.2 简单类模板

类模板中的类型形式参数表可以在执行时指定，也可以在定义类模板时指定。下面看类型参数如何在执行时指定。

例如：

```
01  #include <iostream>
02  using namespace std;
03  template<class T1,class T2>
04  class MyTemplate
05  {
06      T1 t1;
07      T2 t2;
08      public:
09          MyTemplate(T1 tt1,T2 tt2)
10          {t1 =tt1, t2=tt2;}
11          void display()
12          { cout << t1 << ' ' << t2 << endl;}
13  };
14  void main()
15  {
16      int a=123;
17      double b=3.1415;
18      MyTemplate<int ,double> mt(a,b);
19      mt.display();
20  }
```

程序运行结果如图 12.4 所示。

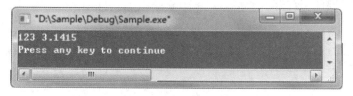

图 12.4　程序运行结果

本程序中的 MyTemplate 是一个模板类，使用整型类型和双精度作为参数。

12.2.3　设置默认模板参数

默认模板参数就是在类模板定义时设置类型形式参数表中一个类型参数的默认值，该默认值是一个数据类型，有默认的数据类型参数后，在定义模板新类时就可以不进行指定。

例如：

```
01  #include <iostream>
02  using namespace std;
03  template <class T1,class T2 = int>
04  class MyTemplate
05  {
06      T1 t1;
07      T2 t2;
08  public:
09          MyTemplate(T1 tt1,T2 tt2)
10          {t1=tt1;t2=tt2;}
11          void display()
12          {
13           cout<< t1 << ' ' << t2 << endl;
14      }
15  };
16  void main()
17  {
18      int a=123;
19      double b=3.1415;
20      MyTemplate<int ,double> mt1(a,b);
21      MyTemplate<int> mt2(a,b);
22      mt1.display();
23      mt2.display();
24  }
```

程序运行结果如图 12.5 所示。

图 12.5　程序运行结果

12.2.4　为具体类型的参数提供默认值

默认模板参数在类模板中由默认的数据类型做参数，在模板定义时可以为默认数据类型声明变量，并且为变量赋值。

例如：

```
01  #include <iostream>
02  using namespace std;
03  template<class T1,class T2,int num= 10 >
04  class MyTemplate
05  {
06      T1 t1;
07      T2 t2;
08      public:
09          MyTemplate(T1 tt1,T2 tt2)
10          {t1 =tt1+num, t2=tt2+num;}
11          void display()
12          { cout << t1 << ' ' << t2 <<endl;}
13  };
14  void main()
15  {
16      int a=123;
17      double b=3.1415;
18      MyTemplate<int ,double> mt1(a,b);
19      MyTemplate<int ,double ,100> mt2(a,b);
20      mt1.display();
21      mt2.display();
22  }
```

程序运行结果如图 12.6 所示。

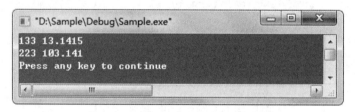

图 12.6　程序运行结果

12.2.5　有界数组模板

C++ 语言不能检查数组下标是否越界，如果下标越界会造成程序崩溃。程序员在编辑代码时很难找到下标越界错误，那么如何让数组进行下标越界检测呢？答案是建立数组模板，在模板定义时对数组的下标进行检查。

想要在模板中获取下标值，需要先重载数组下标运算符 []，再使用模板类实例化的数组，就可以进行下标越界检测了。例如：

```
01  #include <cassert>
02  template <class T,int b>
```

```
03  class Array
04  {
05      T& operator[] (int sub)
06      {
07          assert(sub>=0&& sub<b);
08      }
09  };
```

本程序使用 assert 进行警告处理,当有下标越界情况发生时就弹出对话框进行警告,并且输出出现错误的代码的位置。assert 函数需要使用 cassert 头文件。

数组模板的应用示例如下:

```
01  #include <iostream>
02  #include <iomanip>
03  #include <cassert>
04  using namespace std;
05
06  class Date
07  {
08      int iMonth,iDay,iYear;
09      char Format[128];
10  public:
11      Date(int m=0,int d=0,int y=0)
12      {
13          iMonth=m;
14          iDay=d;
15          iYear=y;
16      }
17      friend ostream& operator<<(ostream& os,const Date t)
18      {
19          cout << "Month: " << t.iMonth << ' ';
20          cout << "Day: " << t.iDay<< ' ';
21          cout << "Year: " << t.iYear<< ' ';
22          return os;
23
24      }
25      void Display()
26      {
27          cout << "Month: " << iMonth;
28          cout << "Day: " << iDay;
29          cout << "Year: " << iYear;
30          cout << endl;
31      }
32  };
33
```

```
34  template <class T,int b>
35  class Array
36  {
37      T elem[b];
38      public:
39          Array(){}
40          T& operator[] (int sub)
41          {
42              assert(sub>=0&& sub<b);
43              return elem[sub];
44          }
45  };
46  void main()
47  {
48      Array<Date,3> dateArray;
49      Date dt1(1,2,3);
50      Date dt2(4,5,6);
51      Date dt3(7,8,9);
52      dateArray[0]=dt1;
53      dateArray[1]=dt2;
54      dateArray[2]=dt3;
55      for(int i=0;i<3;i++)
56          cout << dateArray[i] << endl;
57      Date dt4(10,11,13);
58      dateArray[3] = dt4;                  // 弹出警告
59      cout << dateArray[3] << endl;
60  }
```

程序运行结果如图 12.7 所示。

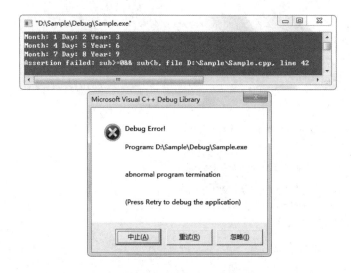

图 12.7　程序运行结果

本程序能够及时发现 dateArray 已经越界，因为定义数组时指定数组的长度为 3，当数组下标为 3 时，说明数组中有 4 个元素，所以执行到 dateArray[3] 时弹出错误警告。

12.3 模板的使用

微课视频

定义模板类后，如果想扩展模板新类的功能，需要对类模板进行覆盖，使模板类能够完成特殊功能。覆盖操作可以针对整个类模板、部分类模板及类模板的成员函数。这种覆盖操作称为定制。

12.3.1 定制类模板

定制一个类模板，并且覆盖其中定义的所有成员。

例如：

```
01  #include <iostream>
02  using namespace std;
03  class Date
04  {
05      int iMonth,iDay,iYear;
06      char Format[128];
07  public:
08      Date(int m=0,int d=0,int y=0)
09      {
10          iMonth=m;
11          iDay=d;
12          iYear=y;
13      }
14      friend ostream& operator<<(ostream& os,const Date t)
15      {
16          cout << "Month: " << t.iMonth << ' ' ;
17          cout << "Day: " << t.iDay<< ' ';
18          cout << "Year: " << t.iYear<< ' ' ;
19          return os;
20
21      }
22      void Display()
23      {
24          cout << "Month: " << iMonth;
25          cout << "Day: " << iDay;
26          cout << "Year: " << iYear;
27          cout << endl;
28      }
29  };
```

```
30
31  template <class T>
32  class Set
33  {
34      T t;
35      public:
36          Set(T st) : t(st) {}
37          void Display()
38          {
39              cout << t << endl;
40          }
41  };
42  class Set<Date>
43  {
44      Date t;
45  public:
46      Set(Date st): t(st){}
47      void Display()
48      {
49          cout << "Date :" << t << endl;
50      }
51  };
52  void main()
53  {
54      Set<int> intset(123);
55      Set<Date> dt =Date(1,2,3);
56      intset.Display();
57      dt.Display();
58  }
```

程序运行结果如图 12.8 所示。

图 12.8　程序运行结果

本程序定义了 Set 类模板，该模板中有一个构造函数和一个 Display 成员函数。
Display 成员函数负责输出成员的值。使用类 Date 定制整个类模板，也就是说，模板类中
的构造函数的参数是 Date 对象，Display 成员函数输出的也是 Date 对象。定制类模板相当
于实例化一个模板类。

12.3.2 定制类模板成员函数

定制一个类模板，并且覆盖其中指定的成员。

例如：

```
01  #include <iostream>
02  using namespace std;
03  class Date
04  {
05      int iMonth,iDay,iYear;
06      char Format[128];
07  public:
08      Date(int m=0,int d=0,int y=0)
09      {
10          iMonth=m;
11          iDay=d;
12          iYear=y;
13      }
14      friend ostream& operator<<(ostream& os,const Date t)
15      {
16          cout << "Month: " << t.iMonth << ' ' ;
17          cout << "Day: " << t.iDay<< ' ';
18          cout << "Year: " << t.iYear<< ' ' ;
19          return os;
20
21      }
22      void Display()
23      {
24          cout << "Month: " << iMonth;
25          cout << "Day: " << iDay;
26          cout << "Year: " << iYear;
27          cout << std::endl;
28      }
29  };
30  template <class T>
31  class Set
32  {
33      T t;
34  public:
35   Set(T st) : t(st) { }
36   void Display();
37  };
38  template <class T>
39  void Set<T>::Display()
40  {
```

```
41      cout << t << endl;
42 }
43 void Set<Date>::Display()
44 {
45      cout << "Date: " << t << endl;
46 }
47 void main()
48 {
49      Set<int> intset(123);
50      Set<Date> dt =Date(1,2,3);
51      intset.Display();
52      dt.Display();
53 }
```

程序运行结果如图 12.9 所示。

图 12.9　程序运行结果

本程序定义了 Set 类模板，该模板中有一个构造函数和一个 Display 成员函数，并对模板类中的 Display 函数进行覆盖，使其参数类型设置为 Date 类，在使用 Display 函数输出时，就会调用 Date 类中的 Display 函数进行输出。

微课视频

12.4　链表类模板

链表是一种常用的数据结构，创建链表类模板就是创建一个对象的容器，在容器内可以对不同类型的对象进行插入、删除和排序等操作。C++ 标准模板中就有链表类模板，本节主要实现简单的链表类模板。

12.4.1　链表

在介绍类模板之前，先设计一个简单的单向链表。链表的功能包括向尾节点添加数据、遍历链表中的节点，以及在链表结束时释放所有节点。定义一个链表类，例如：

```
01 class CNode                    // 定义一个节点类
02 {
03 public:
04      CNode *m_pNext;           // 定义一个节点指针，该指针指向下一个节点
05      int    m_Data;            // 定义节点的数据
06      CNode()                   // 定义节点类的构造函数
```

```
07          {
08              m_pNext = NULL;                      // 将 m_pNext 设置为空
09          }
10   };
11   class CList                                      // 定义链表类 CList
12   {
13   private:
14       CNode *m_pHeader;                            // 定义头节点
15       int    m_NodeSum;                            // 节点数量
16   public:
17       CList()                                      // 定义链表的构造函数
18       {
19           m_pHeader = NULL;                        // 初始化 m_pHeader
20           m_NodeSum = 0;                           // 初始化 m_NodeSum
21       }
22       CNode* MoveTrail()                           // 移动到尾节点
23       {
24           CNode* pTmp = m_pHeader;                 // 定义一个临时节点，并将其指向头节点
25           for (int i=1;i<m_NodeSum;i++)            // 遍历节点
26           {
27               pTmp = pTmp->m_pNext;                // 获取下一个节点
28           }
29           return pTmp;                             // 返回尾节点
30       }
31       void AddNode(CNode *pNode)                   // 添加节点
32       {
33           if (m_NodeSum == 0)                      // 判断链表是否为空
34           {
35               m_pHeader = pNode;                   // 将节点添加到头节点中
36           }
37           else                                     // 链表不为空
38           {
39               CNode* pTrail = MoveTrail();         // 搜索尾节点
40               pTrail->m_pNext = pNode;             // 在尾节点处添加节点
41           }
42           m_NodeSum++;                             // 使链表节点的数量加 1
43       }
44       void PassList()                              // 遍历链表
45       {
46           if (m_NodeSum > 0)                       // 判断链表是否为空
47           {
48               CNode* pTmp = m_pHeader;             // 定义一个临时节点，并将其指向头节点
49               printf("%4d",pTmp->m_Data);          // 输出节点数据
50               for (int i=1;i<m_NodeSum;i++)        // 遍历其他节点
```

```
51              {
52                  pTmp = pTmp->m_pNext;                        // 获取下一个节点
53                  printf("%4d",pTmp->m_Data);                  // 输出节点数据
54              }
55          }
56      }
57      ~CList()                                                 // 定义链表析构函数
58      {
59          if (m_NodeSum > 0)                                   // 链表不为空
60          {
61              CNode *pDelete = m_pHeader;     // 定义一个临时节点，并将其指向头节点
62              CNode *pTmp = NULL;                              // 定义一个临时节点
63              for(int i=0; i< m_NodeSum; i++)                  // 遍历节点
64              {
65                  pTmp = pDelete->m_pNext;                     // 获取下一个节点
66                  delete pDelete;                              // 释放当前节点
67                  pDelete = pTmp;               // 将下一个节点设置为当前节点
68              }
69              m_NodeSum = 0;                    // 将 m_NodeSum 设置为 0
70              pDelete = NULL;                   // 将 pDelete 设置为空
71              pTmp = NULL;                      // 将 pTmp 设置为空
72          }
73          m_pHeader = NULL;                     // 将 m_pHeader 设置为空
74      }
75  };
```

链表类 CList 以 CNode 作为元素，通过 MoveTrail 成员函数将链表指针移动到末尾，通过 AddNode 成员函数添加一个节点。

声明一个链表对象，向其中添加节点，并且遍历链表节点。代码如下：

```
01  int main(int argc, char* argv[])
02  {
03      CList list;                          // 定义链表对象
04      for(int i=0; i<5; i++)               // 利用循环向链表中添加 5 个节点
05      {
06          CNode *pNode = new CNode();  // 构造节点对象
07          pNode->m_Data = i;           // 设置节点数据
08          list.AddNode(pNode);         // 添加节点到链表
09      }
10      list.PassList();                     // 遍历节点
11      cout << endl;                        // 输出换行
12      return 0;
13  }
```

程序运行结果如图 12.10 所示。

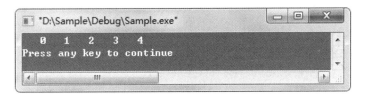

图 12.10 程序运行结果

本程序向链表中添加了 5 个元素，并且调用 PassList 成员函数完成对链表元素的遍历。

12.4.2 链表类模板

链表类 CList 的最大缺点就是链表不够灵活，节点只能是 CNode 类型。让链表类 CList 适应各种类型的节点的最简单方法就是使用类模板。类模板的定义与函数模板的定义类似，以关键字 template 开始，其后是由尖括号 <> 构成的模板参数。下面重新修改链表类 CList，以类模板的形式进行改写，代码如下：

```
01  template <class Type>                   // 定义类模板
02  class CList                             // 定义 CList 类
03  {
04  private:
05      Type *m_pHeader;                    // 定义头节点
06      int    m_NodeSum;                   // 节点数量
07  public:
08      CList()                             // 定义构造函数
09      {
10          m_pHeader = NULL;               // 将 m_pHeader 设置为空
11          m_NodeSum = 0;                  // 将 m_NodeSum 设置为 0
12      }
13      Type* MoveTrail()                   // 获取尾节点
14      {
15          Type *pTmp = m_pHeader;         // 定义一个临时节点，并将其指向头节点
16          for (int i=1;i<m_NodeSum;i++)   // 遍历链表
17          {
18              pTmp = pTmp->m_pNext;       // 将下一个节点指向当前节点
19          }
20          return pTmp;                    // 返回尾节点
21      }
22      void AddNode(Type *pNode)           // 添加节点
23      {
24          if (m_NodeSum == 0)             // 判断链表是否为空
25          {
26              m_pHeader = pNode;          // 在头节点添加节点
27          }
28          else                            // 链表不为空
```

```
29              {
30                  Type* pTrail = MoveTrail();      // 获取尾节点
31                  pTrail->m_pNext = pNode;         // 在尾节点添加节点
32              }
33              m_NodeSum++;                         // 使节点数量加 1
34          }
35      void PassList()                              // 遍历链表
36      {
37          if (m_NodeSum > 0)                       // 判断链表是否为空
38          {
39              Type* pTmp = m_pHeader;              // 定义一个临时节点，并将其指向头节点
40              printf("%4d",pTmp->m_Data);          // 输出头节点数据
41              for (int i=1;i<m_NodeSum;i++)        // 利用循环访问节点
42              {
43                  pTmp = pTmp->m_pNext;            // 获取下一个节点
44                  printf("%4d",pTmp->m_Data);      // 输出节点数据
45              }
46          }
47      }
48      ~CList()                                     // 定义析构函数
49      {
50          if (m_NodeSum > 0)                       // 判断链表是否为空
51          {
52              Type *pDelete = m_pHeader;           // 定义一个临时节点，并将其指向头节点
53              Type *pTmp = NULL;                   // 定义一个临时节点
54              for(int i=0; i< m_NodeSum; i++)      // 利用循环遍历所有节点
55              {
56                  pTmp = pDelete->m_pNext;         // 将下一个节点指向当前节点
57                  delete pDelete;                  // 释放当前节点
58                  pDelete = pTmp;                  // 将当前节点指向下一个节点
59              }
60              m_NodeSum = 0;                       // 设置节点数量为 0
61              pDelete = NULL;                      // 将 pDelete 设置为空
62              pTmp = NULL;                         // 将 pTmp 设置为空
63          }
64          m_pHeader = NULL;                        // 将 m_pHeader 设置为空
65      }
66  };
```

上述代码利用类模板对链表类 CList 进行了修改，实际上是在原来链表的基础上将链表中出现 CNode 类型的地方替换为模板参数 Type。下面定义一个节点类 CNet，演示模板类 CList 是如何适应不同的节点类型的。代码如下：

```
01  class CNode                                      // 定义一个节点类
02  {
```

```
03  public:
04      CNode *m_pNext;                          // 定义一个节点类指针
05      char    m_Data;                          // 定义节点类的数据成员
06      CNode()                                  // 定义构造函数
07      {
08          m_pNext = NULL;                      // 将 m_pNext 设置为空
09      }
10  };
11  int main(int argc, char* argv[])
12  {
13      CList<CNode> nodelist;                   // 构造一个类模板实例
14      for(int n=0; n<5; n++)                   // 利用循环向链表中添加节点
15      {
16          CNode *pNode = new CNode();          // 创建节点对象
17          pNode->m_Data = n;                   // 设置节点数据
18          nodelist.AddNode(pNode);             // 向链表中添加节点
19      }
20      nodelist.PassList();                     // 遍历链表
21      cout <<endl;                             // 输出换行
22      CList<CNode> netlist;                    // 构造一个类模板实例
23      for(int i=0; i<5; i++)                   // 利用循环向链表中添加节点
24      {
25          CNode *pNode = new CNode();          // 创建节点对象
26          pNode->m_Data = 97+i;                // 设置节点数据
27          netlist.AddNode(pNode);              // 向链表中添加节点
28      }
29      netlist.PassList();                      // 遍历链表
30      cout << endl;                            // 输出换行
31      return 0;
32  }
```

程序运行结果如图 12.11 所示。

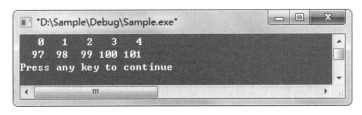

图 12.11　程序运行结果

类模板 CList 虽然能够使用不同类型的节点，但是对节点的类型是有一定要求的。第一，节点类必须包含一个指向自身的指针类型成员 m_pNext，因为在 CList 类中访问了 m_pNext 成员；第二，节点类必须包含数据成员 m_Data，类型被限制为数字类型或有序类型。

12.4.3 类模板的静态数据成员

在类模板中可以定义静态数据成员，类模板中的每个实例都有自己的静态数据成员，而不是所有实例共享静态数据成员。为了说明这一点，下面对模板类 CList 进行简化，向其中添加一个静态数据成员，并且初始化静态数据成员。

在类模板中使用静态数据成员的代码如下：

```
01  #include <iostream>
02  using namespace std;
03  template <class Type>
04  class CList                        // 定义 CList 类
05  {
06  private:
07      Type *m_pHeader;
08      int   m_NodeSum;
09  public:
10      static int m_ListValue;        // 定义静态数据成员
11      CList()
12      {
13          m_pHeader = NULL;
14          m_NodeSum = 0;
15      }
16  };
17  class CNode                        // 定义 CNode 类
18  {
19  public:
20      CNode *m_pNext;
21      int   m_Data;
22      CNode()
23      {
24          m_pNext = NULL;
25      }
26  };
27  class CNet                         // 定义 CNet 类
28  {
29  public:
30      CNet *m_pNext;
31      char   m_Data;
32      CNet()
33      {
34          m_pNext = NULL;
35      }
36  };
37  template <class Type>
```

```
38  int CList<Type>::m_ListValue = 10;              // 初始化静态数据成员
39  int main(int argc, char* argv[])
40  {
41      CList<CNode> nodelist;
42      nodelist.m_ListValue = 2008;
43      CList<CNet> netlist;
44      netlist.m_ListValue = 88;
45      cout<<nodelist.m_ListValue<< endl;
46      cout<<netlist.m_ListValue<<endl;
47      return 0;
48  }
```

程序运行结果如图 12.12 所示。

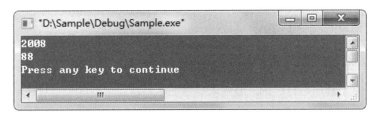

图 12.12　程序运行结果

由于模板实例 nodelist 和 netlist 均有各自的静态数据成员，所以 m_ListValue 的值是不同的，但是同一类型的模板实例的静态数据成员是共享的。

第 13 章　STL 标准模板库

STL（Standard Template Library）的主要作用是为标准化组件提供类模板，进行范型编程。STL 技术是对原有 C++ 技术的一种补充，具有通用性好、效率高、数据结构简单、安全机制完善等特点。STL 是一些容器的集合，这些容器在算法库的支持下使程序开发变得更加简单和高效。

13.1　序列容器

微课视频

STL 提供很多容器，而且每种容器都提供一组操作行为。序列容器（Sequence）只提供插入功能，其中的元素都是有序的，但并未排序。序列容器包括向量、双端队列和双向串行。

13.1.1　向量类模板

向量（Vector）是一种随机访问的数组类型，可以对数组元素进行快速、随机地访问，也可以在序列尾部快速、随机地进行插入和删除操作。向量的大小是可变的，在需要时可以改变其大小。

使用向量类模板需要创建 vector 对象，方法有以下几种。

1. std::vector<type> name;

该方法创建一个名为 name 的空 vector 对象，该对象可容纳类型为 type 的数据。为整型值创建一个空 std::vector 对象可以使用下面的语句：

```
std::vector<int> intvector;
```

2. std::vector<type> name(size);

该方法用来初始化具有 size 元素个数的 vector 对象。

3. std::vector<type> name(size,value);

该方法用来初始化具有 size 元素个数的 vector 对象，并将对象的初始值设为 value。

4. std::vector<type> name(myvector);

该方法使用复制构造函数，用现有的向量 myvector 创建一个 vector 对象。

5. std::vector<type> name(first,last);

该方法创建元素在指定范围内的向量，first 代表起始范围，last 代表结束范围。

vector 对象的主要成员继承于随机接入容器和反向插入序列，主要成员函数及说明如表 13.1 所示。

表 13.1　vector 对象的主要成员函数及说明

函　　数	说　　明
assign(first,last)	用迭代器 first 和 last 所辖范围内的元素替换向量元素
assign(num.val)	用 val 的 num 个副本替换向量元素
at(n)	返回向量中第 n 个位置元素的值
back	返回对向量末尾元素的引用
begin	返回指向向量中第一个元素的迭代器
capcity	返回当前向量最多可以容纳的元素个数
clear	删除向量中的所有元素
empty	如果向量为空，则返回 true
end	返回指向向量中最后一个元素的迭代器
erase(start,end)	删除迭代器 start 和 end 所辖范围内的向量元素
erase(i)	删除迭代器 i 指向的向量元素
front	返回对向量起始元素的引用
insert(i,x)	把 x 插入向量中由迭代器 i 指明的位置
insert(i,start,end)	把迭代器 start 和 end 所辖范围内的元素插入向量中由迭代器 i 指明的位置
insert(i,n,x)	把 x 的 n 个副本插入向量中由迭代器 i 指明的位置
max_size	返回向量的最大容量（最多可以容纳的元素个数）
pop_back	删除向量的最后一个元素
push_back(x)	把 x 放在向量末尾
rbegin	返回一个反向迭代器，指向向量末尾元素之后
rend	返回一个反向迭代器，指向向量起始元素
reverse	颠倒元素的顺序
resize(n,x)	重新设置向量的大小 n，新元素的值初始化为 x
size	返回向量的大小（元素的个数）
swap(vector)	交换两个向量的内容

下面通过实例进一步学习 vector 类模板的使用方法。

vector 类模板的操作方法

```
01  #include <iostream>
02  #include <vector>
03  #include <tchar.h>
04
05  using namespace std;
06
07  int main(int argc, _TCHAR* argv[])
```

```
08  {
09      vector<int> v1,v2;                              // 定义两个容器
10      v1.reserve(10);                                 // 手动分配空间，设置容器元素的最小值
11      v2.reserve(10);
12      v1 = vector<int>(8,7);
13      int array[8]= {1,2,3,4,5,6,7,8};                // 定义数组
14      v2 = vector<int>(array,array+8);;               // 给 v2 赋值
15      cout<<"v1 容量 "<<v1.capacity()<<endl;
16      cout<<"v1 当前各项 :"<<endl;
17      size_t i = 0;
18      for(i = 0;i<v1.size();i++)
19      {
20          cout<<" "<<v1[i];
21      }
22      cout<<endl;
23      cout<<"v2 容量 "<<v2.capacity()<<endl;
24      cout<<"v2 当前各项 :"<<endl;
25      for(i = 0;i<v1.size();i++)
26      {
27          cout<<" "<<v2[i];
28      }
29      cout<<endl;
30      v1.resize(0);
31      cout<<"v1 的容量通过 resize 函数变成 0"<<endl;
32      if(!v1.empty())
33          cout<<"v1 容量 "<<v1.capacity()<<endl;
34      else
35          cout<<"v1 是空的 "<<endl;
36      cout<<" 将 v1 容量扩展为 8"<<endl;
37      v1.resize(8);
38      cout<<"v1 当前各项 :"<<endl;
39      for(i = 0;i<v1.size();i++)
40      {
41          cout<<" "<<v1[i];
42      }
43      cout<<endl;
44      v1.swap(v2);
45      cout<<"v1 与 v2 swap 了 "<<endl;
46      cout<<"v1 当前各项 :"<<endl;
47      cout<<"v1 容量 "<<v1.capacity()<<endl;
48      for(i = 0;i<v1.size();i++)
49      {
50          cout<<" "<<v1[i];
51      }
52      cout<<endl;
53      v1.push_back(3);
```

```
54      cout<<" 从 v1 后边加入了元素 3"<<endl;
55      cout<<"v1 容量 "<<v1.capacity()<<endl;
56      for(i = 0;i<v1.size();i++)
57      {
58          cout<<" "<<v1[i];
59      }
60      cout<<endl;
61      v1.erase(v1.end()-2);
62      cout<<" 删除了倒数第二个元素 "<<endl;
63      cout<<"v1 容量 "<<v1.capacity()<<endl;
64      cout<<"v1 当前各项 :"<<endl;
65      for(i = 0;i<v1.size();i++)
66      {
67          cout<<" "<<v1[i];
68      }
69      cout<<endl;
70      v1.pop_back();
71      cout<<"v1 通过栈操作 pop_back 放走了最后的元素 "<<endl;
72      cout<<"v1 当前各项 :"<<endl;
73      cout<<"v1 容量 "<<v1.capacity()<<endl;
74      for(i = 0;i<v1.size();i++)
75      {
76          cout<<" "<<v1[i];
77      }
78      cout<<endl;
79      return 0;
80  }
```

程序执行结果如图 13.1 所示。

图 13.1　程序运行结果

本实例演示了 vector<int> 容器的初始化，以及插入、删除等操作。v1 和 v2 均用 resize 分配了空间。当分配的空间小于自身的空间时，删除原来的末尾元素。当分配的空间大于自身的空间时，自动在末尾元素后边添加相应个数的 0。同理，若 vector 模板使用的是某个类，则增加的是以默认构造函数创建的对象。而且，向 v1 添加元素时，v1 的容量从 8 增加到 12，这就是 vector 提供的特性，在需要的时候可以扩大自身的容量。

📋**学习笔记**

> 虽然 vector 支持 insert 函数插入，但与链表数据结构的容器相比，它的效率较差，不推荐经常使用。

13.1.2　双端队列类模板

双端队列（Deque）是一种随机访问的数据类型，提供了在序列两端快速插入和删除操作的功能。它可以在需要的时候修改自身的大小，主要完成标准 C++ 数据结构中队列的功能。

使用双端队列类模板需要创建 deque 对象，方法有以下几种。

1.　std::deque<type> name;

该方法创建一个名为 name 的空 deque 对象，该对象可容纳数据类型为 type 的数据。为整型值创建一个空 std:: deque 对象可以使用下面的语句：

```
std:: deque <int> int deque;
```

2.　std::deque<type> name(size);

该方法创建一个大小为 size 的 deque 对象。

3.　std::deque<type> name(size,value);

该方法创建一个大小为 size 的 deque 对象，并将对象的每个值设为 value。

4.　std::deque<type> name(mydeque);

该方法使用复制构造函数，用现有的双端队列 mydeque 创建一个 deque 对象。

5.　std::deque<type> name(first,last);

该方法创建元素在指定范围内的双端队列，first 代表起始范围，last 代表结束范围。

deque 对象的主要成员函数及说明如表 13.2 所示。

表 13.2　deque 对象的主要成员函数及说明

函　　　　数	说　　　　明
assign(first,last)	用迭代器 first 和 last 所辖范围内的元素替换双端队列元素
assign(num.val)	用 val 的 num 个副本替换双端队列元素
at(n)	返回双端队列中第 n 个位置元素的值

续表

函　　数	说　　明
back	返回对双端队列最后一个元素的引用
begin	返回指向双端队列中第一个元素的迭代器
clear	删除双端队列中的所有元素
empty	如果双端队列为空，则返回 true
end	返回指向双端队列最后一个元素的迭代器
erase(start,end)	删除迭代器 start 和 end 所辖范围内的双端队列元素
erase(i)	删除迭代器 i 指向的双端队列元素
front	返回对双端队列第一个元素的引用
insert(i,x)	把 x 插入向量中由迭代器 i 指明的位置
insert(i,start,end)	把迭代器 start 和 end 所辖范围内的元素插入双端队列中由迭代器 i 指明的位置
insert(i,n,x)	把 x 的 n 个副本插入双端队列中由迭代器 i 指明的位置
max_size	返回双端队列的最大容量（最多可以容纳的元素个数）
pop_back	删除双端队列的最后一个元素
pop_front	删除双端队列的第一个元素
push_back(x)	把 x 放在双端队列末尾
push_front(x)	把 x 放在双端队列开始
rbegin	返回一个反向迭代器，指向双端队列最后一个元素之后
rend	返回一个反向迭代器，指向双端队列第一个元素
resize(n,x)	重新设置双端队列的大小 n，新元素的值初始化为 x
size	返回双端队列的大小（元素的个数）
swap(vector)	交换两个双端队列的内容

双端队列类模板的应用

```
01  #include <iostream>
02  #include <deque>
03  using namespace std;
04  int main()
05  {
06      deque<int > intdeque;
07      intdeque.push_back(2);
08      intdeque.push_back(3);
09      intdeque.push_back(4);
10      intdeque.push_back(7);
11      intdeque.push_back(9);
12      cout << "Deque: old" <<endl;
13      for(int i=0; i< intdeque.size(); i++)
14      {
15          cout << "intdeque[" << i << "]:";
16          cout << intdeque[i] << endl;
```

```
17          }
18          cout << endl;
19          intdeque.pop_front();
20          intdeque.pop_front();
21          intdeque[1]=33;
22          cout << "Deque: new" <<endl;
23          for(i=0; i<intdeque.size(); i++)
24          {
25              cout << "intdeque[" << i << "]:";
26              cout << intdeque[i] << " ";
27          }
28          cout << endl;
29          return 0;
30 }
```

程序运行结果如图 13.2 所示。

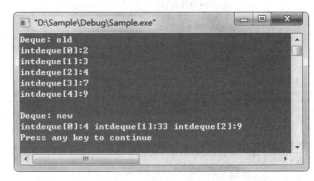

图 13.2 程序运行结果

本程序先定义了一个空的类型为 int 的 deque 变量；然后用函数 push_back 把值插入 deque 变量中，并把 deque 变量显示出来；最后删除 deque 变量中的第一个元素，并为删除后的 deque 变量中的第二个元素赋值。

13.1.3 链表类模板

链表（List）即双向链表容器，不支持随机访问，访问链表元素要指针从链表的某个端点开始，插入和删除操作花费的时间是固定的，和该元素在链表中的位置无关。链表在任何位置插入和删除的动作都很快，不像向量只能在末尾进行操作。

使用链表类模板需要创建 list 对象，方法有以下几种。

1. std::list<type> name;

该方法创建一个名为 name 的空 list 对象，该对象可容纳数据类型为 type 的数据。为整型值创建一个空 std::list 对象可以使用下面的语句：

```
std::list <int> intlist;
```

2. std::list<type> name(size);

该方法初始化具有 size 元素个数的 list 对象。

3. std::list<type> name(size,value);

该方法初始化具有 size 元素个数的 list 对象，并将对象的每个元素设为 value。

4. std::list<type> name(mylist);

该方法使用复制构造函数，用现有的链表 mylist 创建一个 list 对象。

5. std::list<type> name(first,last);

该方法创建元素在指定范围内的链表，first 代表起始范围，last 代表结束范围。

list 对象的主要成员函数及说明如表 13.3 所示。

表 13.3　list 对象的主要成员函数及说明

函　　数	说　　明
assign(first,last)	用迭代器 first 和 last 所辖范围内的元素替换链表元素
assign(num.val)	用 val 的 num 个副本替换链表元素
back	返回对链表最后一个元素的引用
begin	返回指向链表中第一个元素的迭代器
clear	删除链表中的所有元素
empty	如果链表为空，则返回 true
end	返回指向链表最后一个元素的迭代器
erase(start,end)	删除迭代器 start 和 end 所辖范围内的链表元素
erase(i)	删除迭代器 i 指向的链表元素
front	返回对链表第一个元素的引用
insert(i,x)	把 x 插入链表中由迭代器 i 指明的位置
insert(i,start,end)	把迭代器 start 和 end 所辖范围内的元素插入链表中由迭代器 i 指明的位置
insert(i,n,x)	把 x 的 n 个副本插入链表中由迭代器 i 指明的位置
max_size	返回链表的最大容量（最多可以容纳的元素个数）
pop_back	删除链表的最后一个元素
pop_front	删除链表的第一个元素
push_back(x)	把 x 放在链表末尾
push_front(x)	把 x 放在链表开始
rbegin	返回一个反向迭代器，指向链表最后一个元素之后
rend	返回一个反向迭代器，指向链表第一个元素
resize(n,x)	重新设置链表的大小 n，新元素的值初始化为 x
reverse	颠倒链表元素的顺序
size	返回链表的大小（元素的个数）
swap(listref)	交换两个链表的内容

可以发现，list<type> 支持的操作与 vector<type> 很相近。但这些操作的实现原理不相同，执行效率也不一样。双向链表的优点是插入元素的效率很高，缺点是不支持随即访问。也就是说，链表无法像数组一样通过索引来访问。例如：

```
01  list<int>  list1 (first,last);              // 初始化
02  list[i] = 3;                                // 错误! 无法使用数组符号 []
```

对 list 各个元素的访问通常使用的是迭代器。

迭代器的使用方法类似于指针，下面通过实例演示用迭代器访问 list 中的元素。

```
01  #include <iostream>
02  #include <list>
03  #include <vector>
04  using namespace std;
05
06  int main()
07  {
08      cout<<" 使用未排序储存 0-9 的数组初始化 list1"<<endl;
09      int array[10] = {1,3,5,7,8,9,2,4,6,0};
10      list<int> list1(array,array+10);
11      cout<<"list1 调用 sort 方法排序 "<<endl;
12      list1.sort();
13      list<int>::iterator iter = list1.begin();
14      // iter =iter+5    list 的 iter 不支持 "+" 运算符
15      cout<<" 通过迭代器访问 list 双向链表中从头开始向后的第 4 个元素 "<<endl;
16      for(int i = 0; i<3; i++)
17      {
18          iter++;
19      }
20      cout<<*iter<<endl;
21      list1.insert(list1.end(),13);
22      cout<<" 在末尾插入数字 13"<<endl;
23      for(list<int>::iterator it = list1.begin(); it != list1.end(); it++)
24      {
25          cout<<" "<<*it;
26      }
27  }
28
```

程序运行结果如图 13.3 所示。

图 13.3   程序运行结果

通过程序可以观察到，迭代器 iterator 类和指针的用法很相似，支持自增操作符，并且通过"*"可以访问相应的对象内容。但 list 中的迭代器不支持运算符"+"，而指针与 vector 中的迭代器都支持"+"运算符。

13.2　关联式容器

微课视频

关联式（Associative）容器是 STL 提供的容器的一种，其中的元素都是经过排序的，主要通过关键字提高查询效率。关联式容器包括 set、multiset、map、multimap 和 hash table，本节主要介绍 set、multiset、map 和 multimap。

13.2.1　set 类模板

set 类模板又称集合类模板，一个集合对象像链表一样顺序地存储一组值。在一个集合中，集合元素既充当存储的数据，又充当数据的关键码。

可以使用下面几种方法创建 set 对象。

1. std::set<type,predicate> name;

这种方法创建一个名为 name 且包含 type 类型数据的 set 空对象。该对象使用谓词指定的函数对集合中的元素进行排序。例如，要给整数创建一个空 set 对象，可以这样写：

```
std::set<int,std::less<int>> intset;
```

2. std::set<type,predicate> name(myset)

这种方法使用复制构造函数，从一个已存在的集合 myset 中生成一个 set 对象。

3. std::set<type,predicate> name(first,last)

这种方法从一定范围的元素中，根据多重指示器指示的起始与终止位置创建一个集合。

set 类中的方法说明如表 13.4 所示。

表 13.4　set 类中的方法说明

函　　数	说　　明
begin	返回指向集合中第一个元素的迭代器
clear	删除集合中的所有元素
cout(x)	返回集合中 x（0 或 1）的元素个数
empty	如果集合为空，则返回 true
end	返回指向集合中最后一个元素的迭代器
equal_range(x)	返回表示 x 下界和上界的两个迭代器，下界表示第一个值等于 x 的元素，上界表示第一个值大于 x 的元素
erase(i)	删除由迭代器 i 指向的集合元素
erase(start,end)	删除迭代器 start 和 end 所指范围内的集合元素

函　　数	说　　明
erase(x)	删除集合中值为 x 的元素
find(x)	返回指向 x 的迭代器。如果 x 不存在，返回的迭代器等于 end
insert(i,x)	把 x 插入集合，插入位置从迭代器 i 指明的元素处开始查找
insert(start,end)	把迭代器 start 和 end 所指范围内的值插入集合中
insert(x)	把 x 插入集合中
lower_bound(x)	返回一个迭代器，指向位于 x 之前且紧邻 x 的元素
max_size	返回集合的最大容量
rbegin	返回一个反向迭代器，指向集合的最后一个元素
rend	返回一个反向迭代器，指向集合的第一个元素
size	返回集合的大小
swap(set)	交换两个集合的内容
upper_bound(x)	返回一个指向 x 的迭代器
value_comp	返回 value_compare 类型的对象，该对象用于判断集合中元素的顺序

下面通过一些操作来实现对 set 对象的应用。

创建整型类型的集合，并且在该集合中实现数据的插入。

创建整型类型的集合，并且插入数据

```
01  #include <iostream>
02  #include <set>
03  using namespace std;
04  void main()
05  {
06      set<int> iSet;                    // 创建整型类型的集合
07      iSet.insert(1);                   // 插入数据
08      iSet.insert(3);
09      iSet.insert(5);
10      iSet.insert(7);
11      iSet.insert(9);
12      cout << "set:" << endl;
13      set<int>::iterator it;            // 循环并输出集合中的数据
14      for(it=iSet.begin(); it!=iSet.end(); it++)
15          cout << *it << endl;
16  }
```

程序运行结果如图 13.4 所示。

图 13.4　程序运行结果

先创建一个字符型的 set 对象，再插入元素值，并通过指定的字符在集合中查找元素。

通过指定的字符在集合中查找元素

```
01  #include <iostream>
02  #include <set>
03  using namespace std;
04  void main()
05  {
06      set<char> cSet;                    // 利用 set 对象创建字符型的集合
07      cSet.insert('B');                  // 插入元素
08      cSet.insert('C');
09      cSet.insert('D');
10      cSet.insert('A');
11      cSet.insert('F');
12      cout << "old set:" << endl;
13      set<char>::iterator it;            // 循环显示集合中的元素
14      for(it=cSet.begin(); it!=cSet.end(); it++)
15          cout << *it << endl;
16      char cTmp;
17      cTmp='D';
18      it=cSet.find(cTmp);                // 查找指定的元素
19      cout << "start find:" << cTmp << endl;
20      if(it==cSet.end())                 // 没有找到元素
21          cout << "not found" << endl;
22      else                               // 找到元素
23          cout << "found" << endl;
24      cTmp='G';
25      it=cSet.find(cTmp);                // 查找指定的元素
26      cout << "start find:" << cTmp << endl;
27      if(it==cSet.end())                 // 没有找到元素
28          cout << "not found" << endl;
29      else                               // 找到元素
30          cout << "found"  << endl;
31  }
```

程序运行结果如图 13.5 所示。

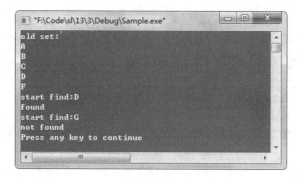

图 13.5 程序运行结果

13.2.2 multiset 类模板

multiset 使程序能顺序存储一组数据。与集合类类似，多重集合的元素既可以作为存储的数据，又可以作为数据的关键字。与集合类不同的是，多重集合类可以包含重复的数据。下面列出了几种创建多重集合的方法。

1. std::multiset<type,predicate> name;

这种方法创建一个名为 name 且包含 type 类型数据的 multiset 空对象。该对象使用谓词指定的函数对集合中的元素进行排序。例如，要给整数创建一个空 multiset 对象，可以这样写：

```
std::multiset<int, std::less<int> > intset;
```

📋 **学习笔记**

less<int> 表达式后要有空格。

2. std::multiset <type,predicate> name(mymultiset)

这种方法使用复制构造函数，从一个已经存在的集合 mymultiset 中生成一个 multiset 对象。

3. std::multiset <type,predicate> name(first,last)

这种方法从一定范围的元素中，根据指示器指示的起始与终止位置创建一个集合。

multiset 类中的方法说明如表 13.5 所示。

表 13.5 multiset 类中的方法说明

函　　数	说　　明
begin	返回指向集合中第一个元素的迭代器
clear	删除集合中的所有元素
cout(x)	返回集合中 x（0 或 1）的元素个数

函　　数	说　　明
empty	如果集合为空，则返回 true
end	返回指向集合中最后一个元素的迭代器
equal_range(x)	返回表示 x 下界和上界的两个迭代器，下界表示第一个值等于 x 的元素，上界表示第一个值大于 x 的元素
erase(i)	删除由迭代器 i 指向的集合元素
erase(start,end)	删除迭代器 start 和 end 所指范围内的集合元素
erase(x)	删除集合中值为 x 的元素
find(x)	返回指向 x 的迭代器。如果 x 不存在，返回的迭代器等于 end
insert(i,x)	把 x 插入集合，插入位置从迭代器 i 指明的元素处开始查找
insert(start,end)	把迭代器 start 和 end 所指范围内的值插入集合中
insert(x)	把 x 插入集合中
lower_bound(x)	返回一个迭代器，指向位于 x 之前且紧邻 x 的元素
max_size	返回集合的最大容量
rbegin	返回一个反向迭代器，指向集合的最后一个元素
rend	返回一个反向迭代器，指向集合的第一个元素
size	返回集合的大小
swap(set)	交换两个集合的内容
upper_bound(x)	返回一个指向 x 的迭代器
value_comp	返回 value_compare 类型的对象，该对象用于判断集合中元素的顺序

例如，创建两个多重集合，分别向集合中插入数据，并对集合进行比较。代码如下：

```
01  #include <iostream>
02  #include <set>
03  using namespace std;
04  void main()
05  {
06      multiset<char> cmultiset1;          // 建立集合 1
07      cmultiset1.insert('C');             // 向集合 1 中插入元素
08      cmultiset1.insert('D');
09      cmultiset1.insert('A');
10      cmultiset1.insert('F');
11      cout << "multiset1:" << endl;
12      multiset<char>::iterator it;
13      for(it=cmultiset1.begin(); it!=cmultiset1.end(); it++) // 显示集合 1 中的元素
14          cout << *it << endl;
15      multiset<char> cmultiset2;          // 建立集合 2
16      cmultiset2.insert('B');             // 向集合 2 中插入元素
17      cmultiset2.insert('C');
18      cmultiset2.insert('D');
```

```
19      cmultiset2.insert('A');
20      cmultiset2.insert('F');
21      cout << "multiset2:" << endl;
22      for(it=cmultiset2.begin(); it!=cmultiset2.end(); it++) // 显示集合 2 中的元素
23          cout << *it << endl;
24      if(cmultiset1==cmultiset2)
25          cout << "multiset1= multiset2";
26      else if(cmultiset1 < cmultiset2)
27          cout << "multiset1< multiset2";
28      else if(cmultiset1 > cmultiset2)
29          cout << "multiset1> multiset2";
30      cout << endl;
31  }
```

程序运行结果如图 13.6 所示。

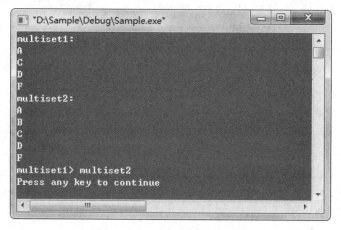

图 13.6　程序运行结果

13.2.3　map 类模板

map 对象按顺序存储一组值，每个元素与一个检索关键码关联。map 与 set 和 multiset 不同，set 和 multiset 中的元素既被作为存储的数据，又被作为数据的关键值，而 map 中的元素的数据和关键值是分开的。创建 map 类模板的方法如下。

1. map<key,type,predicate> name;

这种方法创建一个名为 name 且包含 type 类型数据的 map 空对象。该对象使用谓词指定的函数对集合中的元素进行排序。例如，要给整数创建一个空 map 对象，可以这样写：

```
std::map<int,int,std::less<int>> intmap;
```

2. map<key,type,predicate> name(mymap);

这种方法使用复制构造函数，从一个已存在的映射 mymap 中生成一个 map 对象。

3. map<key,type,predicate> name(first,last);

这种方法从一定范围的元素中，根据多重指示器指示的起始与终止位置创建一个映射。
map 类中的方法说明如表 13.6 所示。

表 13.6　map 类中的方法说明

函　　数	说　　明
begin	返回指向集合中第一个元素的迭代器
clear	删除集合中的所有元素
empty	如果集合为空，则返回 true
end	返回指向集合中最后一个元素的迭代器
equal_range(x)	返回表示 x 下界和上界的两个迭代器，下界表示第一个值等于 x 的元素，上界表示第一个值大于 x 的元素
erase(x)	删除由迭代器指向的集合元素，或者通过键值删除所有集合元素
erase(start,end)	删除迭代器 start 和 end 所指范围内的集合元素
erase()	删除集合中值为 x 的元素
find(x)	返回一个指向的迭代器。如果 x 不存在，返回的迭代器等于 end
lower_bound(x)	返回一个迭代器，指向位于 x 之前且紧邻 x 的元素
max_size	返回集合的最大容量
rbegin	返回一个反向迭代器，指向集合的最后一个元素
rend	返回一个反向迭代器，指向集合的第一个元素
size	返回集合的大小
swap()	交换两个集合的内容
upper_bound()	返回一个指向 x 的迭代器
value_comp	返回 value_compare 类型的对象，该对象用于判断集合中元素的顺序

例如，创建一个 map 映射对象，并使用下标插入新元素。代码如下：

```
01  #include <iostream>
02  #include <map>
03  using namespace std;
04  void main()
05  {
06      map<int ,char> cMap;                // 创建 map 映射对象
07      cMap.insert(map<int,char>::value_type(1,'B'));    // 插入新元素
08      cMap.insert(map<int,char>::value_type(2,'C'));
09      cMap.insert(map<int,char>::value_type(4,'D'));
10      cMap.insert(map<int,char>::value_type(5,'G'));
11      cMap.insert(map<int,char>::value_type(3,'F'));
12      cout << "map" << endl;
13      map<int ,char>::iterator it;        // 循环 map 映射，并显示元素值
14      for(it=cMap.begin(); it!=cMap.end(); it++)
15      {
```

```
16              cout << (*it).first << "->";
17              cout << (*it).second << endl;
18      }
19 }
```

程序运行结果如图 13.7 所示。

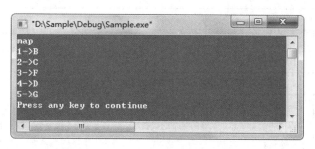

图 13.7　程序运行结果

13.2.4　multimap 类模板

multimap 能够顺序存储一组值。它与 map 相同的是，每个元素都包含一个关键值，以及与之联系的数据项；它与 map 不同的是，多重映射可以包含重复的数据值，并且不能使用 [] 操作符向多重映射中插入元素。

构造 multimap 类模板的方法如下。

1. multimap<key,type,predicate> name;

这种方法创建一个名为 name 且包含 type 类型数据的 multimap 空对象。该对象使用谓词指定的函数对集合中的元素进行排序。例如，要给整数创建一个空 multimap 对象，可以这样写：

```
std::multimap<int,int, std::less<int> > intmap;
```

2. multimap<key,type,predicate> name(mymap);

这种方法使用复制构造函数，从一个已存在的映射 mymap 中生成一个 multimap 对象。

3. multimap<key,type,predicate> name(first,last);

这种方法从一定范围的元素中，根据多重指示器指示的起始与终止位置创建一个多重映射。

例如，创建 multimap 映射对象，并向该映射中插入新元素。

```
01 #include <iostream>
02 #include <map>
03 using namespace std;
04 void main()
05 {
06      multimap<int ,char> cMap;// 创建 multimap 映射对象
```

```
07      cMap.insert(map<int,char>::value_type(1,'B'));// 插入新元素
08      cMap.insert(map<int,char>::value_type(2,'C'));
09      cMap.insert(map<int,char>::value_type(4,'C'));
10      cMap.insert(map<int,char>::value_type(5,'G'));
11      cMap.insert(map<int,char>::value_type(3,'F'));
12      cout << "multimap" << endl;
13      multimap <int ,char>::iterator it;// 循环 multimap 映射，并显示元素值
14      for(it=cMap.begin(); it!=cMap.end(); it++)
15      {
16          cout << (*it).first << "->";
17          cout << (*it).second << endl;
18      }
19  }
```

程序运行结果如图 13.8 所示。

图 13.8　程序运行结果

微课视频

13.3　算法

算法（Algorithm）是 STL 的中枢，STL 提供了算法库，算法库中都是模板函数。迭代器主要负责从容器中获取一个对象，算法与具体对象在容器中的位置等细节无关。每个算法都是参数化一个或多个迭代器类型的函数模板。

标准算法分为四个类别：非修正序列算法、修正序列算法、排序算法和数值算法。

13.3.1　非修正序列算法

非修正序列算法不修改它们作用的容器，如计算元素个数及查找元素的函数。STL 提供的非修正序列算法如表 13.7 所示。

表 13.7　STL 提供的非修正序列算法

函　　数	说　　明
adjacent_find(first,last)	搜索相邻的重复元素
count(first,last,val)	计数

函　　数	说　　明
equal(first,last,first2)	判断是否相等
find(first,last,val)	搜索
find_end(first,last,first2,last2)	搜索某个子序列最后一次出现的地点
find_first(first,last,first2,last2)	搜索某些元素首次出现的地点
for_each(first,last,func)	对 first 到 last 范围内的各个元素执行函数 func 定义的操作
mismatch(first,last,first2)	找出不吻合点
search(first,last,first2,last2)	搜索某个子序列

下面对比较常用的非修正序列算法进行讲解。

1. adjacent_find(first,last)

返回一个迭代器，指向第一个同值元素对的第一个元素。函数在迭代器 first 和 last 指明的范围内查找。此函数还有一个谓词版本，其第三个实参是一个比较函数。

应用 adjacent_find 算法搜索相邻的重复元素

```
01  #include <iostream>
02  #include <set>
03  #include <algorithm>
04  using namespace std;
05  void main()
06  {
07      multiset<int , less<int> > intSet;
08      intSet.insert(7);
09      intSet.insert(5);
10      intSet.insert(1);
11      intSet.insert(5);
12      intSet.insert(7);
13      cout << "Set:" << " ";
14      multiset<int , less<int> >::iterator it =intSet.begin();
15      for(int i=0; i<intSet.size(); ++i)
16          cout << *it++ << ' ';
17      cout << endl;
18      cout << "第一次匹配：";
19      it=adjacent_find(intSet.begin(),intSet.end());
20      cout << *it++ << ' ';
21      cout<< *it << endl;
22      cout << "第二次匹配：";
23      it=adjacent_find(it,intSet.end());
24      cout << *it++ << ' ';
25      cout << *it << endl;
26  }
```

程序运行结果如图 13.9 所示。

图 13.9　程序运行结果

本程序定义了整型的 multiset 容器，以及该容器的迭代器 it。multiset 容器中有两个重复的值，使用 adjacent_find 算法将这两个元素输出。

2．count(first,last,val)

返回容器中值为 val 的元素的个数。函数在迭代器 first 和 last 指明的范围内查找。

应用 count 算法统计相同元素的数量

```
01  #include <iostream>
02  #include <set>
03  #include <algorithm>
04  using namespace std;
05  void main()
06  {
07      multiset<int ,less<int> > intSet;
08      intSet.insert(7);
09      intSet.insert(5);
10      intSet.insert(1);
11      intSet.insert(5);
12      intSet.insert(7);
13      cout << "Set:";
14      multiset<int ,less<int> >::iterator it =intSet.begin();
15      for(int i=0; i<intSet.size(); ++i)
16          cout << *it++ << ' ';
17      cout << endl;
18
19      int cnt =count(intSet.begin(),intSet.end(),5);
20      cout << " 相同元素数量 :" << cnt <<endl;
21  }
```

程序运行结果如图 13.10 所示。

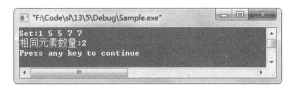

图 13.10·程序运行结果

本程序中的 multiset 容器有两个相同元素，使用 count 算法获取容器中重复的元素。

13.3.2　修正序列算法

修正序列算法的某些操作会改变容器的内容。例如，把一个容器的一部分内容复制到其另一部分，或者用指定值填充容器。STL 的修正序列算法提供了这类操作，如表 13.8 所示。

表 13.8　STL 的修正序列算法

参　　数	说　　明
copy(first,last,first2)	复制
copy_backward(first,last,first2)	逆向复制
fill(first,last,val)	改填元素值
generate(first,last,func)	以指定动作的运算结果填充特定范围内的元素
partition(first,last,pred)	切割
random_shuffle(first,last)	随机重排
remove(first,last,val)	移除但不删除某种元素
replace(first,last,val1,val2)	取代某种元素
rotate(first,middle,last)	旋转
reverse(first,last)	颠倒元素次序
swap(it1,it2)	置换
swap_ranges(first,last,first2)	置换指定范围
transform(first,last,first2,func)	以两个序列为基础，交互作用产生第三个序列
unique(first,last)	将重复的元素折叠缩编，变成唯一的元素

下面对比较常用的修正序列算法进行讲解。

1. random_shuffle(first,last)

把迭代器 first 和 last 指明范围内的元素顺序随机打乱。

应用 random_shuffle 算法将元素顺序随机打乱

```
01  #include <iostream>
02  #include <vector>
03  #include <algorithm>
04  using namespace std;
05  void Output(int val)
06  {
07      cout << val << ' ';
08  }
09  void main()
10  {
11      vector<int > intVect;
12      for(int i=0;i<10;++i)
```

```
13          intVect.push_back(i);
14       cout << "Vect :";
15       for_each(intVect.begin(),intVect.end(),Output);
16       random_shuffle(intVect.begin(),intVect.end());
17       cout << endl;
18       cout << "Vect :";
19       for_each(intVect.begin(),intVect.end(),Output);
20       cout << endl;
21  }
```

程序运行结果如图 13.11 所示。

图 13.11　程序运行结果

本程序应用 random_shuffle 算法将 vector 容器内元素的排列顺序打乱，原来 vector 容器内的元素是从 0 到 9 顺序排列的，打乱后元素的顺序没有任何规律。

2.　partition(first,last,pred)

把一个容器划分成两部分，第一部分包含令谓词 pred 返回 true 的元素，第二部分包含令谓词 pred 返回 false 的元素。函数返回的迭代器指向两部分的分界点元素。

应用 partition 算法将容器分组

```
01  #include <iostream>
02  #include <vector>
03  #include <algorithm>
04  using namespace std;
05  void Output(int val)
06  {
07       cout << val << ' ';
08  }
09  bool equals5(int val)
10  {
11       return val==5;
12  }
13  void main()
14  {
15       vector<int > intVect;
16       intVect.push_back(7);
17       intVect.push_back(3);
18       intVect.push_back(5);
```

```
19       cout << "Vect :";
20       for_each(intVect.begin(),intVect.end(),Output);
21       partition(intVect.begin(),intVect.end(),equals5);
22       cout << endl;
23       cout << "Vect :";
24       for_each(intVect.begin(),intVect.end(),Output);
25       cout << endl;
26   }
```

程序运行结果如图 13.12 所示。

图 13.12　程序运行结果

13.3.3　排序算法

排序算法是对容器的内容进行不同方式的排序。排序算法如表 13.9 所示。

表 13.9　排序算法

函　　数	说　　明
binary_search(first,last,val)	二元搜索
equal_range(first,last,val)	判断元素是否相等，并返回一个区间
includes(first,last,first2,last2)	包含于
lexicographical_compare(first,last,first2,last2)	以字典排列方式做比较
lower_bound(first,last,val)	下限
make_heap(first,last)	制造一个 heap
max(val1,val2)	最大值
max_element(first,last)	最大值所在位置
merge(first,last,first2,last2,result)	合并两个序列
min(val1,val2)	最小值
min_element(first,last)	最小值所在位置
next_permutation(first,last)	获得下一个排列组合
nth_element(first,nth,last)	重新排序列中第 n 个元素的左右两端
partial_sort_copy(first,last,first2,last2)	局部排序并复制到其他位置
partial_sort(first,middle,last)	局部排序
pop_heap(first,last)	从 heap 内取出一个元素

函　　　数	说　　　明
prev_permutation(first,last)	改变迭代器 first 和 last 指明范围内的元素排列，使新排列是下一个比原排列小的排列，此函数的另一个版本以谓词作为第三个实参
push_heap(first,last)	将一个元素压入 heap
set_difference(first,last,first2,last2,result)	获得前一个排列组合
set_intersection(first,last,first2,last2,result)	交集
set_symmetric_difference(first,last,first2,last2,result)	差集
set_union(first,last,first2,last2,result)	联集
sort(first,last)	排序
sort_heap(first,last)	对 heap 排序
stable_sort(first,last)	排序并保持等值元素的相对次序
upper_bound(first,last,val)	上限

例如，使用 sort 算法对迭代器 first 和 last 指明范围内的元素排序，此函数的另一个版本以谓词作为第三个实参。

sort 算法的应用

```
01  #include <iostream>
02  #include <vector>
03  #include <algorithm>
04  using namespace std;
05  void Output(int val)
06  {
07      cout << val << ' ';
08  }
09  void main()
10  {
11      vector<char > charVect;
12      charVect.push_back('M');
13      charVect.push_back('R');
14      charVect.push_back('K');
15      charVect.push_back('J');
16      charVect.push_back('H');
17      charVect.push_back('I');
18      cout << "Vect :";
19      for_each(charVect.begin(),charVect.end(),Output);
20      sort(charVect.begin(),charVect.end());
21      cout << endl;
22      cout << "Vect :";
23      for_each(charVect.begin(),charVect.end(),Output);
24      cout << endl;
25  }
```

程序运行结果如图 13.13 所示。

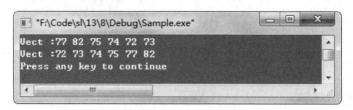

图 13.13　程序运行结果

13.3.4　数值算法

数值算法是对容器的内容进行数值计算。

STL 的数值算法实现了四种类型的计算，可以在一个值序列上进行这些计算。数值算法如表 13.10 所示。

表 13.10　数值算法

函　　数	说　　明
accumulate(first,last,init)	元素累加
inner_product(first,last,first2,init)	内积
partial_sum(first,last,result)	局部总和
adjacent_difference(first,last,result)	相邻元素的差

例如，使用 accumulate(first,last,init) 算法计算 init 与迭代器 first 和 last 指明范围内各元素值的总和，并返回结果。

accumulate 算法的应用

```
01  #include <iostream>
02  #include <vector>
03  #include <algorithm>
04  #include <numeric>
05  using namespace std;
06  void Output(int val)
07  {
08      cout << val << ' ';
09  }
10  void main()
11  {
12      vector<int> intVect;
13      for(int i=0; i<5; i++)
14          intVect.push_back(i);
15      cout << "Vect";
16      std::for_each(intVect.begin(),intVect.end(),Output);
```

```
17      int result = accumulate(intVect.begin(),intVect.end(),5);
18      cout << endl;
19      cout << "Result :" << result << endl;
20 }
```

程序运行结果如图 13.14 所示。

图 13.14　程序运行结果

本程序对容器内的元素值进行累加，结果＝（1+2）+（2+3）+（3+4）。

13.4　迭代器

微课视频

迭代器相当于指向容器元素的指针，在容器内可以向前移动，也可以做向前或向后的双向移动。有专门为输入元素准备的迭代器，也有专门为输出元素准备的迭代器，还有可以进行随机操作的迭代器，这为访问容器提供了通用方法。

13.4.1　输出迭代器

输出迭代器只用于写一个序列，可以进行递增和提取操作。

输出迭代器的应用

```
01 #include <iostream>
02 #include <vector>
03 using namespace std;
04 void main()
05 {
06      vector<int> intVect;
07      for(int i=0; i<10; i+=2)
08          intVect.push_back(i);
09      cout << "Vect :" << endl;
10      vector<int>::iterator it=intVect.begin();
11      while(it!=intVect.end())
12          cout << *it++ << endl;
13 }
```

程序运行结果如图 13.15 所示。
本程序使用整型向量的输出迭代器输出向量中的所有元素。

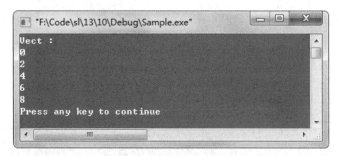

图 13.15　程序运行结果 1

13.4.2　输入迭代器

输入迭代器只用于读一个序列，可以进行递增、提取和比较操作。使用输入迭代器的例子如下：

```
01  #include <iostream>
02  #include <vector>
03  using namespace std;
04  void main()
05  {
06      vector<int> intVect(5);
07      vector<int>::iterator out=intVect.begin();
08      *out++ = 1;
09      *out++ = 3;
10      *out++ = 5;
11      *out++ = 7;
12      *out=9;
13      cout << "Vect :";
14      vector<int>::iterator it =intVect.begin();
15      while(it!=intVect.end())
16          cout << *it++ << ' ';
17      cout << endl;
18  }
```

程序运行结果如图 13.16 所示。

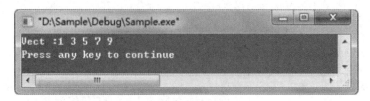

图 13.16　程序运行结果 2

本程序使用输入迭代器向向量容器内添加元素，并将添加的元素输出到屏幕。

13.4.3　前向迭代器

前向迭代器既可用于读，也可用于写。它不仅具有输入和输出迭代器的功能，还具有保存其值的功能，从而能够从迭代器原来的位置开始重新遍历序列。应用前向迭代器的例子如下：

```
01  #include <iostream>
02  #include <vector>
03  using namespace std;
04  void main()
05  {
06      vector<int> intVect(5);
07      vector<int>::iterator it=intVect.begin();
08      vector<int>::iterator saveIt=it;
09      *it++ = 12;
10      *it++ = 21;
11      *it++ = 31;
12      *it++ = 41;
13      *it=9;
14      cout << "Vect :";
15      while(saveIt!=intVect.end())
16          cout << *saveIt++ << ' ';
17      cout << endl;
18  }
```

程序运行结果如图 13.17 所示。

图 13.17　程序运行结果

本程序使用 saveIt 迭代器保存了 it 迭代器中的内容，并且使用 it 迭代器向容器中添加元素，再通过 saveIt 迭代器将容器内的元素输出。

13.4.4　双向迭代器

双向迭代器既可用于读，也可用于写。它与前向迭代器类似，只是它还可以做递增和递减操作。应用双向迭代器的例子如下：

```
01  #include <iostream>
02  #include <vector>
03  using namespace std;
04  void main()
```

```
05  {
06      vector<int> intVect(5);
07      vector<int>::iterator it=intVect.begin();
08      vector<int>::iterator saveIt=it;
09      *it++ = 1;
10      *it++ = 3;
11      *it++ = 5;
12      *it++ = 7;
13      *it=9;
14      cout << "Vect :";
15      while(saveIt!=intVect.end())
16          cout << *saveIt++ << ' ';
17      cout << endl;
18      do
19          cout << *--saveIt << endl;
20      while(saveIt != intVect.begin());
21      cout << endl;
22  }
```

程序运行结果如图 13.18 所示。

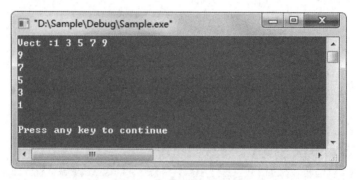

图 13.18　程序运行结果

本程序使用 saveIt 迭代器保存了 it 迭代器中的内容，并且使用 it 迭代器向容器中添加元素，再通过 saveIt 迭代器以从前向后和从后向前两种顺序将容器内的元素输出。

13.4.5　随机访问迭代器

随机访问迭代器是最强大的迭代器类型，不仅具有双向迭代器的所有功能，还能使用指针的算术运算和所有比较运算。应用随机访问迭代器的例子如下：

```
01  #include <iostream>
02  #include <vector>
03  using namespace std;
04  void main()
05  {
```

```
06      vector<int> intVect(5);
07      vector<int>::iterator it=intVect.begin();
08      *it++ = 1;
09      *it++ = 3;
10      *it++ = 5;
11      *it++ = 7;
12      *it=9;
13      cout << "Vect Old:";
14      for(it=intVect.begin(); it!=intVect.end(); it++)
15          cout << *it << ' ';
16      it= intVect.begin();
17      *(it+2)=100;
18      cout << endl;
19      cout << "Vect :";
20      for(it=intVect.begin(); it!=intVect.end(); it++)
21          cout << *it << ' ';
22      cout << endl;
23  }
```

程序运行结果如图 13.19 所示。

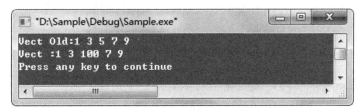

图 13.19　程序运行结果

第 14 章 RTTI 与异常处理

面向对象编程的一个特点是运行时进行类型识别，这是对面向对象中多态的支持，使用 RTTI 能够使类的设计更抽象，更符合人们的思维。对象的动态生成，能够增加设计的灵活性，而异常处理则是在程序运行时对可能发生的错误进行控制，防止系统灾难性错误的发生。

14.1 RTTI

RTTI（Run-time Type Identification，运行时类型识别）是在只有一个指向基类的指针或引用时确定的一个对象的类型。

在编写程序的过程中，往往只提供一个对象的指针，在使用时通常需要明确这个指针的确切类型。利用 RTTI 就可以方便地获取某个对象指针的确切类型，并进行控制。

14.1.1 什么是 RTTI

RTTI 可以在程序运行时，通过某一对象的指针确定该对象的类型。许多程序设计人员都使用过虚基类编写面向对象的功能，通常在基类中定义所有子类的通用属性或行为。但有时候，子类会存在属于自己的一些公有的属性或行为，这时通过基类对象的指针如何调用子类特有的属性和行为呢？首先需要确定基类对象属于哪个子类，然后将该对象转换成子类对象，并进行调用。

图 14.1 展示了具有特有方法的类。

图 14.1　具有特有方法的类

从图 14.1 可以看出，CBint 类和 CBString 类都继承于 CBase 类，这三个类有一个公共方法 GetName()，而 CBint 类有自己的公共方法 GetInt()，CBString 类也有自己的公共方法 GetString()。如果想通过 CBase 类的指针调用 CBint 类或 CBString 类的特有方法，就必须确定指针的具体类。下面的代码实现了这样的功能。

```
01  class CBase                                              // 基类
02  {
03  public:
04      virtual char * GetName()=0;                          // 虚方法
05  };
06
07  class CBint:public CBase
08  {
09  public:
10      char * GetName() { return "CBint"; }
11      int GetInt(){ return 1; }
12  };
13
14  class CBString:public CBase
15  {
16  public:
17      char * GetName() { return "CBString"; }
18      char * GetString(){ return "Hello"; }
19  };
20
21  int main(int argc, char* argv[])
22  {
23      CBase * B1 = (CBase *)new CBint();
24      printf(B1->GetName());
25      CBint *B2 = static_cast<CBint*>(B1);                 // 静态转换
26      if (B2)
27          printf("%d",B2->GetInt());
28      CBase * C1 = (CBase *)new CBString();
29      printf(C1->GetName());
30      CBString *C2 = static_cast<CBString *>(C1);
31      if (C2)
32          printf(C2->GetString());
33      return 0;
34  }
```

从上面的代码可以看出，基类 CBase 的指针 B1 和 C1 分别指向了 CBint 类与 CBString 类的对象，并且基类通过 static_cast 进行了转换，这就形成了一个运行时类型识别的过程。

14.1.2 RTTI 与引用

RTTI 必须能与引用一起工作。指针与引用明显不同，引用总是由编译器逆向引用，而一个指针的类型或它指向的类型可能要检测。下面的代码定义了一个子类和一个基类。

```
01  #include "stdafx.h"
02  #include "typeinfo.h"
```

```
03
04  class CB
05  {
06  public:
07      int GetInt(){ return 1;};
08  };
09
10  class CI:public CB
11  {
12  };
```

通过下面的代码可以看出，typeid() 获取的指针是基类类型，而不是子类类型或派生类类型，typeid() 获取的引用是子类类型。

```
01  int main(int argc, char* argv[])
02  {
03      CB *p = new CI();
04      CB &t = *p;
05      if (typeid(p) == typeid(CB*))
06          printf("指针类型是基类类型！\n");
07      if (typeid(p) != typeid(CI*))
08          printf("指针类型不是子类类型！\n");
09      if (typeid(t) == typeid(CB))
10          printf("引用类型是基类类型！\n");
11      return 0;
12  }
```

与此相反，指针指向的类型在 typeid() 看来是派生类而不是基类，而用一个引用的地址时产生的是基类而不是派生类。

```
    if (typeid(*p) == typeid(CB))
        printf("指针类型是基类类型！\n");
    if (typeid(*p) != typeid(CI))
        printf("指针类型不是子类类型！\n");
    if (typeid(&t) == typeid(CB*))
        printf("引用类型是基类类型！\n");
    if (typeid(&t) != typeid(CI*))
        printf("引用类型不是子类类型！\n");
```

14.1.3 RTTI 与多重继承

RTTI 是一个功能非常强大的功能，对于面向对象的编程方法，如果在类继承时使用了 virtual 虚基类，RTTI 仍然可以准确地获取对象运行时的信息。

例如，下面的代码通过虚基类的形式继承了父类，并通过 RTTI 获取基类指针对象的信息。

```
01  #include "stdafx.h"
02  #include "typeinfo.h"
03  #include "iostream.h"
04
05  class CB                                    // 基类
06  {
07      virtual void dowork(){};                // 虚方法
08  };
09
10  class CD1:virtual public CB
11  {
12  };
13
14  class CD2:virtual public CB
15  {
16  };
17
18  class CD3:public CD1,public CD2
19  {
20  public:
21      char *Print(){ return "Hello";};
22  };
23
24  int main(int argc, char* argv[])
25  {
26      CB * p = new CD3();                     // 向上转型
27      cout << typeid(*p).name() << endl;      // 获取指针信息
28      CD3 * pd3 = dynamic_cast<CD3*>(p);      // 动态转型
29      if (pd3)
30          cout << pd3->Print() << endl;
31      return 0;
32  }
```

即使只提供一个 virtual 基类指针，typeid() 也能准确地检测出实际对象的名字。用动态映射也会工作得很好，但编译器不允许试图用原来的方法强制映射。

```
    CD3 *pd3 = (CD3 *)p;                         // 错误转换
```

编译器知道这不可能正确，所以它要求用户使用动态映射。

14.1.4　RTTI 映射语法

无论什么时候使用类型映射，都是在打破类型系统，这实际上是在告诉编译器，即使知道一个对象的确切类型，还是可以假定它是另外一种类型。这本身就是一件很危险的事情，也是容易发生错误的地方。

为了解决这个问题，C++ 用保留字 dynamic_cast、const_cast、static_cast 和 reinterpret_cast 提供了一个统一的类型映射语法，在需要进行动态映射时提供了一个解决问题的可能。这意味着那些已有的映射语法已经被重载太多，不能再支持任何其他功能了。

（1）dynamic_cast：用于安全类型的向下映射。

例如，通过 dynamic_cast 实现基类指针的向下转型。

```
01  #include "stdafx.h"
02  #include "iostream.h"
03  class CBase
04  {
05  public:
06      virtual void Print(){ cout << "CBase" << endl; }
07  };
08
09  class CChild:public CBase
10  {
11  public:
12      void Print(){ cout << "CChild" << endl; }
13  };
14
15  int main(int argc, char* argv[])
16  {
17      CBase *p = new CChild();
18      p->Print();
19      CChild *d = dynamic_cast<CChild*>(p);
20      d->Print();
21      return 0;
22  }
```

（2）const_cast：用于映射常量和变量。

如果想把一个 const 转换为非 const，就要用到 const_cast。这是可以使用 const_cast 的唯一转换，如果还有其他转换，则必须分开指定，否则会产生编译错误。

例如，在常方法中修改成员变量和常量的值。

```
01  #include "stdafx.h"
02  #include "iostream.h"
03
04  class CX
05  {
06  protected:
07      int m_count;
08  public:
09      CX(){m_count = 10;}
10      void f() const                          // 常方法，不能修改成员变量
11      {
```

```
12          (const_cast<CX*>(this))->m_count = 8;              // 修改成员变量
13          cout << m_count << endl;
14      }
15  };
16
17  int main(int argc, char* argv[])
18  {
19      CX *p = new CX();
20      p->f();
21      const int i = 10;                                      // 常量
22      int *n = const_cast<int*>(&i);                         // 转为非常量
23      *n = 5;
24      cout << *n << endl;
25      return 0;
26  }
```

（3）static_cast：为了行为良好或较好而使用的映射，如向上转型和类型自动转换。

例如，通过 static_cast 将子类指针向上转型成基类指针。

```
01  #include "stdafx.h"
02  #include "iostream.h"
03
04  class CB                                                   // 基类
05  {
06  public:
07      virtual void print(){ cout << "class CB" << endl;}     // 虚方法
08  };
09
10  class CD:public CB                                         // 派生类
11  {
12  public:
13      void print(){ cout << "class CD" << endl;}             // 覆盖
14  };
15
16  int main(int argc, char* argv[])
17  {
18      CD *p = new CD();
19      p->print();
20      CB *b = static_cast<CB*>(p);                           // 向上转型
21      b->print();
22      return 0;
23  }
```

（4）reinterpret_cast：将某一类型映射回原有类型。

例如，先将整型转成字符型，再利用 reinterpret_cast 将其转回原类型。

```
01  #include "stdafx.h"
```

```
02  #include "iostream.h"
03
04  int main(int argc, char* argv[])
05  {
06      int n = 97;
07      char p[4] = {0};                            // 定义与整型大小相同的字符数组
08      p[0] = (char)n;                             // 第一个元素为 97
09      cout << p << endl;
10      int *f = reinterpret_cast<int*>(&p);        // 将数组 p 转回原类型
11      cout << *f << endl;
12      return 0;
13  }
```

微课视频

14.2 异常处理

异常处理是程序设计中除调试之外的另一种错误处理方法，往往被大多数程序设计人员忽略。异常处理引起的代码膨胀将不可避免地增加程序阅读的困难，这是令程序设计人员十分烦恼的。异常处理与真正的错误处理有一定区别，它不但可以对系统错误做出反应，还可以对人为制造的错误做出反应和处理。本节将向读者介绍 C++ 语言中异常处理的方法。

14.2.1 抛出异常

当程序执行到某一函数或方法内部时，程序本身出现了一些异常，但这些异常并不能被系统捕获，这时就可以创建一个错误信息，由系统捕获该错误信息并处理。创建错误信息并发送的过程就是抛出异常。

最初，异常信息的抛出只是定义一些常量，这些常量通常是整型值或字符串信息。下面的代码是通过整型值创建的异常抛出。

```
01  #include "stdafx.h"
02  #include "iostream.h"
03
04  int main(int argc, char* argv[])
05  {
06      try
07      {
08          throw 1;                        // 抛出异常
09      }
10      catch(int error)
11      {
12          if (error == 1)                 // 异常信息
13              cout << "产生异常" << endl;
14      }
```

```
15      return 0;
16  }
```

在 C++ 中，异常的抛出是使用 throw 关键字实现的，这个关键字的后面可以跟随任何类型的值。上面的代码将整型值 "1" 作为异常信息抛出，异常被捕获时可以根据该信息进行异常处理。

异常的抛出还可以使用字符串作为异常信息进行发送，代码如下：

```
01  #include "stdafx.h"
02  #include "iostream.h"
03
04  int main(int argc, char* argv[])
05  {
06      try
07      {
08          throw "异常产生！";                        // 抛出异常
09      }
10      catch(char * error)
11      {
12              cout << error << endl;
13      }
14      return 0;
15  }
```

可以看到，字符串形式的异常信息适用于异常信息的显示，但并不适用于异常信息的处理。那么，是否可以将整型信息与字符串信息结合起来作为异常信息进行抛出呢？之前说过，throw 关键字后面跟随的是类型的值，所以其后不但可以跟随基本数据类型的值，还可以跟随类类型的值，这就可以通过类的构造函数将整型值与字符串结合在一起，还可以同时应用更灵活的功能。

例如，将错误 ID 和错误信息以类对象的形式进行异常抛出。

```
01  #include "stdafx.h"
02  #include "iostream.h"
03  #include "string.h"
04
05  class CcustomError                              // 异常类
06  {
07  private:
08      int m_ErrorID;                              // 异常 ID
09      char m_Error[255];                          // 异常信息
10  public:
11      CCustomError(int ErrorID,char *Error)       // 构造函数
12      {
13          m_ErrorID = ErrorID;
```

```
14              strcpy(m_Error,Error);
15      }
16      int GetErrorID(){ return m_ErrorID; }         // 获取异常 ID
17      char * GetError(){ return m_Error; }          // 获取异常信息
18  };
19
20  int main(int argc, char* argv[])
21  {
22      try
23      {
24          throw (new CCustomError(1,"出现异常！"));  // 抛出异常
25      }
26      catch(CCustomError* error)
27      {
28          // 输出异常信息
29          cout << "异常 ID: " << error->GetErrorID() << endl;
30          cout << "异常信息: " << error->GetError() << endl;
31      }
32      return 0;
33  }
```

本段代码定义了一个异常类，这个类包含两个内容，一个是异常 ID，也就是异常信息的编号。另一个是异常信息，也就是异常的说明文本。通过 throw 关键字抛出异常时，需要指定这两个参数。

14.2.2 异常捕获

异常捕获是指当一个异常被抛出时，不一定就在异常抛出的位置处理这个异常，也可以在别的地方进行处理。这样不仅增加了程序结构的灵活性，也提高了异常处理的方便性。

如果在函数内抛出一个异常（或者在函数调用时抛出一个异常），将在异常抛出时退出函数。如果不想在异常抛出时退出函数，可以在函数内创建一个特殊块，用于解决实际程序中的问题。这个特殊块由 try 关键字组成，如：

```
try
{
// 抛出异常
}
```

异常抛出信号发出后，其一旦被异常处理器接收就会被销毁。异常处理器应具备接收任何异常的能力。异常处理器紧随 try 块之后，处理方法由关键字 catch 引导。

```
try
{
}
catch(type obj)
```

```
      {
      }
```

异常处理部分必须直接放在测试块之后。如果一个异常信号被抛出，异常处理器中第一个参数与异常抛出对象相匹配的函数将捕获该异常信号，并进入相应的 catch 语句执行异常处理程序。catch 语句与 switch 语句不同，它不需要在每个 case 语句后加入 "break" 去中断后面程序的执行。

下面通过 try…catch 语句捕获一个异常。代码如下：

```
01  #include "stdafx.h"
02  #include "iostream.h"
03  #include "string.h"
04
05  class CcustomError                         // 异常类
06  {
07  private:
08      int m_ErrorID;                         // 异常 ID
09      char m_Error[255];                     // 异常信息
10  public:
11      CCustomError()                         // 构造函数
12      {
13          m_ErrorID = 1;
14          strcpy(m_Error,"出现异常！");
15      }
16      int GetErrorID(){ return m_ErrorID; }  // 获取异常 ID
17      char * GetError(){ return m_Error; }   // 获取异常信息
18  };
19
20  int main(int argc, char* argv[])
21  {
22      try
23      {
24          throw (new CCustomError());        // 抛出异常
25      }
26      catch(CCustomError* error)
27      {
28          // 输出异常信息
29          cout << "异常 ID: " << error->GetErrorID() << endl;
30          cout << "异常信息：" << error->GetError() << endl;
31      }
32      return 0;
33  }
```

在上面的代码中可以看到 try 语句块中用于捕获 throw 所抛出的异常。throw 异常的抛出可以直接写在 try 语句块内部，也可以写在函数或类方法内部，但函数或方法必须写在

try 语句块内部才可以捕获异常。

异常处理器可以成组出现，并根据 try 语句块获取的异常信息处理不同的异常。代码如下：

```
01  int main(int argc, char* argv[])
02  {
03      try
04      {
05          throw "字符串异常！";
06          //throw (new CCustomError());          // 抛出异常
07      }
08      catch(CCustomError* error)
09      {
10          // 输出异常信息
11          cout << "异常 ID：" << error->GetErrorID() << endl;
12          cout << "异常信息：" << error->GetError() << endl;
13      }
14      catch(char * error)
15      {
16          cout << "异常信息：" << error << endl;
17      }
18      return 0;
19  }
```

有时候，列出的异常处理中并不一定包含所有可能发生的异常类型，所以 C++ 提供了可以处理任何类型异常的方法，就是在 catch 后面的括号内添加 "..."。代码如下：

```
01  int main(int argc, char* argv[])
02  {
03      try
04      {
05          throw "字符串异常！";
06          //throw (new CCustomError());          // 抛出异常
07      }
08      catch(CCustomError* error)
09      {
10          // 输出异常信息
11          cout << "异常 ID：" << error->GetErrorID() << endl;
12          cout << "异常信息：" << error->GetError() << endl;
13      }
14      catch(char * error)
15      {
16          cout << "异常信息：" << error << endl;
17      }
18      catch(...)
```

```
19      {
20          cout << "未知异常信息！" << endl;
21      }
22      return 0;
23 }
```

有时需要重新抛出刚接收的异常，尤其是程序无法得到有关异常的信息，而用省略号捕获任意的异常时。这些工作通过加入不带参数的 throw 就可以完成：

```
catch (...) {
    cout << "未知异常！"<<endl;
    throw ;
}
```

如果一个 catch 语句忽略了一个异常，那么这个异常将进入更高层的异常处理环境。由于每个异常抛出的对象是被保留的，所以更高层的异常处理器可以抛出来自这个对象的所有信息。

14.2.3　异常匹配

当程序中有异常抛出时，异常处理系统会根据异常处理器的顺序找到最近的异常处理块，并不会搜索更多的异常处理块。

异常匹配并不要求异常与异常处理器进行完美匹配，一个对象或一个派生类对象的引用将与基类处理器进行匹配。若抛出的异常是类对象的指针，则指针会匹配相应的对象类型，但不会自动转换成其他对象类型，如下例所示。

```
01 #include "stdafx.h"
02
03 class CExcept1{};
04 class CExcept2
05 {
06 public:
07     CExcept2(CExcept1& e){}
08 };
09
10 int main(int argc, char* argv[])
11 {
12     try
13     {
14         throw CExcept1();
15     }
16     catch (CExcept2)
17     {
18         printf(" 进入 CExcept2 异常处理器！ \n");
19     }
```

```
20      catch(CExcept1)
21      {
22          printf("进入 CExcept1 异常处理器！\n");
23      }
24      return 0;
25  }
```

上面的代码可以被认为第一个异常处理器会使用构造函数进行转换，将 CExcept1 对象转换为 CExcept2 对象，但实际上系统在异常处理期间并不会执行这样的转换，而是在 CExcept1 处终止。

下面的代码将演示基类处理器如何捕获派生类的异常。

```
01  #include "stdafx.h"
02  #include "iostream.h"
03
04  class CExcept
05  {
06  public:
07      virtual char *GetError(){ return "基类处理器"; }
08  };
09
10  class CDerive : public CExcept
11  {
12  public:
13      char *GetError(){ return "派生类处理器"; }
14  };
15
16  int main(int argc, char* argv[])
17  {
18      try
19      {
20          throw CDerive();
21      }
22      catch(CExcept)
23      {
24          cout << "进入基类处理器 \n";
25      }
26      catch(CDerive)
27      {
28          cout << "进入派生类处理器 \n";
29      }
30      return 0;
31  }
```

从上面的代码可以看出，虽然抛出的异常是 CDerive 类，但由于第一个异常处理器是

CExcept 类，该类是 CDerive 类的基类，所以将进入此异常处理器内部。为了正确地进入指定的异常处理器，在对异常处理器进行排列时，应将派生类排在前面，将基类排在后面。

14.2.4　标准异常

用于 C++ 标准库的一些异常可以直接应用到程序中，应用标准异常类比应用自定义异常类简单得多。如果系统提供的标准异常类不能满足需要，就不可以在它们的基础上进行派生。下面给出了 C++ 提供的一些标准异常。

```
01  namespace std
02  {
03  //exception 派生
04  class logic_error;                  // 逻辑错误，在程序运行前可以检测出来
05  //logic_error 派生
06  class domain_error;              // 违反前置条件
07  class invalid_argument;          // 指出函数的一个无效参数
08  class length_error;              // 指出有一个超过类型 size_t 的最大可表现值长度的对
    象的企图
09  class out_of_range;              // 参数越界
10  class bad_cast;              // 在运行时，类型识别中有一个无效的 dynamic_cast 表达式
11  class bad_typeid;                // 报告在表达式 typeid(*p) 中有一个空指针 p
12  //exception 派生
13  class runtime_error;              // 运行时错误，仅在程序运行中检测到
14  //runtime_error 派生
15  class range_error;              // 违反后置条件
16  class overflow_error;          // 报告一个算术溢出
17  class bad_alloc;              // 存储分配错误
18  }
```

观察上述类的层次结构可以看出，标准异常类都派生自一个公共的基类 exception。基类包含必要的多态性函数，提供异常描述，可以被重载。下面是 exception 类的原型。

```
01  class exception
02  {
03      public:
04      exception() throw();
05      exception(const exception& rhs) throw();
06      exception& operator=(const exception& rhs) throw();
07      virtual ~exception() throw();
08      virtual const char *what() const throw();
09  };
```

第 15 章　程序调试

程序调试是程序开发人员必做的一项工作，甚至占用了程序开发人员大部分的开发时间。正确的使用调试方法，不但可以提高工作效率，而且可以减轻工作负担。本章主要介绍程序错误的常见类型、常用的调试工具、调试的基本应用和高级应用。

15.1　选择正确的调试方法

微课视频

在程序设计过程中，无论你有多么丰富的编程经验，或者技术多么熟练，都会不可避免地出现程序错误。有经验的程序员早就认识到，解决程序错误的最好方法就是使用调试。任何一种程序开发工具都具有独立的调试系统，而且技术十分成熟，所以只要掌握开发工具自身的调试系统，就可以很好地解决编程过程中出现的错误。

在程序开发过程中，逻辑错误和运行时错误通常是最普遍、最容易发生的，所以当程序出现错误时，首先要确定是逻辑错误还是运行时错误，再根据情况选择适当的调试方法。

15.2　四种常见的程序错误类型

微课视频

应用程序可能遇到的错误类型主要有四种：语法错误、连接错误、运行时错误和逻辑错误。这些错误中的大多数均发生在编写的 C++ 程序向可执行形式转化的过程中。另外，在程序编译的过程中，由于要建立的可执行文件版本的不同（调试版本和发行版本），可能出现不同的错误。

15.2.1　语法错误

在程序设计过程中，不论是初学者还是经验丰富的程序员，都会或多或少地出现语法错误。语法错误就是在编写程序代码时违反了 C++ 的语法规则，在程序进行编译时，开发工具会提示编译出错的信息。

例如，在编写代码时经常使用的字符串输出功能。

```
01  #include "stdafx.h"
02
03  int main(int argc, char* argv[])
04  {
05      printf("Hello World!\n")
06      printf(" 大家好！ ");
```

```
07      return 0;
08 }
```

编译上面的代码系统会提示这样的错误信息：

```
    C:\demo11\demo11.cpp(9) : error C2146: syntax error : missing ';'
before identifier 'printf'
    Error executing cl.exe.
    demo11.exe - 1 error(s), 0 warning(s)
```

当编译器将源代码翻译为可以在计算机上运行的可执行程序时，编译器将试图定位和报告尽可能多的语法错误，并对合法但以后可能引起错误的潜在问题给出警告。Visual C++ 编译器可以报告声明但从未使用过的变量，以及在初始化之前对变量的使用，甚至可以指出产生的逻辑流程将禁止某些代码段被执行——这种问题被标记为 unreachable code（不可到达的代码）。

上面的提示信息明确地指出 printf 语句中缺少“;”，但有些初学编程者根本不看编译器提示的信息，花费大量时间找程序出错的原因，而有经验的程序员看到编译器提示的信息后立刻修正了程序中的错误。

15.2.2　连接错误

出现连接错误最常见的一种情况就是在使用动态链接库时，虽然已对 lib 文件进行了载入，但 lib 文件与动态链接库所在的位置和可执行文件并不在同一个目录下。连接错误与其他错误在本质上是有区别的，比如，语法错误是由于违反语法规则产生的，而连接错误则是由于在编译可执行文件时缺少外部连接文件产生的。

例如，定义一个名为 demodll.dll 的动态链接库，通过应用程序调用此 DLL 中的函数。

在应用程序的头文件中添加以下代码：

```
01 extern "C" __declspec(dllexport) void ShowHello();
02 #pragma comment(lib,"demodll.lib")
```

在对程序进行编译时，编译器会寻找名为 demodll.lib 的文件，这个文件是与 demodll.dll 文件一起编译生成的。如果这个 lib 文件并没有与可执行文件放在相同的目录下，在进行编译时会提示下面的错误信息：

```
    Linking...
    LINK : fatal error LNK1104: cannot open file "demodll.lib"
    Error executing link.exe.
    demo12.exe - 1 error(s), 0 warning(s)
```

通过上面的错误信息可以看出，编译器连接 demodll.lib 文件时没有找到相应的文件，所以提示“文件无法打开”的错误信息。

15.2.3 运行时错误

运行时错误不是在程序进行编译时产生的，而是在程序编译后没有出现任何错误提示的情况下，程序运行时发生的异常现象。运行时错误与语法错误或连接错误不同，它在编译时并没有给出错误提示，所以不能简单地从提示信息上进行处理。但 Visual C++ 开发工具为编程人员提供了强大的错误处理能力，可以通过在程序代码中设置错误断点来检测并处理运行时错误。

例如，定义一个数组变量，并向这个数组变量赋值。

```
01 #include "stdafx.h"
02 #include "iostream.h"
03
04 int main(int argc, char* argv[])
05 {
06     int array[10];
07     for (int i = 0; i <= 10; i++)
08         cin >> array[i];
09     printf("Hello World!\n");
10     return 0;
11 }
```

本程序运行过程中，在为第 11 个元素赋值时将提示异常信息，如图 15.1 所示。

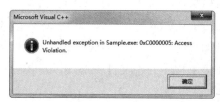

图 15.1　运行时错误信息

通过图中显示的错误信息可以知道本程序使用了不存在的内存地址，但不能确定在什么地方使用了不存在的内存地址。所以需要设置断点，并跟踪程序执行的每步操作，直到程序出错的位置，再判断异常产生的原因并处理。利用断点进行程序调试的方法将在后文介绍。

15.2.4 逻辑错误

逻辑错误是最难处理的一种错误，因为导致这种错误出现的原因是对某一问题解决方案的错误理解。更糟糕的是，编译器不能捕获并处理逻辑错误。对于这种错误，我们不能看到任何错误信息，只能看到错误的结果，或有程序终止。在这种情况下，只能使用不同的数据去测试程序的运行结果是否正确。

　　虽然编译器不能捕获逻辑错误，但可以使用调试器或其他方法解决逻辑错误。下面介绍两种常用的逻辑错误处理方法。

　　一是利用调试器设置断点，并跟踪程序执行的每条语句。在跟踪的同时对变量值进行验证，查看出现逻辑错误的位置。

　　二是利用字符串输出语句，在需要输出验证信息的位置，将变量值以字符串的形式输出，这样就可以很快地查找出出现逻辑错误的位置。

微课视频

15.3　调试工具的使用

　　初学编程者在实际编程过程中会遇到许多问题，快速找到并解决这些问题的唯一方法就是使用程序调试。程序调试在每个语言的集成开发环境中都存在，只是一些初学者将这一功能忽略了，所以才在遇到程序错误时不知所措。

15.3.1　创建调试程序

　　在进行程序调试之前，先创建一个用于程序调试的程序。创建步骤如下。

　　(1) 选择"文件 (File)"菜单中的"新建 (New)"命令，打开"新建 (New)"对话框。

　　(2) 在 Project name 文本框中输入 DebugProject，在左侧的工程列表中选择 Win32 Console Application 选项，创建一个控制台应用程序，如图 15.2 所示。

　　(3) 单击 OK 按钮进入下一个页面，选中 "A "Hello, World!" application." 单选按钮，创建一个 Hello World 工程，单击 Finish 按钮完成工程的创建，如图 15.3 所示。

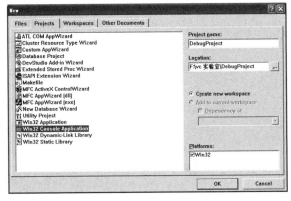

图 15.2　New 对话框

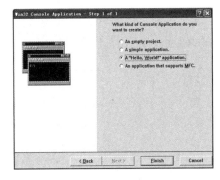

图 15.3　应用程序向导

　　(4) 修改程序代码，以便在程序调试时使用。代码如下：

```
01  #include "stdafx.h"
02  #include "string.h"                    // 字符串函数头文件
03
04  int main(int argc, char* argv[])
```

```
05  {
06      printf("Hello World!\n");
07      // 开始添加代码
08      char *str = new char[100];          // 定义字符串变量
09      strcpy(str,"Hello Word!");          // 给字符串赋值
10      int s,a,b;                          // 定义整型变量
11      a = 5;                              // 赋初值
12      b = 10;
13      s = a + b;                          // 求和
14      printf("str:%s\n",str);             // 输出字符串
15      printf("s:%d\n",s);                 // 输出求和结果
16      // 添加代码结束
17      return 0;
18  }
```

运行结果如图 15.4 所示。

图 15.4   运行结果

15.3.2   进入调试状态

按 F5 键即可进入调试状态，但由于此时没有指定断点，所以程序的运行与普通的运行没有区别。因此，在进入调试状态前应先将鼠标光标定位在断点所在行，然后按 F9 键添加断点，如图 15.5 所示。

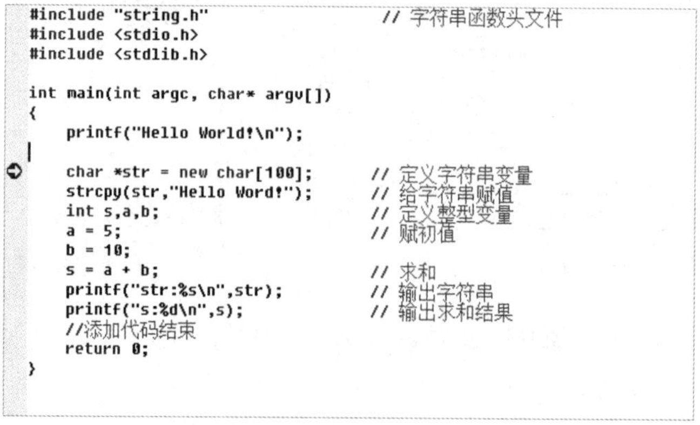

图 15.5   添加断点

按 F5 键，程序运行到断点所在行时就会停下来，这时就可以查看程序运行时的信息了。

15.3.3 Watch 窗口

Watch 窗口用于在调试期显示程序中定义的变量或表达式的值，在代码编辑区拖放选中的变量到该窗口，即可显示该变量的值。操作步骤如下。

（1）进入调试状态，单击调试工具栏中的 Watch 按钮打开 Watch 窗口。

（2）选中变量 s，并将其拖放到 Watch 窗口中，如图 15.6 所示。

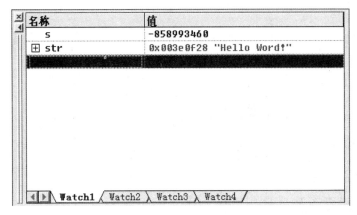

图 15.6 Watch 窗口

（3）按 F10 键，单步执行到变量被赋值后的代码，即可看到变量值的变化。

15.3.4 Call Stack 窗口

Call Stack 窗口用来显示栈中被调用但还未返回的函数。操作步骤如下。

（1）进入调试状态，单击 Debug 工具栏中的 Call Stack 按钮打开 Call Stack 窗口。

（2）由于在 main 函数中设置了断点，所以程序运行到断点处停止，Call Stack 窗口将显示 main 函数的信息，如图 15.7 所示。

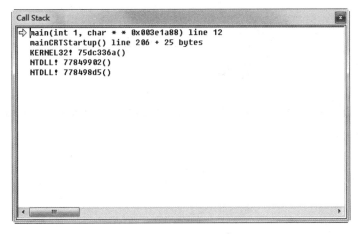

图 15.7 Call Stack 窗口

15.3.5　Memory 窗口

Memory 窗口用于显示内存中的数据。操作步骤如下。

（1）进入调试状态，单击 Debug 工具栏中的 Memory 按钮打开 Memory 窗口。

（2）单步运行程序到 strcpy 函数所在行，此时在 Watch 窗口中可以看到 str 变量的地址，将该地址输到 Memory 窗口中，并按 Enter 键，单步执行到下一行代码即可看到 str 变量在内存中的值，如图 15.8 所示。

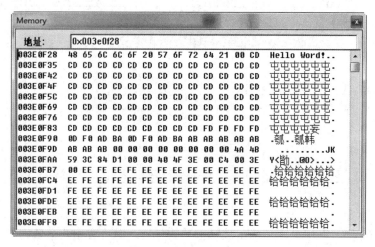

图 15.8　Memory 窗口

15.3.6　Variables 窗口

Variables 窗口用来显示变量的值，在这个窗口中显示的变量是由系统自动生成的，不可以进行修改。进入调试状态后，单击 Debug 工具栏上的 Variables 按钮打开该窗口，该窗口中有三个选项卡：Auto、Locals 和 this，如图 15.9 所示。

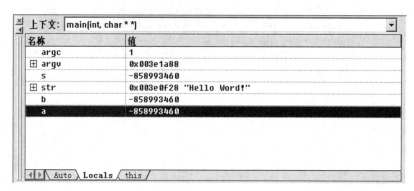

图 15.9　Variables 窗口

各选项卡的功能说明如下。

- Auto（自动）：显示当前行和前一行使用的变量值。

- Locals（本地）：显示当前函数包含的变量值。
- this（this 指针）：显示当前 this 指针指向的类对象的信息。

15.3.7　Registers 窗口

Registers 窗口显示了当前 CPU 各个寄存器的值。运行程序进入调试状态，在 Debug 工具栏上单击 Registers 按钮打开该窗口，通过该窗口可以查看寄存器信息，如图 15.10 所示。

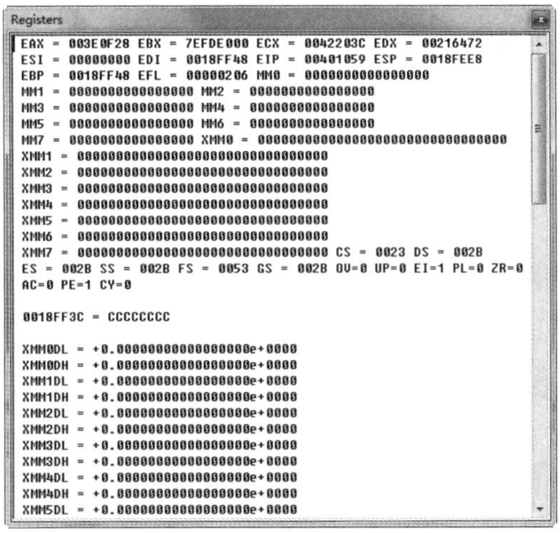

图 15.10　Registers 窗口

15.3.8　Disassembly 窗口

Disassembly 窗口用来显示源代码的反汇编代码。运行程序进入调试状态，单击 Debug 工具栏上的 Disassembly 按钮打开该窗口，如图 15.11 所示。

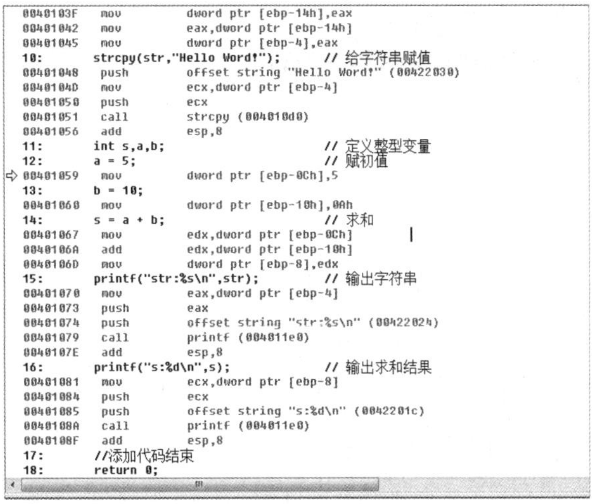

图 15.11　Disassembly 窗口

15.4 调试的基本应用

微课视频

调试是解决程序出现的错误的有效途径，通过简单的调试操作可以解决程序设计中出现的大部分错误。

15.4.1 变量的跟踪与查看

变量的跟踪与查看是在设置断点进入调试运行状态，按 F10 或 F11 键单步执行到变量所在的代码行时，在 Variables 窗口将显示当前代码行中变量的值，此时就可以在程序运行时查看当前行变量的值，并根据该值判断程序计算是否正确。

例如，循环输出一组数的累加和。

```
01  #include "stdafx.h"
02  #include "iostream.h"
03
04  int main(int argc, char* argv[])
05  {
06      int sum = 0;
07      for (int i = 0; i < 10 ; i++,i++)
08      {
09          sum += i;
10          cout << sum << '\n';
11      }
12      return 0;
13  }
```

当断点位在 sum +=i; 语句时，通过 Variables 窗口可以同时看到变量 sum 和 i 的值，如图 15.12 所示。

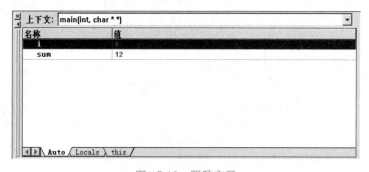

图 15.12 跟踪变量

在 Variables 窗口中，"名称"代表变量的名称，"值"代表变量的值。而且，每次变量发生改变时，相应的值会自动发生改变。

使用 Auto 选项卡时存在一个问题，即自动跟踪范围过于狭窄。此时，可以单击 Variables 窗口中的 Locals 选项卡观察所有局部变量。

Variables 窗口显示的变量信息是由系统决定的，所以不能控制变量的显示范围，但通过 Watch 窗口可以自由地添加或删除当前需要显示的变量。使用上面的代码，进入调试运行状态，在调试工具栏中打开 Watch 窗口，在"名称"中输入需要显示的变量的名称，如图 15.13 所示。

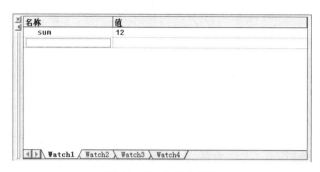

图 15.13　查看变量值

在 Watch 窗口中可以看到，sum 是由程序设计人员填写的，这样就可以根据需要在窗口中显示需要查看的变量。当需要删除变量的显示时，按 Delete 键即可。同时还可以看到，Watch 窗口的下方有多个选项卡页，在每个选项卡页中都可以设置不同的变量进行跟踪查看。

15.4.2　位置断点的使用

位置断点就是在指定的位置设置断点。通常程序设计人员使用的断点都属于位置断点，也就是在指定的代码行按 F9 键添加一个断点，但这类断点只起到在程序调试运行到代码所在行时中断程序运行的作用。

位置断点的使用有一定的技巧，程序设计人员可以控制位置断点在什么条件下有效，这样就使断点和调试更加灵活地结合起来，更容易处理复杂的调试问题。

例如，在一个循环过程中可能会出现异常，此时就可以使用位置断点。

```
01  #include "stdafx.h"
02  #include "iostream.h"
03
04  int main(int argc, char* argv[])
05  {
06      int sum = 0;
07      int n = 552;
08      for (int i = 0; i < 100 ; i++,i++)
09      {
10          sum += i;
11          int k = sum;
12          k /= (sum - n);
13      }
```

```
14      return 0;
15  }
```

执行上面的代码时，for 循环语句会出现异常。但由于循环次数非常多，所以不能简单地使用单步调试。为了快速达到调试的效果，先在 sum += i; 这行代码上按 F9 键，以添加一个调试断点，然后按"Ctrl + B"组合键调出 Breakpoints 窗口，并选中断点，如图 15.14 所示。

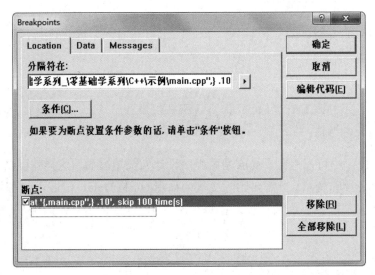

图 15.14 Breakpoints 窗口

单击 Condition 按钮弹出 Breakpoint Condition 窗口，在最下面的文本框中输入循环的最大次数，单击 OK 按钮，如图 15.15 所示。

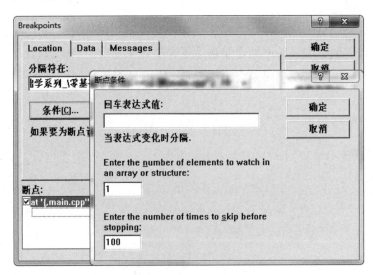

图 15.15 Breakpoint Condition 窗口

位置断点设置完成后，按 F5 键开始调试运行，此时程序运行报错，如图 15.16 所示。

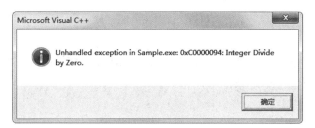

图 15.16　程序出错

单击"确定"按钮关闭对话框。按"Ctrl + B"组合键调出 Breakpoints 窗口，在窗口的下方可以看到运行的总次数为 100 次，有 76 次没有运行，如图 15.17 所示。

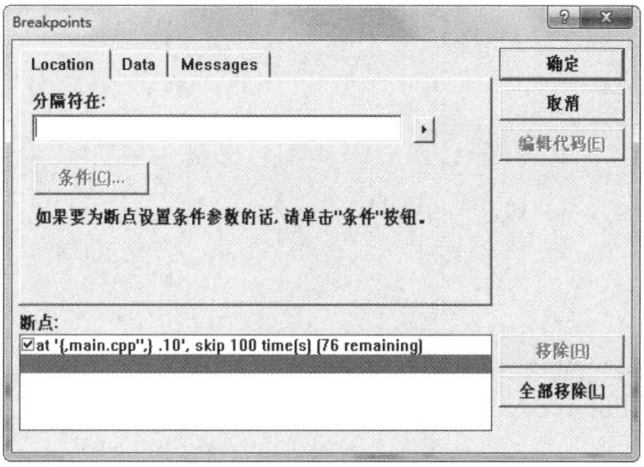

图 15.17　Breakpoints 窗口

关闭 Breakpoints 窗口，按"Shift + F5"组合键退出调试状态。按"Ctrl + B"组合键调出 Breakpoints 窗口，单击 Condition 按钮将 skip 的值由"100"修改为"23"，单击 OK 按钮，如图 15.18 所示。

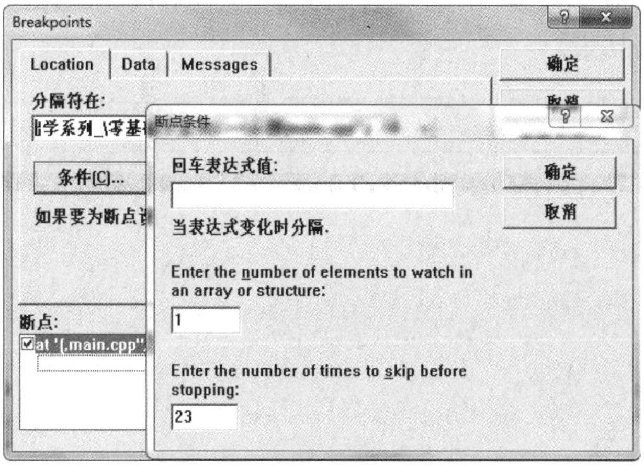

图 15.18　修改 skip 的值

按 F5 键调试运行，此时按 F10 键单步运行就可以立刻定位到程序出错的位置。

15.5　调试的高级应用

微课视频

有些程序错误只使用基本的调试技术是无法解决的，本节将向读者介绍一些高级的调试方法，以解决更复杂的程序错误。

15.5.1　在调试时修改变量的值

开发工具 Visual C++6.0 提供了强大的程序调试功能，不但可以满足各种调试需求，还可以在程序调试时修改某一变量的值，并继续调试。这一功能不但提高了程序调试的效率，还增加了调试的灵活性，使程序设计人员更好地解决程序中出现的错误。

例如，通过对字符的判断显示不同的结果。

```
01  #include "iostream.h"
02  #include "string.h"
03
04  int main(int argc, char* argv[])
05  {
06      char flgstr = 'Y';
07      char outstr[255];
08      if (flgstr == 'Y' )
09          strcpy(outstr , "今天晚上同学聚会。");
10      else
11          strcpy(outstr , "晚上同学聚会取消。");
12      cout << outstr;
13      return 0;
14  }
```

在 if 语句上添加一个普通断点，按 F5 键调试运行，此时需要将"flgstr"的值"'Y'"修改为"'N'"。在 Variables 窗口中找到这个变量，直接修改其值为"'N'"，该变量将以红色显示，如图 15.19 所示。

图 15.19　修改变量值

按 F10 键继续运行，可以看到 "outstr" 的值是条件为 false 时的结果，如图 15.20 所示。

图 15.20　outstr 变量输出的结果

通过上面的功能，程序设计人员就可以在调试过程中任意修改变量的值，而且不需要重新编译程序就可以继续调试。这一功能也可以在 Watch 窗口中使用，如图 15.21 所示。

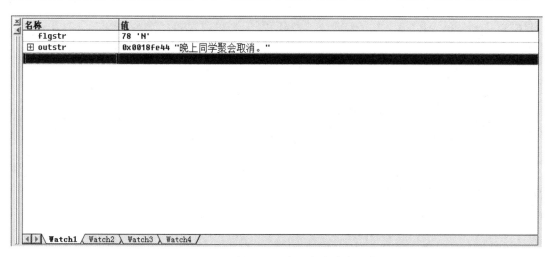

图 15.21　在 Watch 窗口中修改变量值

15.5.2　在循环语句中调试

在循环语句中进行调试是一项十分复杂的工作，由于循环的次数通常都很多，所以单步调试可能需要花费大量的时间，因此必须寻找另外的方法进行调试。在 15.4 节中介绍位置断点的时候讲解了在循环语句中调试的方法，使用这种方法虽然可以快速定位到程序出错的位置，但并不能跟踪变量的值。本节将介绍另一种循环调试的方法，就是利用 TRACE 宏将循环中使用的变量结果显示在 Debug 窗口中。

例如，在一个循环过程中可能会出现异常，可以使用 TRACE 函数进行调试查看。

```
01  int sum = 0;
```

```
02  int n = 552;
03  for (int i = 0; i < 100 ; i++,i++)
04  {
05      sum += i;
06      int k = sum;
07      k /= (sum - n);
08      TRACE("i=%d\n",i);
09  }
```

这段代码必须写在支持 MFC 的应用程序中，因为 TRACE 宏是定义在 MFC 中的。运行此程序时不用设置断点，直接按 F5 键调试运行，变量 i 的值就会显示在 Debug 输出窗口中，如图 15.22 所示。

图 15.22　在 Debug 窗口中输出变量的值

通过上图就可以看出循环在什么位置出错，并且能看到相应变量的值，这有助于对程序中的错误进行分析。这种方法不但适用于循环程序，也适用于对其他错误的处理。

第 16 章　文件操作

文件操作是程序开发中不可缺少的一部分，任何需要数据存储的软件都需要进行文件操作。文件操作包括打开文件、读文件和写文件，掌握读文件和写文件的同时，还要理解文件指针的移动，以控制读文件和写文件的位置。

16.1　流简介

16.1.1　C++ 中的流类库

C++ 语言为不同类型数据的标准输入和输出定义了专门的类库，主要有 ios、istream、ostream、iostream、ifstream、ofstream、fstream、istrstream、ostrstream 和 strstream 等类。ios 为根基类，直接派生四个类，即输入流类 istream、输出流类 ostream、文件流基类 fstreambase 和字符串流基类 strstreambase。输入文件流类 ifstream 同时继承了输入流类和文件流基类，输出文件流类 ofstream 同时继承了输出流类和文件流基类，输入字符串流类 istrstream 同时继承了输入流类和字符串流基类，输出字符串流类 ostrstream 同时继承了输出流类和字符串流基类，输入 / 输出流类 iostream 同时继承了输入流类和输出流类，输入 / 输出文件流类 fstream 同时继承了输入 / 输出流类和文件流基类，输入 / 输出字符串流类 strstream 同时继承了输入 / 输出流类和字符串流基类。类库关系如图 16.1 所示。

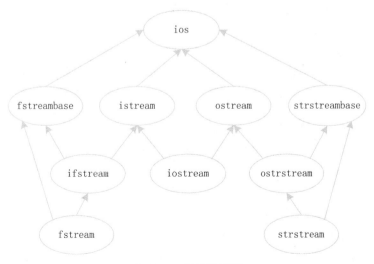

图 16.1　类库关系图

16.1.2　类库的使用

C++ 系统中的 I/O 标准类都定义在 iostream.h、fstream.h 和 strstream.h 这三个头文件中，各头文件包含的类如下。

进行标准 I/O 操作时使用 iostream.h 头文件，它包含 ios、iostream、istream 和 ostream 等类。

进行文件 I/O 操作时使用 fstream.h 头文件，它包含 fstream、ifstream、ofstream 和 fstreambase 等类。

进行串 I/O 操作时使用 strstream.h 头文件，它包含 strstream、istrstream、ostrstream、strstreambase 和 iostream 等类。

只要引入头文件就可以使用类进行相应的操作。

16.1.3　ios 类中的枚举常量

根基类 ios 中定义了用户需要使用的枚举类型，由于它们是在公用成员部分定义的，所以其中的每个枚举类型常量在加上 ios:: 前缀后都可以被本类成员函数和所有外部函数访问。

在三个枚举类型中有一个无名枚举类型，其中定义的每个枚举常量都是用于设置控制输入 / 输出格式的标志的。该枚举类型定义如下。

```
enum{skipws,left,right,insternal,dec,oct,hex,showbase,showpoint,
    uppercase,showpos,scientific,fixed,unitbuf,stdio};
```

主要枚举常量的含义如下。

- skipws：利用它设置对应标志后，从流中输入数据时，跳过当前位置及后面所有连续的空白字符，从第一个非空白字符开始读数，否则不跳过空白字符。空格、制表符 \t、回车符 \r 和换行符 \n 统称为空白字符。
- left：靠左对齐输出数据。
- right：靠右对齐输出数据。
- insternal：显示占满整个域宽，用填充字符在符号和数值之间填充。
- dec：用十进制输出数据。
- hex：用十六进制输出数据。
- showbase：在数值前显示基数符，八进制基数符是 "0"，十六进制基数符是 "0x"。
- showpoint：强制输出的浮点数中带有小数点和小数尾部的无效数字 "0"。
- uppercase：用大写输出数据。
- showpos：在数值前显示符号。
- scientific：用科学记数法显示浮点数。
- fixed：用固定小数点位数显示浮点数。

16.1.4　流的输入 / 输出

通过前文的学习，相信读者已经对文件流有了一定的了解，现在就通过实例来看一下如何在程序中使用流进行输出。

字符相加并输出

```
01  #include <iostream.h>
02  #include <strstrea.h>
03  void main()
04  {
05      char buf[]="12345678";
06      int i,j;
07      istrstream s1(buf);
08      s1 >> i;                // 将字符串转换为数字
09      istrstream s2(buf,3);
10      s2 >> j;                // 将字符串转换为数字
11      cout << i+j <<endl;     // 两个数字相加
12  }
```

程序运行结果如图 16.2 所示。

图 16.2　程序运行结果

微课视频

16.2　文件打开

16.2.1　打开方式

只有文件流与磁盘上的文件进行连接后，才能对磁盘上的文件进行操作，这个连接过程称为打开文件。

打开文件的方式有以下两种。

（1）在创建文件流时利用构造函数打开文件，即在创建流时加入参数。语法结构如下：

　　< 文件流类 > < 文件流对象名 >(< 文件名 >,< 打开方式 >)

文件流类可以是 fstream、ifstream 和 ofstream 中的一种。文件名指的是磁盘文件的名称，包括磁盘文件的路径名。打开方式在 ios 类中定义，有输入方式、输出方式、追加方式等，如下：

● ios::in：以输入方式打开文件，文件只能读取，不能改写。

● ios::out：以输出方式打开文件，文件只能改写，不能读取。

- ios::app：以追加方式打开文件，文件指针在文件尾部，可改写。
- ios::ate：打开已存在的文件，文件指针指向文件尾部，可读、可写。
- ios::binary：以二进制方式打开文件。
- ios::trunc：打开文件进行写操作，如果文件已经存在，则清除文件中的数据。
- ios::nocreate：打开已经存在的文件，如果文件不存在，则打开失败，不创建文件。
- ios::noreplace：创建新文件，如果文件已经存在，则打开失败，不覆盖文件。

参数可以结合运算符"|"使用，例如：

- ios::in|ios::out：以读写方式打开文件，对文件可读、可写。
- ios::in|ios::binary：以二进制方式打开文件，进行读操作。

使用相对路径打开文件 test.txt 进行写操作：

```
ofstream outfile("test.txt",ios::out);
```

使用绝对路径打开文件 test.txt 进行写操作：

```
ofstream outfile("c::\\test.txt",ios::out);
```

📋 **学习笔记**

> 字符"\"表示转义，如果使用"c:\"则必须写成"c:\\"。

（2）利用 open 函数打开磁盘文件。语法结构如下：

```
< 文件流对象名 >.open(< 文件名 >,< 打开方式 >);
```

文件流对象名是一个已经定义了的文件流对象。

```
ifstream infile;
infile.open("test.txt",ios::out);
```

使用任意一种方式打开文件时，如果打开成功，则文件流对象为非 0 值；如果打开失败，则文件流对象为 0 值。检测一个文件是否打开成功可以用以下语句：

```
void open(const char * filename,int mode,int prot=filebuf::openprot)
```

prot 决定文件的访问方式，取值说明如下。

- 0：普通文件。
- 1：只读文件。
- 2：隐含文件。
- 4：系统文件。

16.2.2　默认打开模式

如果没有指定打开方式的参数，编译器会使用默认值。

```
std::ofstream std::ios::out | std::ios::trunk
std::ifstream std::ios::in
```

std::fstream　无默认值

文件打开模式根据用户的需要有不同的组合，下面就对各个模式的效果进行介绍。文件打开模式如表 16.1 所示。

表 16.1　文件打开模式

打 开 模 式	效　　果	文 件 存 在	文件不存在
in	为读而打开		错误
out	为写而打开	截断	创建
out | app	为在文件结尾处写而打开		创建
in | out	为输入 / 输出而打开		创建
in | out |trunc	为输入 / 输出而打开	截断	创建

16.2.3　打开文件的同时创建文件

通过前文的学习，相信读者已经对文件操作的知识有了一定的了解。为了使读者更好地掌握前面学习的知识，下面通过实例进一步进行介绍。

创建文件

```
01  #include <iostream>
02  #include <fstream>
03  using namespace std;
04  int main()
05  {
06      ofstream ofile;
07      cout << "Create file1" << endl;
08      ofile.open("test.txt");
09      if(!ofile.fail())
10      {
11          ofile << "name1" << " ";
12          ofile << "sex1" << " ";
13          ofile << "age1";
14          ofile.close();
15          cout << "Create file2" <<endl;
16          ofile.open("test2.txt");
17          if(!ofile.fail())
18          {
19              ofile << "name2" << " ";
20              ofile << "sex2" << " ";
21              ofile << "age2";
22              ofile.close();
23          }
24      }
25      return 0;
26  }
```

本程序将创建两个文件，由于 ofstream 默认打开方式是 std::ios::out | std::ios::trunk，所以当文件夹内没有 test.txt 文件和 test2.txt 文件时，会创建这两个文件，并向文件内写入字符串：向 test.txt 文件写入字符串 "name1 sex1 age1"，向 test2.txt 文件写入字符串 "name2 sex2 age2"。如果文件夹内有 test.txt 文件和 test2.txt 文件，会覆盖原有文件重新写入。

微课视频

16.3　文件的读写

在对文件进行操作时，必然离不开读写文件。在使用程序查看文件内容时，首先要读取文件；要修改文件内容时，则需要向文件中写入数据。本节主要介绍通过程序对文件进行读写操作。

16.3.1　文件流

1. 流

流可以分为三类，即输入流、输出流和输入 / 输出流，相应地，必须将流说明为 ifstream、ofstream 和 fstream 类的对象。

```
ifstream ifile;          // 声明一个输入流
ofstream ofile;          // 声明一个输出流
fstream iofile;          // 声明一个输入 / 输出流
```

说明了流对象之后，可以使用函数 open 打开文件。文件的打开就是在流与文件之间建立一个连接。

2. 文件流成员函数

ofstream 和 ifstream 类有很多用于磁盘文件管理的函数。

- attach：在一个打开的文件与流之间建立连接。
- close：刷新未保存的数据后关闭文件。
- flush：刷新流。
- open：打开一个文件，并把它与流连接。
- put：把一个字节写入流中。
- rdbuf：返回与流连接的 filebuf 对象。
- seekp：设置流文件指针位置。
- setmode：设置流为二进制或文本模式。
- tellp：获取流文件指针位置。
- write：把一组字节写入流中。

3. fstream 成员函数表

fstream 成员函数如表 16.2 所示。

表 16.2 fstream 成员函数

函 数 名	功 能 描 述
get(c)	从文件读取一个字符
getline(str,n, '\n')	从文件读取字符，并将字符存入字符串 str 中，直到读取 n-1 个字符或遇到 "\n" 时结束
peek()	查找下一个字符，但不从文件中取出
put(c)	将一个字符写入文件
putback(c)	向输入流中放回一个字符，但不保存
eof	如果读取超过 eof，则返回 true
ignore(n)	跳过 n 个字符，若参数为空，则跳过下一个字符

学习笔记

参数 c、str 为 char 型，参数 n 为 int 型。

通过上面的介绍，读者已经对写入流有了一定的了解，下面就通过使用 ifstream 和 ofstream 对象实现读写文件的功能。

读写文件

```
01  #include <iostream>
02  #include <fstream>
03  using namespace std;
04  int main()
05  {
06      char buf[128];
07      ofstream ofile("test.txt");
08      for(int i=0;i<5;i++)
09      {
10          memset(buf,0,128);
11          cin >> buf;
12          ofile << buf;
13      }
14      ofile.close();
15      ifstream ifile("test.txt");
16      while(!ifile.eof())
17      {
18          char ch;
19          ifile.get(ch);
20          if(!ifile.eof())
21              cout << ch;
22      }
23      cout << endl;
24      ifile.close();
25      return 0;
```

```
26  }
```

程序运行结果如图 16.3 所示。

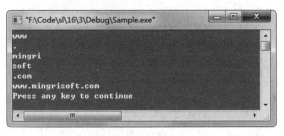

图 16.3　运行结果

本程序首先使用 ofstream 类创建并打开 test.txt 文件，然后需要用户输入 5 次数据，程序把这 5 次输入的数据全部写入 test.txt 文件，接着关闭 ofstream 类打开的文件，用 ifstream 类打开文件，并将文件中的内容输出。

16.3.2　写文本文件

文本文件是程序开发时经常用到的文件，使用记事本程序就可以打开文本文件。文本文件以 .txt 作为扩展名，16.3.1 节已经使用 ifstream 类和 ofstream 类创建并写入了文本文件，本节主要应用 fstream 类写入文本文件。

向文本文件写入数据

```
01  #include <iostream>
02  #include <fstream>
03  using namespace std;
04  int main()
05  {
06      fstream file("test.txt",ios::out);
07      if(!file.fail())
08      {
09          cout << "start write " << endl;
10          file << "name" << " ";
11          file << "sex" << " ";
12          file << "age" << endl;
13      }
14      else
15          cout << "can not open" << endl;
16      file.close();
17      return 0;
18  }
```

本程序通过 fstream 类的构造函数打开文本文件 test.txt，并向文本文件写入了字符串"name sex age"。

16.3.3　读取文本文件

前面介绍了如何写入文件信息，下面通过实例介绍一下如何读取文本文件。

读取文本文件

```
01 #include <iostream>
02 #include <fstream>
03 using namespace std;
04 int main()
05 {
06     fstream file("test.txt",ios::in);
07     if(!file.fail())
08     {
09         while(!file.eof())
10         {
11             char buf[128];
12             file.getline(buf,128);
13             if(file.tellg()>0)
14             {
15                 cout << buf;
16                 cout << endl;
17             }
18         }
19     }
20     else
21         cout << "can not open" << endl;;
22     file.close();
23     return 0;
24 }
```

本程序将打开文本文件 test.txt，文件内容如图 16.4 所示。

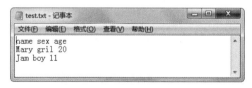

图 16.4　文件内容

程序会读取文本文件 test.txt 中的内容，并将其输出，运行结果如图 16.5 所示。

图 16.5　运行结果

16.3.4　二进制文件的读写

文本文件中的数据都是 ASCII 码，如果要读取图片，就不能使用读取文本文件的方法。以二进制方式读写文件，需要使用 ios::binary 模式，下面通过实例实现这一功能。

使用 read 方法读取文件

```cpp
01  #include <iostream>
02  #include <fstream>
03  using namespace std;
04  int main()
05  {
06      char buf[50];
07      fstream file;
08      file.open("test.dat",ios::binary|ios::out);
09      for(int i=0; i<2; i++)
10      {
11          memset(buf,0,50);
12          cin >> buf;
13          file.write(buf,50);
14          file << endl;
15      }
16      file.close();
17      file.open("test.dat",ios::binary|ios::in);
18      while(!file.eof())
19      {
20          memset(buf,0,50);
21          file.read(buf,50);
22          if(file.tellg()>0)
23              cout << buf;
24      }
25      cout << endl;
26      file.close();
27      return 0;
28  }
```

程序运行结果如图 16.6 所示。

图 16.6　程序运行结果

本程序需要用户输入两次数据，先通过 fstream 类以二进制方式写入数据，再通过 fstream 类以二进制方式读取并输出数据。读取二进制数据需要使用 read 方法，写入二进制数据需要使用 write 方法。

学习笔记

> cout 遇到结束符 "\0" 就停止输出。以二进制存储数据的文件会有很多结束符 "\0"，遇到结束符 "\0" 并不代表数据已经结束。

16.3.5 实现文件复制

用户在进行程序开发时，有时需要用到复制等操作，下面就介绍复制文件的方法。

```
01  #include <iostream>
02  #include <fstream>
03  #include <iomanip>
04  using namespace std;
05  int main()
06  {
07      ifstream infile;
08      ofstream outfile;
09      char name[20];
10      char c;
11      cout<<"请输入文件: "<<"\n";
12      cin>>name;
13      infile.open(name);
14      if(!infile)
15      {
16          cout<<"文件打开失败！ ";
17          exit(1);
18      }
19      strcat(name,"复本");
20      cout<< "start copy" << endl;
21      outfile.open(name);
22      if(!outfile)
23      {
24          cout<<"无法复制";
25          exit(1);
26      }
27      while(infile.get(c))
28      {
29          outfile << c;
30      }
31      cout<<"start end"<< endl;
```

```
32        infile.close();
33        outfile.close();
34        return 0;
35 }
```

本程序需要用户输入一个文件名，先使用 infile 打开文件，接着在文件名后加上"复本"两个字，并用 outfile 创建该文件，再通过一个循环将原文件中的内容复制到目标文件。

16.4 文件指针移动操作

微课视频

在读写文件的过程中，有时用户可能不需要对整个文件进行读写操作，而是对指定位置的一段数据进行读写操作，这就需要通过移动文件指针来完成。

16.4.1 文件错误与状态

在 I/O 流的操作过程中可能出现各种错误，每个流都有一个状态标志字，以指示是否发生了错误及出现了哪种类型的错误，这种处理技术与格式控制标志字是相同的。ios 类定义了以下枚举类型：

```
enum io_state
{
    goodbit=0x00,          // 不设置任何位，一切正常
    eofbit=0x01,           // 输入流已经结束，无字符可读入
    failbit=0x02,          // 上次的读写操作失败，但流仍可使用
    badbit=0x04,           // 试图进行无效的读写操作，流不可再用
    bardfail=0x80          // 不可恢复的严重错误
};
```

对应于标志字各状态位，ios 类提供了以下成员函数来检测或设置流的状态。

```
int rdstate();
int eof();
int fail();
int bad();
int good();
int clear(int flag=0);
```

为提高程序的可靠性，应在程序中检测 I/O 流的操作是否正常。例如，用 fstream 默认方式打开文件时，如果文件不存在，fail() 就能检测到错误发生，并通过 rdstate 方法获得文件状态。

```
fstream file("test.txt");
if(file.fail())
{
    cout << file.rdstate << endl;
}
```

16.4.2　文件的追加

在写入文件时，有时用户不会一次写入全部数据，而是写入一部分数据后再根据条件追加写入，例如：

```
01  #include <iostream>
02  #include <fstream>
03  using namespace std;
04  int main()
05  {
06      ofstream ofile("test.txt", ios::app);
07      if(!ofile.fail())
08      {
09          cout << "start write " << endl;
10          ofile << "Mary ";
11          ofile << "girl ";
12          ofile << "20 ";
13      }
14      else
15          cout << "can not open";
16      return 0;
17
18  }
```

本程序将字符串"Mary girl 20"追加到文本文件 test.txt 中，文本文件 test.txt 中的内容没有被覆盖。如果 test.txt 文本文件不存在，则创建该文件并写入字符串"Mary girl 20"。

追加可以使用其他方法实现，例如，先打开文件，然后通过 seekp 方法将文件指针移到末尾，再向文件中写入数据，整个过程和使用参数取值一样。使用 seekp 方法实现追加的代码如下。

```
01  fstream iofile("test.dat",ios::in| ios::out| ios::binary);
02  if(iofile)
03  {
04      iofile.seekp(0,ios::end);          // 为了写入移动
05      iofile << endl;
06      iofile << " 我是新加入的 "
07      iofile.seekg(0);                   // 为了读取移动
08      int i=0;
09      char data[100];
10      while(!iofile.eof && i< sizeof(data))
11          iofile.get(data[i++]);
12      cout << data;
13  }
```

本程序先打开 test.dat 文件，查找文件的末尾，并在末尾加入字符串，然后将文件指针移到文件开始处，最后输出文件中的内容。

16.4.3　文件结尾的判断

在操作文件时，经常需要判断文件是否结束，使用 eof() 方法可以实现这一操作。另外，也可以通过其他方法来判断，例如，使用流的 get() 方法，如果文件指针指向文件末尾，get() 方法获取不到数据就返回 "−1"。

```
01  fstream iofile("test.dat",ios::in| ios::out| ios::binary);
02  if(iofile)
03  {
04      iofile.seekp(0,ios::end);                // 为了写入移动
05      iofile << endl;
06      iofile << " 我是新加入的 "
07      iofile.seekg(0);                         // 为了读取移动
08      int i=0;
09      char data[100];
10      while(!iofile.eof && i< sizeof(data))
11          iofile.get(data[i++]);
12      cout << data;
13  }
```

本程序实现输出 test.txt 文件中的内容，同样的功能使用 eof() 方法也可以实现。

```
01  ifstream ifile("test.txt");
02  if(!ifile.fail())
03  {
04      while(!ifile.eof())
05      {
06          char ch;
07          ifile.get(ch);
08          if(!ifile.eof())                     // 差一个空格
09              cout << ch;
10      }
11      ifile.close();
12  }
```

本程序仍然是输出 test.txt 文件中的内容，但使用 eof() 方法需要多判断一步。

很多地方需要使用 eof() 方法判断文件是否已经结束，下面通过实例进行讲述。

判断文件的结尾

```
01  #include <iostream>
02  #include <fstream>
03  using namespace std;
04  int main()
05  {
06      ifstream ifile("test.txt");
07      if(!ifile.fail())
```

```
08      {
09          while(!ifile.eof())
10          {
11              char ch;
12              streampos sp = ifile.tellg();
13              ifile.get(ch);
14              if(ch == ' ')
15              {
16                  cout << "postion:" << sp ;
17                  cout <<"is blank "<< endl;
18              }
19          }
20      }
21      return 0;
22  }
```

本程序打开文本文件 test.txt，文件内容如图 16.7 所示。

图 16.7　文件内容

程序运行结果如图 16.8 所示。

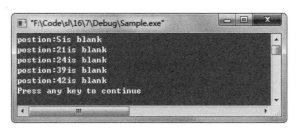

图 16.8　程序运行结果

16.4.4　在指定位置读写文件

要实现在指定位置读写文件的功能，首先要了解文件指针是如何移动的。下面将介绍用于设置文件指针位置的函数。

● seekg：位移字节数，相对位置用于输入文件中指针的移动。

● seekp：位移字节数，相对位置用于输出文件中指针的移动。

● tellg：用于查找输入文件中的文件指针位置。

● tellp：用于查找输出文件中的文件指针位置。

位移字节数是移动指针的位移量；相对位置是参照位置，取值如下。

- ios::beg：文件头部。
- ios::end：文件尾部。
- ios::cur：文件指针的当前位置。

例如，seekg(0,ios::beg) 是将文件指针移动到相对于文件头 0 个偏移量的位置，即指针在文件头。

```cpp
01  #include <iostream>
02  #include <fstream>
03  using namespace std;
04  int main()
05  {
06      ifstream ifile;
07      char cFileSelect[20];
08      cout << "input filename:";
09      cin >> cFileSelect;
10      ifile.open(cFileSelect);
11      if(!ifile)
12      {
13          cout << cFileSelect << "can not open" << endl;
14          return 0;
15      }
16      ifile.seekg(0,ios::end);
17      int maxpos=ifile.tellg();
18      int pos;
19      cout << "Position:";
20      cin >> pos;
21      if(pos > maxpos)
22      {
23          cout << "is over file lenght" << endl;
24      }
25      else
26      {
27          char ch;
28          ifile.seekg(pos);
29          ifile.get(ch);
30          cout << ch <<endl;
31      }
32      ifile.close();
33      return 1;
34  }
```

如果用户输入的文件名是 test.txt，在 test.txt 文件中含有字符串 "www.mingrisoft. com"，则程序运行结果如图 16.9 所示。

图 16.9　程序运行结果

通过 maxpos 可以获得文件长度，本实例就通过 maxpos 获得了文件长度，并输出了
文件指定位置的内容。

微课视频

16.5　文件和流的关联和分离

一个流对象可以在不同时间表示不同文件。在构造一个流对象时，不用将流和文件绑
定，使用流对象的 open 成员函数动态与文件关联，如果要关联其他文件就先调用 close 成
员函数关闭当前文件与流的连接，再通过 open 成员函数建立与其他文件的连接。下面通过
实例实现文件和流的关联和分离功能。

```
01  #include <iostream>
02  #include <fstream>
03  using namespace std;
04  int main()
05  {
06      const char* filename="test.txt";
07      fstream iofile;
08      iofile.open(filename,ios::in);
09      if(iofile.fail())
10      {
11          iofile.clear();
12          iofile.open(filename, ios::in| ios::out| ios::trunc);
13      }
14      else
15      {
16          iofile.close();
17          iofile.open(filename, ios::in| ios::out| ios::ate);
18
19      }
20      if(!iofile.fail())
21      {
22          iofile << " 我是新加入的 ";
23          iofile.seekg(0);
24          while(!iofile.eof())
25          {
26              char ch;
```

```
27                  iofile.get(ch);
28                  if(!iofile.eof())
29                      cout << ch;
30              }
31          cout << endl;
32      }
33      return 0;
34  }
```

本程序打开文本文件 test.txt，文件内容如图 16.10 所示。

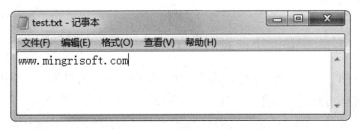

图 16.10　文件内容

程序运行结果如图 16.11 所示。

图 16.11　程序运行结果

　　本程序需要用户输入文件名，先使用 fstream 类的 open 方法打开文件，如果文件不存在，就通过在 open 方法中指定 ios::in| ios::out| ios::trunc 参数取值创建该文件，然后向文件中写入数据，接着将文件指针指向文件开始处，最后输出文件内容。在第一次调用 open 方法打开文件后，如果文件存在，则调用 close 方法将文件流与文件分离，再调用 open 方法建立文件流与文件的关联。

16.6　删除文件

微课视频

　　前面介绍了文件的创建及文件的读写，本节通过具体实例讲述如何将一个文件删除。代码如下：

```
01  #include <iostream>
02  #include <iomanip>
03  using namespace std;
04  int main()
05  {
```

```
06      char file[50];
07      cout <<"Input file name: "<<"\n";
08      cin >>file;
09      if(!remove(file))
10      {
11          cout <<"The file:"<<file<<" 已删除 "<<"\n";
12      }
13      else
14      {
15          cout <<"The file:"<<file<<" 删除失败 "<<"\n";
16      }
17  }
```

本程序通过 remove 函数将用户输入的文件删除。remove 函数是系统提供的函数，可以删除指定的磁盘文件。

第 17 章　网络通信

随着使用网络的群体日益庞大，对网络软件的需求越来越大，网络通信已成为程序员必须掌握的技术。网络通信技术中涉及的协议和概念很多，有阻塞函数和非阻塞函数、TCP/IP、客户端和服务器端。本章通过具体实例讲述如何建立 Socket 通信。

17.1　TCP/IP

微课视频

17.1.1　OSI 参考模型

开放式系统互联（Open System Interconnection，OSI）是国际标准化组织（ISO）为了实现计算机网络的标准化而颁布的参考模型。OSI 参考模型采用分层划分原则，将网络中的数据传输划分为七层，每层使用下层的服务，并向上层提供服务。表 17.1 描述了 OSI 参考模型的结构。

表 17.1　OSI 参考模型的结构

层　　次	名　　称	功　能　描　述
第七层	应用层（Application）	应用层负责网络中的应用程序与网络操作系统之间的联系。例如，建立和结束使用者之间的连接，管理建立相互连接使用的应用资源
第六层	表示层（Presentation）	表示层用于确定数据交换的格式，能够解决应用程序之间在数据格式上的差异，并负责设备之间需要的字符集和数据的转换
第五层	会话层（Session）	会话层是用户应用程序与网络层的接口，能够建立与其他设备的连接，即会话，还能够对会话进行有效管理
第四层	传输层（Transport）	传输层提供会话层和网络层之间的传输服务，该服务从会话层获得数据，必要时对数据进行分割，传输层将数据传递到网络层，并确保数据能正确无误地传送到网络层
第三层	网络层（Network）	网络层能够将传输的数据封包，并通过路由选择、分段组合等控制，将信息从源设备传送到目标设备
第二层	数据链路层（Data Link）	数据链路层主要修正传输过程中的错误信号，能够提供可靠地通过物理介质传输数据的方法
第一层	物理层（Physical）	物理层利用传输介质为数据链路层提供物理连接，规范网络硬件的特性、规格和传输速度

OSI 参考模型的建立不仅创建了通信设备之间的物理通道，还规划了各层之间的功能，为标准化组合和生产厂家定制协议提供了基本原则，有助于用户了解复杂的协议，如

TCP/IP、X.25 协议等。用户可以将这些协议与 OSI 参考模型对比，进而了解这些协议的工作原理。

17.1.2　TCP/IP 参考模型

TCP/IP（Transmission Control Protocal/Internet Protocal，传输控制协议 / 网际协议）是互联网上流行的协议，但它并不完全符合 OSI 的七层参考模型。传统的开放式系统互联参考模型是一种通信协议七层抽象的参考模型，每层执行某一特定任务。该模型的目的是使各种硬件在相同的层次上相互通信，这七层是物理层、数据链路层、网络层、传输层、会话层、表示层和应用层。而 TCP/IP 采用四层的层级结构，每层都呼叫它的下一层所提供的网络来完成自己的需求。这四层分别如下。

- 应用层：应用程序间沟通的层，如简单电子邮件传输（SMTP）、文件传输协议（FTP）、网络远程访问协议（Telnet）等。
- 传输层：此层提供了节点间的数据传送服务，如传输控制协议（TCP）、用户数据包协议（UDP）等，TCP 和 UDP 给数据包加入传输数据，并把它传输到下一层。这层负责传送数据，并且确定数据已被送达并接收。
- 互联网络层：负责提供基本的数据封包传送功能，让每块数据包都能够到达目的主机（但不检查是否被正确接收），如网际协议（IP）。
- 网络接口层：对实际的网络媒体进行管理，定义如何使用实际网络（如 Ethernet、Serial Line 等）传送数据。

17.1.3　IP 地址

IP 被称为网际协议，Internet 上使用的一个关键的底层协议就是它。我们利用一个共同遵守的通信协议，使 Internet 成为一个允许连接不同类型的计算机和操作系统的网络。要使两台计算机进行通信，必须使它们使用同一种语言。通信协议就像两台计算机交换信息时使用的共同语言，规定了双方应共同遵守的规定。

IP 具有适应各种各样的网络硬件的灵活性，对底层网络硬件几乎没有任何要求，一个网络只要可以从一个地点向另一个地点传送二进制数据，就可以使用 IP 加入 Internet。

如果希望在 Internet 上进行交流和通信，则每台连上 Internet 的计算机都必须遵守网际协议。为此，使用 Internet 的每台计算机必须运行 IP 软件，以便时刻准备发送或接收信息。

IP 地址是由 IP 规定的，用 32 位二进制数表示。最新的 IPv6 协议将 IP 地址升为 128 位，这使得 IP 地址更加广泛，能够很好地解决目前 IP 地址紧缺的情况。但是 IPv6 协议距离实际应用还有一段距离，目前多数操作系统和应用软件都以 32 位的 IP 地址为基准。

32 位的 IP 地址主要分为两部分：前缀和后缀。前缀表示计算机所属的物理网络，后缀确定该网络上的唯一一台计算机。在互联网上，每个物理网络都有一个唯一的网络号，根据网络号的不同，可以将 IP 地址分为五类，即 A 类、B 类、C 类、D 类和 E 类。其中，

A 类、B 类和 C 类属于基本类，D 类用于多播发送，E 类属于保留类。表 17.2 描述了各类 IP 地址的范围。

表 17.2　各类 IP 地址的范围

类　　型	范　　围
A 类	0.0.0.0 ～ 127.255.255.255
B 类	128.0.0.0 ～ 191.255.255.255
C 类	192.0.0.0 ～ 223.255.255.255
D 类	224.0.0.0 ～ 239.255.255.255
E 类	240.0.0.0 ～ 247.255.255.255

在上述 IP 地址中，有几个 IP 地址是特殊的，有单独的用途。

1. 网络地址

主机地址为 0 的表示网络地址，如 128.111.0.0。

2. 广播地址

网络号后所有位全是 1 的 IP 地址表示广播地址。

3. 回送地址

127.0.0.1 表示回送地址，用于测试。

17.1.4　数据包格式

TCP/IP 的每层都会发送不同的数据包，常用的数据包有 IP 数据包、TCP 数据包、UDP 数据包和 ICMP 数据包。

1. IP 数据包

IP 数据包是在 IP 间发送的，主要在以太网与 IP 模块之间传输，提供无链接数据包传输。IP 不保证数据包的发送，但最大限度地发送数据。IP 数据包结构定义如下：

```
typedef struct HeadIP {
    unsigned char    headerlen:4;      // 首部长度，占 4 位
    unsigned char    version:4;        // 版本，占 4 位
    unsigned char    servertype;       // 服务类型，占 8 位，即 1 字节
    unsigned short   totallen;         // 总长度，占 16 位
    unsigned short   id;               // 与 idoff 构成标识，共占 16 位，前 3 位是标识，
后 13 位是片偏移
    unsigned short   idoff;
    unsigned char    ttl;              // 生存时间，占 8 位
    unsigned char    proto;            // 协议，占 8 位
    unsigned short   checksum;         // 首部检验和，占 16 位
    unsigned int     sourceIP;         // 源 IP 地址，占 32 位
```

```
        unsigned int    destIP;                          // 目的 IP 地址，占 32 位
    } HEADIP;
```

理论上，IP 数据包的最大长度是 65535 字节，这是由 IP 首部 16 位总长度字段决定的。

2. TCP 数据包

TCP 是一种提供可靠数据传输的通信协议，在网际协议模块和 TCP 模块之间传输。TCP 数据包分为 TCP 包头和数据两部分。TCP 包头包含源端口、目的端口、序列号、确认序列号、头部长度、码元比特、窗口、校验和、紧急指针、可选项、填充位和数据区。在发送数据时，应用层的数据传输到传输层，加上 TCP 包头，数据就构成了包文。报包是网际层 IP 的数据，如果再加上 IP 首部，就构成了 IP 数据包。TCP 数据包包头结构定义如下：

```
    typedef struct HeadTCP {
        WORD    SourcePort;                    // 16 位源端口号
        WORD    DePort;                        // 16 位目的端口
        DWORD   SequenceNo;                    // 32 位序号
        DWORD   ConfirmNo;                     // 32 位确认序号
        BYTE    HeadLen;                       // 与 Flag 为一个组成部分，首部长度，
占 4 位，保留 6 位，6 位标识，共 16 位
        BYTE    Flag;
        WORD    WndSize;                       // 16 位窗口大小
        WORD    CheckSum;                      // 16 位校验和
        WORD    UrgPtr;                        // 16 位紧急指针
    } HEADTCP;
```

TCP 提供了一个完全可靠的、面向连接的、全双工的（包含两个独立且方向相反的连接）流传输服务，允许两个应用程序建立一个连接，在全双工方向发送数据，并终止连接。每个 TCP 连接可靠地建立并完善地终止，在终止发生前，所有数据都会被可靠地传送。

TCP 比较有名的概念是三次握手，即通信双方彼此交换三次信息。三次握手是在数据包丢失、重复和延迟的情况下，确保信息交换确定性的充分必要条件。

📋 **学习笔记**

可靠传输服务软件都是面向数据流的。

3. UDP 数据包

UDP 是一个面向无连接的协议，为应用程序提供一次性的数据传输服务，采用该协议后，两个应用程序不需要先建立连接。UDP 工作在网际协议模块与 UDP 模块之间，不提供差错恢复，不能提供数据重传，所以它的应用程序都比较复杂，如 DNS（域名解析服务）应用程序。UDP 数据包包头结构如下：

```
    typedef struct HeadUDP {
```

```
    WORD SourcePort;                    //16 位源端口号
    WORD DePort;                        //16 位目的端口
    WORD Len;                           //16 位 UDP 长度
    WORD ChkSum;                        //16 位 UDP 校验和
} HEADUDP;
```

UDP 数据包分为伪首部和首部两部分，伪首部包含原 IP 地址、目标 IP 地址、协议字、UDP 长度、源端口、目的端口、包文长度、校验和、数据区，是为了计算和检验而设置的。伪首部包含 IP 首部的一些字段，目的是让 UDP 检查两次数据是否正确到达目的地。使用 UDP 时，协议字为 17，包文长度包括头部和数据区的总长度，最小为 8 字节。校验和以 16 位为单位，先各位求补（首位为符号位），再将和相加，然后再求补。现在的大部分系统都默认提供可读写大于 8192 字节的 UDP 数据报（8192 是 NFS 读写用户数据数的默认值）。因为 UDP 是无差错控制的，所以发送过程与 IP 类似，即先 IP 分组，然后用 ARP 解析物理地址，最后发送。

4. ICMP 数据包

作为 IP 的附属协议，ICMP（网际控制包文协议）用来与其他主机或路由器交换错误包文和其他重要信息，它可以将某个设备的故障信息发送到其他设备上。ICMP 数据包包头结构如下：

```
typedef struct HeadICMP {
    BYTE Type;                          //8 位类型
    BYTE Code;                          //8 位代码
    WORD ChkSum;                        //16 位校验和
} HEADICMP;
```

17.2 套接字

微课视频

所谓套接字，实际上是一个指向传输提供者的句柄。在 WinSock 中，就是通过操作该句柄来实现网络通信和管理的。根据性质和作用的不同，套接字可以分为三种，即原始套接字、流式套接字和数据包套接字。原始套接字是在 WinSock2 规范中提出的，能够使程序开发人员对底层的网络传输机制进行控制。在原始套接字下接收的数据中含有 IP 头。流式套接字提供双向、有序、可靠的数据传输服务，该类型的套接字在通信前需要双方建立连接，大家熟悉的 TCP 采用的就是流式套接字。与流式套接字对应的是数据包套接字，数据包套接字提供双向的数据流，但是它不能保证数据传输的可靠性、有序性和无重复性，UDP 采用的就是数据包套接字。

17.2.1 WinSocket 套接字

套接字是网络通信的基石，也是网络通信的基本构件，最初是加利福尼亚大学 Berkeley 学院为 UNIX 开发的网络通信编程接口。为了在 Windows 操作系统上使用套接字，20 世纪 90 年代初，微软和第三方厂商共同制定了一套标准，即 Windows Socket 规范，简称 WinSock。1993 年 1 月，WinSock 1.1 成为业界的一项标准，为通用的 TCP/IP 应用程序提供了超强且灵活的 API，但 WinSock 1.1 把 API 限定在 TCP/IP 的范畴，它不能像 Berkerly 模型一样支持多种协议。所以 WinSock 2.0 进行了扩展，开始支持 IPX/SPX 和 DECNet 等协议。WinSock 2.0 允许多种协议栈的并存，可以使应用程序适用于不同的网络名和网络地址。

17.2.2 WinSocket 的使用

Windows 系统提供的套接字函数通常封装在 Ws2_32.dll 动态链接库中，头文件 WinSock2.h 提供了套接字函数的原型，库文件 Ws2_32.lib 提供了 Ws2_32.dll 动态链接库的输出节。在使用套接字函数前，需要引用 WinSock2.h 头文件，并链接 Ws2_32.lib 库文件。例如：

```
#include "winsock2.h"                      // 引用头文件
#pragma comment (lib,"ws2_32.lib")         // 链接库文件
```

此外，在使用套接字函数前，还需要初始化套接字，这可以使用 WSAStartup 函数实现。例如：

```
WSADATA wsd;                               // 定义 WSADATA 对象
WSAStartup(MAKEWORD(2,2),&wsd);            // 初始化套接字
```

常用的套接字函数如下。

1. WSAStartup 函数

该函数用于初始化 Ws2_32.dll 动态链接库。在使用套接字函数之前，一定要初始化 Ws2_32.dll 动态链接库。语法如下：

```
int WSAStartup ( WORD wVersionRequested,LPWSADATA lpWSAData );
```

wVersionRequested 是调用者使用的 Windows Socket 的版本，高字节记录修订版本，低字节记录主版本。例如，如果 Windows Socket 的版本为 2.1，则高字节记录 1，低字节记录 2。

lpWSAData 是一个 WSADATA 结构指针，该结构详细记录了 Windows 套接字的相关信息，定义如下：

```
typedef struct WSAData {
    WORD            wVersion;
    WORD            wHighVersion;
```

```
    char            szDescription[WSADESCRIPTION_LEN+1];
    char            szSystemStatus[WSASYS_STATUS_LEN+1];
    unsigned short  iMaxSockets;
    unsigned short  iMaxUdpDg;
    char FAR *      lpVendorInfo;
} WSADATA, FAR * LPWSADATA;
```

- wVersion：调用者使用的 Ws2_32.dll 动态链接库的版本号。
- wHighVersion：Ws2_32.dll 动态链接库支持的最高版本，通常与 wVersion 相同。
- szDescription：套接字的描述信息，通常没有实际意义。
- szSystemStatus：系统配置或状态信息，通常没有实际意义。
- iMaxSockets：最多可以打开多少个套接字。在套接字版本 2 或以后的版本中，该成员将被忽略。
- iMaxUdpDg：数据包的最大长度。在套接字版本 2 或以后的版本中，该成员将被忽略。
- lpVendorInfo：套接字的厂商信息。在套接字版本 2 或以后的版本中，该成员将被忽略。

2. socket 函数

该函数用于创建一个套接字。语法如下：

```
SOCKET socket (int af, int type, int protocol);
```

- af：一个地址家族，通常为 AF_INET。
- type：套接字类型。如果套接字类型为 SOCK_STREAM，表示创建面向连接的流式套接字；如果套接字类型为 SOCK_DGRAM，表示创建面向无连接的数据包套接字；如果套接字类型为 SOCK_RAW，表示创建原始套接字。用户可以在 Winsock2.h 头文件中找到这些值。
- protocol：套接口所用的协议。如果用户不指定该值，可以将其设置为 0。
- 返回值：创建的套接字句柄。

3. bind 函数

该函数用于将套接字绑定到指定的端口和地址。语法如下：

```
int bind (SOCKET s,const struct sockaddr FAR*  name,int namelen );
```

- s：套接字标识。
- name：一个 sockaddr 结构指针，该结构中包含要结合的地址和端口号。
- namelen：确定 name 缓冲区的长度。
- 返回值：如果函数执行成功，则返回值为 0，否则返回值为 SOCKET_ERROR。

4. listen 函数

该函数用于将套接字设置为监听模式。流式套接字必须处于监听模式才能够接收客户端套接字的连接。语法如下：

```
int listen ( SOCKET s, int backlog);
```

- s：套接字标识。
- backlog：等待连接的最大队列长度。如果 backlog 被设置为 2，此时有 3 个客户端同时发出连接请求，那么前两个客户端连接会放置在等待队列中，第 3 个客户端会得到错误信息。

5. accept 函数

该函数用于接收客户端的连接。流式套接字必须处于监听状态才能接收客户端的连接。语法如下：

```
SOCKET accept ( SOCKET s, struct sockaddr FAR* addr, int FAR* addrlen );
```

- s：一个套接字，应处于监听状态。
- addr：一个 sockaddr_in 结构指针，包含一组客户端的端口号、IP 地址等信息。
- addrlen：用于接收参数 addr 的长度。
- 返回值：一个新的套接字，对应于已经接收的客户端连接，对于该客户端的所有后续操作，都应使用这个新的套接字。

6. closesocket 函数

该函数用于关闭套接字。语法如下：

```
int closesocket (SOCKET s);
```

- s：一个套接字。如果参数 s 设置了 SO_DONTLINGER 选项，则调用该函数后会立即返回，如果此时有数据尚未传送完毕，则会继续传递数据。

7. connect 函数

该函数用于发送一个连接请求。语法如下：

```
int connect (SOCKET s,const struct sockaddr FAR*  name,int namelen );
```

- s：一个套接字。
- name：套接字 s 想要连接的主机地址和端口号。
- namelen：name 缓冲区的长度。
- 返回值：如果函数执行成功，则返回值为 0，否则返回值为 SOCKET_ERROR。用户可以通过 WSAGETLASTERROR 得到错误描述。

8. htons 函数

该函数将一个 16 位的无符号短整型数据由主机排列方式转换为网络排列方式。语法如下：

```
u_short htons (u_short hostshort );
```

- hostshort：主机排列方式的无符号短整型数据。
- 返回值：16 位的网络排列方式数据。

9. htonl 函数

该函数将一个无符号长整型数据由主机排列方式转换为网络排列方式。语法如下：

```
u_long htonl ( u_long hostlong);
```

- hostlong：主机排列方式的无符号长整型数据。
- 返回值：32 位的网络排列方式数据。

10. inet_addr 函数

该函数将一个由字符串表示的地址转换为 32 位的无符号长整型数据。语法如下：

```
unsigned long inet_addr (const char FAR * cp);
```

- cp：一个 IP 地址的字符串。
- 返回值：32 位无符号长整型数据。

11. recv 函数

该函数用于从面向连接的套接字中接收数据。语法如下：

```
int recv (SOCKET s,char FAR* buf,int len,int flags);
```

- s：一个套接字。
- buf：接收数据的缓冲区。
- len：buf 的长度。
- flags：函数的调用方式。如果调用方式为 MSG_PEEK，表示查看传送过来的数据，在序列前端的数据会被复制到返回缓冲区中，而且这个数据不会从序列中移走。如果调用方式为 MSG_OOB，表示处理 Out-Of-Band 数据，也就是外带数据。

12. send 函数

该函数用于在面向连接方式的套接字间发送数据。语法如下：

```
int send (SOCKET s,const char FAR * buf, int len,int flags);
```

- s：一个套接字。
- buf：发送数据的缓冲区。
- len：缓冲区长度。
- flags：函数的调用方式。

13. select 函数

该函数用于检查套接字是否处于可读、可写或错误状态。语法如下：

```
int select (int nfds,fd_set FAR * readfds,fd_set FAR * writefds,
            fd_set FAR * exceptfds, const struct timeval FAR * timeout);
```

- nfds：无实际意义，只是为了和 UNIX 下的套接字兼容。
- readfds：被检查可读的套接字。
- writefds：被检查可写的套接字。
- exceptfds：被检查有错误的套接字。
- timeout：函数的等待时间。

14. WSACleanup 函数

该函数用于释放为 Ws2_32.dll 动态链接库初始化时分配的资源。语法如下：

```
int WSACleanup (void);
```

15. WSAAsyncSelect 函数

该函数用于将网络中发生的事件关联到窗口的某个消息中。语法如下：

```
int WSAAsyncSelect (SOCKET s, HWND hWnd,unsigned int wMsg,long
lEvent);
```

- s：一个套接字。
- hWnd：接收消息的窗口句柄。
- wMsg：窗口接收套接字中的消息。
- lEvent：网络中发生的事件。

16. ioctlsocket 函数

该函数用于设置套接字的 I/O 模式。语法如下：

```
int ioctlsocket(SOCKET s,long cmd,u_long FAR* argp);
```

- s：待更改 I/O 模式的套接字。
- cmd：对套接字的操作命令。如果操作命令为 FIONBIO，当 argp 为 0 时，表示禁止非阻塞模式；当 argp 非 0 时，表示设置非阻塞模式。如果操作命令为 FIONREAD，表示从套接字中可以读取的数据量。如果操作命令为 SIOCATMARK，表示所有的外带数据都已被读入。这个命令仅适用于流式套接字，并且该套接字已被设置为可以在线接收外带数据（SO_OOBINLINE）。
- argp：命令参数。

以下是 WinSock 2.0 新增的函数。

- WSAAccept：accept 函数的扩展版本，支持条件接收和套接口分组。
- WSACloseEvent：释放一个事件对象。
- WSAConnect：connect 函数的扩展版本，支持连接数据交换和 QoS 规范。
- WSACreateEvent：创建一个事件对象。
- WSADuplicateSocket：为一个共享套接口创建一个新的套接口描述字。
- WSAEnumNetworkEvents：检查是否有网络事件发生。
- WSAEnumProtocols：得到每个可以使用的协议信息。

- WSAEventSelect：把网络事件和一个事件对象连接。
- WSAGetOverlappedResu：得到重叠操作的完成状态。
- WSAGetQOSByName：对一个传输协议服务名字提供相应的 QoS 参数。
- WSAHtonl：htonl 函数的扩展版本。
- WSAHtons：htons 函数的扩展版本。
- WSAIoctl：ioctlsocket 函数允许重叠操作的版本。
- WSAJoinLeaf：在多点对话中计入一个叶节点。
- WSANtohl：ntohl 函数的扩展版本。
- WSANtohs：ntohs 函数的扩展版本。
- WSARecv：recv 函数的扩展版本，支持分散 / 聚焦 I/O 和冲抵套接口操作。
- WSARecvDisconnect：终止套接口的接收操作。如果套接口是基于连接的，得到拆除数据。
- WSARecvFrom：recvfrom 函数的扩展版本，支持分散 / 聚焦 I/O 和冲抵套接口操作。
- WSAResetEvent：重新初始化一个数据对象。
- WSASend：send 函数的扩展版本，支持分散 / 聚焦 I/O 和冲抵套接口操作。
- WSASendDisconnect：启动一系列拆除套接口连接的操作，并且可以选择发送拆除数据。
- WSASendTo：sendto 函数的扩展版本，支持分散 / 聚焦 I/O 和冲抵套接口操作。
- WSASetEvent：设置一个数据对象。
- WSASocket：socket 函数的扩展版本，以一个 PROTOCOL_INFO 结构作为输入参数，并且允许创建重叠套接口和套接口组。
- WSAWaitForMultipleEvent：阻塞多个事件对象。

17.2.3 套接字阻塞模式

依据套接字函数执行方式的不同，可以将套接字分为两类，即阻塞套接字和非阻塞套接字。在阻塞套接字中，套接字函数的执行会一直等待，直到函数调用完成才返回。这主要出现在 I/O 操作过程中，在 I/O 操作完成之前不会将控制权交给程序。这也意味着在一个线程中一次只能进行一项 I/O 操作，其他 I/O 操作必须等待正在执行的 I/O 操作完成后才能执行。在非阻塞套接字中，套接字函数的调用会立即返回，将控制权交给程序。在默认情况下，套接字为阻塞套接字。为了将套接字设置为非阻塞套接字，需要使用 ioctlsocket 函数。例如，下面的代码在创建一个套接字后，将套接字设置为非阻塞套接字。

```
unsigned long nCmd;
SOCKET clientSock = socket(AF_INET, SOCK_STREAM, 0);   // 创建套接字
int nState = ioctlsocket(clientSock, FIONBIO, &nCmd);  // 设置非阻塞模式
if (nState != 0)                                       // 设置套接字非阻塞模式失败
{
```

```
        TRACE(" 设置套接字非阻塞模式失败 ");
    }
```

将程序设置成非阻塞套接字后，WinSock 通过异步选择函数 WSAAsyncSelect 实现非阻塞通信。方法是由该函数指定某种网络事件（如有数据到达、可以发送数据、有程序请求连接等），当被指定的网络事件发生时，由 WinSock 发送程序事先约定的消息，根据这些消息就可以做相应的处理。

17.2.4　字节顺序

不同的计算机结构可能使用不同的字节顺序存储数据，例如，基于 Intel 的计算机存储数据的顺序与 Macintosh（Motorola）计算机相反。通常，用户不必为在网络上发送和接收数据的字节顺序转换担心，但在有些情况下，必须转换字节顺序。例如，程序将指定的整数设置为套接字的端口号，在绑定端口号之前，必须将端口号从主机顺序转换为网络顺序。

17.2.5　面向连接流

面向连接流主要指通信双方在通信前先建立连接。建立连接的步骤如下：
（1）创建套接字 socket。
（2）将创建的套接字绑定（bind）到本地的地址和端口。
（3）服务端设置套接字的状态为监听状态（listen），准备接受客户端的连接请求。
（4）服务端接受请求（accept），同时返回得到一个用于连接的新套接字。
（5）使用新套接字进行通信（通信函数使用 send/recv）。
（6）释放套接字资源（closesocket）。
整个过程分为客户端和服务端两部分，两端连接过程如图 17.1 所示。

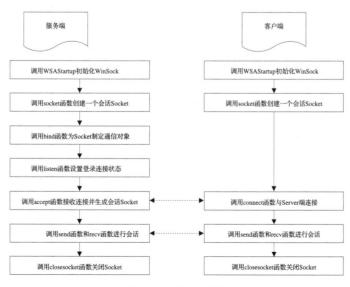

图 17.1　面向连接流

17.2.6 面向无连接流

面向无连接流主要指通信双方通信前不需要建立连接，服务端和客户端使用相同的处理过程，如图 17.2 所示。

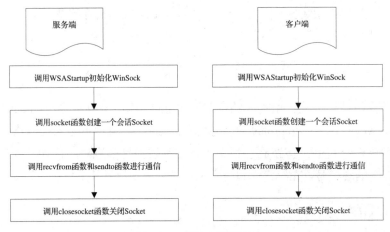

图 17.2 面向无连接流

17.3 简单协议通信

微课视频

通过前面的学习，读者可能对使用 socket 建立通信应用有了一定了解，下面通过具体实例进一步讲述如何使用 socket 进行通信。实例主要完成一个简单协议的通信过程，使用的是面向连接方式建立的连接，并且是阻塞方式。实例分为客户端和服务端两部分进行讲解。

17.3.1 服务端

服务端主要使用多线程技术建立连接，即一个服务端可以连接多个客户端，连接客户端的数据可以被限定，最大连接数为 20。当客户端有连接请求发送过来时，向客户端发送字符串 THIS IS SERVER，并启动一个线程等待客户端发送消息过来。

客户端发送字符"A"后，服务器返回 B；客户端发送字符"C"后，服务器返回 D；客户端发送字符"exit"后，服务器关闭线程。

服务器

```
01  #include <iostream.h>
02  #include <stdlib.h>
03  #include "winsock2.h"                    // 引用头文件
04  #pragma comment (lib,"ws2_32.lib")       // 引用库文件
05
```

```
06   // 线程实现函数
07   DWORD WINAPI threadpro(LPVOID pParam)
08   {
09       SOCKET hsock=(SOCKET)pParam;
10       char buffer[1024] = {0};
11       char sendBuffer[1024];
12       if(hsock!=INVALID_SOCKET)
13           cout << "Start Receive" << endl;
14
15       while(1)                                        // 循环接收发送的内容
16       {
17           int    num= recv(hsock,buffer,1024,0);      // 阻塞函数，等待接收内容
18           if(num>=0)
19               cout << "Receive form clinet "<< buffer  << endl;
20           cout << WSAGetLastError() << endl;
21           if(!strcmp(buffer,"A"))
22           {
23               memset(sendBuffer,0,1024);
24               strcpy(sendBuffer,"B");
25               int ires=send(hsock,sendBuffer,sizeof(sendBuffer),0);// 回送信息
26               cout << "Send to client" << sendBuffer << endl;
27           }
28           else if(!strcmp(buffer,"C"))
29           {
30               memset(sendBuffer,0,1024);
31               strcpy(sendBuffer,"D");
32               int ires=send(hsock,sendBuffer,sizeof(sendBuffer),0);// 回送信息
33               cout << "Send to client" << sendBuffer << endl;
34           }
35           else if(!strcmp(buffer,"exit"))
36           {
37               cout << "Client Close" << endl;
38               cout << "Server Process Close" << endl;
39               return 0;
40           }
41           else
42           {
43               memset(sendBuffer,0,1024);
44               strcpy(sendBuffer,"ERR");
45               int ires=send(hsock,sendBuffer,sizeof(sendBuffer),0);
46               cout << "Send to client" << sendBuffer << endl;
47           }
48       }
49       return 0;
50   }
```

```
51  // 主函数
52  void main()
53  {
54      WSADATA wsd;                              // 定义 WSADATA 对象
55      DWORD err = WSAStartup(MAKEWORD(2,2),&wsd);
56      cout << err << endl;
57      SOCKET      m_SockServer;
58      sockaddr_in serveraddr;
59      sockaddr_in serveraddrfrom;
60      SOCKET m_Server[20];
61
62      serveraddr.sin_family = AF_INET;          // 设置服务器地址家族
63      serveraddr.sin_port = htons(4600);        // 设置服务器端口号
64      serveraddr.sin_addr.S_un.S_addr = inet_addr("127.0.0.1");
65
66      m_SockServer = socket ( AF_INET,SOCK_STREAM,  0);
67
68      int i=bind(m_SockServer,(sockaddr*)&serveraddr,sizeof(serveraddr));
69      cout << "bind:" << i << endl;
70
71      int iMaxConnect=20;                       // 最大连接数
72      int iConnect=0;
73      int iLisRet;
74      char buf[]="THIS IS SERVER\0";            // 向客户端发送的内容
75      char WarnBuf[]="It is voer Max connect\0";
76      int len=sizeof(sockaddr);
77      while(1)
78      {
79          iLisRet=listen(m_SockServer,0);       // 进行监听
80          // 同意建立连接
81          m_Server[iConnect]=accept(m_SockServer,(sockaddr*)&serveraddrfrom,
    &len);
82
83          if(m_Server[iConnect]!=INVALID_SOCKET)
84          {
85              // 发送字符
86              int ires=send(m_Server[iConnect],buf,sizeof(buf),0);
87              cout << " accept" << ires<< endl;// 显示已经建立的连接次数
88              iConnect++;
89              if(iConnect > iMaxConnect)
90              {
91                      int ires=send(m_Server[iConnect],WarnBuf,sizeof
    (WarnBuf),0);
92              }
```

```
93              else
94              {
95                  HANDLE m_Handle;              // 线程句柄
96                  DWORD nThreadId = 0;          // 线程 ID
97                  m_Handle = (HANDLE)::CreateThread(NULL,
98                              0,threadpro,(LPVOID)m_Server[--
    iConnect],0,&nThreadId );                    // 启动线程
99              }
100         }
101     }
102     WSACleanup();
103 }
```

本程序中建立连接的 IP 只限制在本机，可以通过修改 inet_addr("127.0.0.1") 表达式的
值设置需要的 IP。

17.3.2　客户端

客户端程序主要向服务端发送连接请求，由用户输入要发送的字符，字符限定为"A"、
"C"和"exit"。

客户端

```
01 #include <iostream.h>
02 #include <stdlib.h>
03 #include "winsock2.h"
04 #include <time.h>                             // 引用头文件
05 #pragma comment (lib,"ws2_32.lib")
06
07 void main()
08 {
09
10     WSADATA wsd;                              // 定义 WSADATA 对象
11     WSAStartup(MAKEWORD(2,2),&wsd);
12     SOCKET      m_SockClient;
13     sockaddr_in clientaddr;
14
15     clientaddr.sin_family = AF_INET;          // 设置服务器地址家族
16     clientaddr.sin_port = htons(4600);        // 设置服务器端口号
17     clientaddr.sin_addr.S_un.S_addr = inet_addr("127.0.0.1");
18     m_SockClient = socket ( AF_INET,SOCK_STREAM, 0 );
19       int i=connect(m_SockClient,(sockaddr*)&clientaddr,sizeof
    (clientaddr));                             // 连接超时
20     cout << "connect" << i << endl;
21
```

```
22      char buffer[1024];
23      char inBuf[1024];
24      int num;
25      num = recv(m_SockClient,buffer,1024,0);                 // 阻塞
26      if( num > 0 )
27      {
28          cout << "Receive form server" << buffer << endl;    // 欢迎信息
29          while(1)
30          {
31              num=0;
32              cin >> inBuf;
33              if(!strcmp(inBuf,"exit"))
34              {
35                  send(m_SockClient,inBuf,sizeof(inBuf),0);   // 发送退出指令
36                  return;
37              }
38              send(m_SockClient,inBuf,sizeof(inBuf),0);
39              num= recv(m_SockClient,buffer,1024,0);// 接收客户端发送过来的数据
40              if(num>=0)
41                  cout << "Receive form server" << buffer << endl;
42          }
43      }
44  }
```

17.3.3 实例的运行

首先启动服务端，再启动客户端，依次在客户端输入字符"A"和"C"，最后输入"exit"退出客户端。

服务端运行情况如图 17.3 所示，客户端运行情况如图 17.4 所示。

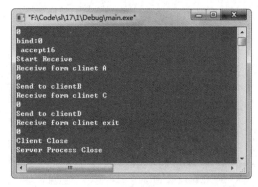

图 17.3 服务端运行情况

图 17.4 客户端运行情况

第 18 章　餐饮管理系统

（Visual C++ 6.0+Microsoft Access 2010 实现）

餐饮管理系统是饮食产业不可缺少的部分，对企业的决策者和管理者至关重要，所以餐饮管理系统应该能够为用户提供充足的信息和快捷的查询手段。但一直以来人们使用的餐饮管理系统均是以人为主体的，需要很多的人力、物力，且效率不是很高，在系统运营时也可能产生人为的失误，以致餐饮管理工作既烦琐又不利于分析企业的经营状况。

作为计算机应用的一部分，使用计算机对餐饮信息进行管理，具有人工管理无法比拟的优点，如统计结账快速、安全保密性好、可靠性高、存储量大、寿命长、成本低等。这些优点能够极大地提高餐饮管理的效率，增强企业的竞争力，也是企业的科学化、正规化管理与世界接轨的重要条件。

18.1　开发背景

微课视频

俗话说："民以食为天"。随着人民生活水平的提高，餐饮业在服务行业中的地位越来越重要。从激烈的竞争中脱颖而出，已成为每位餐饮业经营者追求的目标。

经过多年的发展，餐饮管理已经逐渐由人工管理进入到重视规范、科学管理的阶段。众所周知，在科学管理的具体实现方法中，最有效的方法就是应用管理软件进行管理。

以往的人工操作管理中存在着许多问题，例如：

- 人工计算账单容易出现错误。
- 收银工作中容易发生账单丢失。
- 客人具体消费信息难以查询。
- 无法对以往营业数据进行查询。

18.2　需求分析

随着餐饮行业的迅速发展，现有的人工管理方式已不能满足工作需求。广大餐饮业经营者已经意识到使用计算机信息技术的重要性，决定采用计算机管理系统进行管理。

根据餐饮行业的特点和企业的实际情况，该系统应以餐饮业务为基础，突出前台管理，从专业角度出发，提供科学、有效的管理模式。点菜方面采取表单加数据的方式，使用户能直观地管理数据信息，并有效地管理每个桌号所点的菜品。点菜收银管理可实现点菜、结账和清台功能。进货管理可记录商品入库情况。点菜收银、营业分析和库房管理的有机结合，可为确定酒店的经营方向提供依据，为其发展提供重要保证。

18.3 系统设计

18.3.1 系统目标

餐饮管理系统将实现以下目标：
- 减少前台服务人员的数量，以减少经营者的人员开销。
- 提高操作速度，提高顾客的满意程度。
- 使经营者能够查询一些历史数据。

18.3.2 系统功能结构

餐饮管理系统包含前台服务、后台服务、财政服务和系统服务四部分，结构如图 18.1 所示。

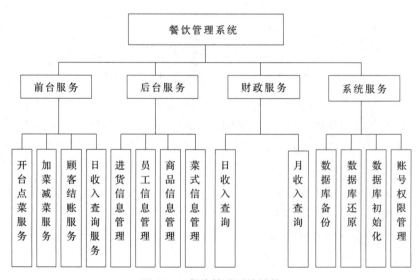

图 18.1 餐饮管理系统结构

18.3.3 系统预览

餐饮管理系统由多个功能组成，下面仅列出几个典型的功能界面，如图 18.2 ～图 18.5 所示。

图 18.2 点菜

图 18.3 结账

图 18.4 菜式信息

图 18.5 数据库维护

18.3.4 业务流程图

餐饮管理系统的业务流程图如图 18.6 所示。

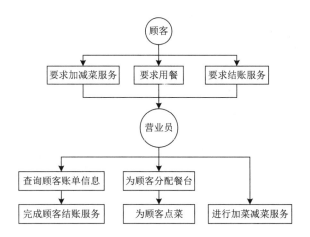

图 18.6 餐饮管理系统的业务流程图

18.3.5　数据库设计

一个好的数据库是每个成功的系统必不可少的部分，数据库设计则是系统设计中最关键的一步。所以，要根据系统的信息量设计一个合适的数据库。

1. 数据库分析

因为餐饮管理系统中需存储的数据信息量不大，对数据库的要求并不是很高，所以，本系统采用 Access 数据库，数据库名称为 canyin。在数据库中一共建立了 7 张数据表，用于存储不同的信息，如图 18.7 所示。

图 18.7　数据库中的表

2. 数据库概念设计

（1）用户信息实体

用户信息实体包括用户登录账号、用户登录密码和用户权限。用户信息实体 E-R 图如图 18.8 所示。

（2）菜式信息实体

菜式信息实体包括菜式名称和菜式价格。菜式信息实体 E-R 图如图 18.9 所示。

图 18.8　用户信息实体 E-R 图　　　　　图 18.9　菜式信息实体 E-R 图

（3）进货信息实体

进货信息实体包括商品名称、商品价格、商品数量和进货时间。进货信息实体 E-R 图如图 18.10 所示。

（4）账单信息实体

账单信息实体包括菜式名称、菜式价格、菜式数量和结账桌号。账单信息实体 E-R 图如图 18.11 所示。

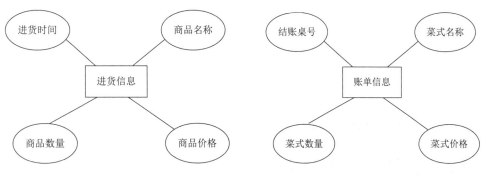

图 18.10　进货信息实体 E-R 图　　　　　图 18.11　账单信息实体 E-R 图

（5）商品信息实体

商品信息实体包括商品名称和商品单价。商品信息实体 E-R 图如图 18.12 所示。

（6）收入信息实体

收入信息实体包括日收入金额和收入时间。收入信息实体 E-R 图如图 18.13 所示。

图 18.12　商品信息实体 E-R 图　　　　　图 18.13　收入信息实体 E-R 图

（7）餐桌使用情况实体

餐桌使用情况实体包括餐桌桌号和餐桌状态。餐桌使用情况实体 E-R 图如图 18.14 所示。

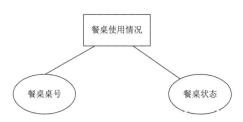

图 18.14　餐桌使用情况实体 E-R 图

3. 数据库逻辑结构设计

完成了上述实体 E-R 图，接下来创建数据表。本节分别介绍餐饮管理系统中各数据表的结构。

菜式信息表（caishiinfo）：主要记录菜式信息，包括菜式名称和菜式价格，如图 18.15 所示。

caishiinfo		
字段名称	数据类型	说明
ID	自动编号	
菜名	文本	菜式名称
菜价	数字	菜式价格

图 18.15　菜式信息表结构图

进货信息表（jinhuoinfo）：主要记录进货信息，以方便查询，如图 18.16 所示。

jinhuoinfo		
字段名称	数据类型	说明
ID	自动编号	
进货时间	文本	进货的具体日期
商品名	文本	进货商品名称
商品数量	数字	进货商品数量
商品价格	数字	进货商品总花费

图 18.16　进货信息表结构图

用户信息表（Login）：主要保存用户名、密码和权限等信息，如图 18.17 所示。

Login		
字段名称	数据类型	说明
ID	自动编号	
Uname	文本	用户名
Upasswd	文本	用户密码
power	数字	用户权限

图 18.17　用户信息表结构图

账单信息表（paybill）：主要保存消费信息，如图 18.18 所示。

paybill		
字段名称	数据类型	说明
ID	自动编号	
桌号	数字	所在的桌号
菜名	文本	所点菜的名称
数量	数字	点菜数量
消费	数字	点菜消费

图 18.18　账单信息表结构图

商品信息表（shangpininfo）：主要登记需要进货的商品信息，包括商品名及单价，如图 18.19 所示。

图 18.19　商品信息表结构图

收入信息表（shouru）：主要记录每天的营业额，以方便查询日收入总额及月收入总额，如图 18.20 所示。

图 18.20　收入信息表结构图

餐桌使用情况表（TableUSE）：主要记录每个餐桌的使用情况，如图 18.21 所示。

图 18.21　餐桌使用情况表结构图

18.4　公共类设计

设计系统时，经常会重复使用同一种功能模块，为避免代码重复使用率过高，往往将重复使用率高的代码写成公共类。

数据库连接是系统中必不可少的部分，在每个模块中都需要连接数据库进行数据操作。为此，笔者将数据库连接方法写在程序的 App 类中。

设计步骤如下。

（1）在工作区窗口选择 FileView 选项卡，在 Header Files 目录下找到头文件 StdAfx.h，向其中添加以下代码（路径根据实际情况更换），用于将 msado15.dll 动态链接库导入程序中。

```
#import "C:\\Program Files\\Common Files\\System\\ado\\msado15.dll"no_
namespace rename("EOF","adoEOF")
```

（2）在 App 类中的 InitInstance 方法中添加代码，设置数据库连接，因为 App 类中有全局变量 theApp，所以在 App 类中连接数据库后可以方便地使用全局变量对其进行操作。代码如下：

```
01  BOOL CMyApp::InitInstance()
```

```
02  {
03    AfxEnableControlContainer();
04    ::CoInitialize(NULL);
05    HRESULT hr;                                    // 定义一个 HRESULT 实例
06    try
07    {
08        hr=m_pCon.CreateInstance("ADODB.Connection");    // 创建连接
09        if(SUCCEEDED(hr))                          // 判断创建连接是否成功
10        {
11            m_pCon->ConnectionTimeout=3;           // 连接延时设置为 3 秒
12            hr=m_pCon->Open("Provider=Microsoft.Jet.OLEDB.4.0;Data
13            Source=canyin.mdb","","",adModeUnknown);        // 连接数据库
14        }
15    }
16    catch(_com_error e)
17    {
18        CString temp;
19        temp.Format(" 连接数据库错误信息 :%s",e.ErrorMessage());// 获得错误信息
20        ::MessageBox(NULL,temp," 提示信息 ",NULL);              // 弹出错误信息
21        return false;
22    }
23    // 以下代码省略
24    …
25    return FALSE;
26  }
```

（3）代码添加完成后，各个模块就可以通过 App 类的全局变量 theApp 直接操作数据库了。

18.5　主窗体设计

微课视频

程序主窗体作为第一个展示在用户面前的窗体，是用户对程序的第一感觉，起着非常重要的作用。主窗体应该向用户展示程序常用的功能，使用户对程序有一个初步认识。主窗体的运行效果如图 18.22 所示。

主窗体主要包含以下内容。

- 菜单栏：包括登录、管理和帮助等一系列程序所拥有的功能。
- 工具栏：包括程序比较常用的几个功能，如开台、顾客买单等。
- 状态栏：包括系统名称、当前时间及用户登录信息等。

图 18.22　程序主窗体的运行效果

设计步骤如下。

（1）启动 Visual C++ 6.0，新建一个基于对话框的 MFC 应用程序，并将程序命名为"餐饮管理"，如图 18.23 所示。

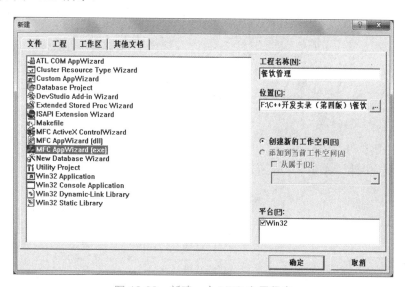

图 18.23　新建一个 MFC 应用程序

（2）单击"确定"按钮后弹出如图 18.24 所示对话框，选中"基本对话框"单选按钮，单击"完成"按钮完成创建。

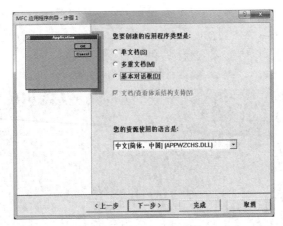

图 18.24　程序的创建

（3）单击"完成"按钮后，在工作区中选择 Resources 选项卡，在任意一个节点上右击，在弹出的快捷菜单中选择 Insert 命令，打开"插入资源"对话框。在"资源类型"列表中选择 Menu 节点，单击 New 按钮，创建一个菜单，在菜单设计窗口中，按 Enter 键打开属性窗口，设计菜单标题，完成后在窗体 Menu 选项中修改生成的菜单 ID，如图 18.25 所示。

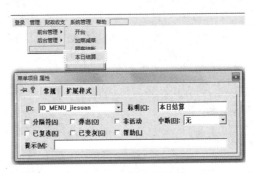

图 18.25　创建菜单项

（4）由于生成的是带图标的工具栏，所以需要先在 Resources 选项卡中选择 Insert 命令导入几个图标文件，如图 18.26 所示。

图 18.26　导入图标文件

（5）在生成的窗口类的 **OnInitDialog** 方法中添加代码，动态生成工具栏和状态栏。代码如下：

```
01  m_Imagelist.Create(32,32,ILC_COLOR24|ILC_MASK,1,1);        // 创建图像列表
02  m_Imagelist.Add(AfxGetApp()->LoadIcon(IDI_ICON_login));    // 将图像与列表一一
    关联
03  m_Imagelist.Add(AfxGetApp()->LoadIcon(IDI_ICON_open));
04  m_Imagelist.Add(AfxGetApp()->LoadIcon(IDI_ICON_pay));
05  m_Imagelist.Add(AfxGetApp()->LoadIcon(IDI_ICON_rishouru));
06  m_Imagelist.Add(AfxGetApp()->LoadIcon(IDI_ICON_reg));
07  m_Imagelist.Add(AfxGetApp()->LoadIcon(IDI_ICON_cancel));
08  UINT Array[6];                                  // 数组控制工具栏和状态栏的个数
09  for(int i=0;i<6;i++)
10  {
11      Array[i]=9000+i;                            // 分别给工具栏的按钮定义索引
12  }
13  m_Toolbar.Create(this);                         // 创建工具栏资源
14  m_Toolbar.SetButtons(Array,6);                  // 设置 6 个按钮
15  m_Toolbar.SetButtonText(0,"系统登录");          // 给每个按钮添加文本
16  m_Toolbar.SetButtonText(1,"开台");
17  m_Toolbar.SetButtonText(2,"顾客买单");
18  m_Toolbar.SetButtonText(3,"本日收入");
19  m_Toolbar.SetButtonText(4,"员工注册");
20  m_Toolbar.SetButtonText(5,"退出系统");
21  m_Toolbar.GetToolBarCtrl().SetButtonWidth(60,120);    // 设置按钮宽度
22  m_Toolbar.GetToolBarCtrl().SetImageList(&m_Imagelist);// 将工具栏和图标关联
23  // 设置按钮大小和图片大小
24  m_Toolbar.SetSizes(CSize(70,60),CSize(28,40));
25  m_Toolbar.EnableToolTips(TRUE);                 // 激活鼠标提示功能
26  for(i=0;i<4;i++)
27  {
28      Array[i]=10000+1;                           // 分别给状态栏定义索引
29  }
30  m_Statusbar.Create(this);                       // 创建状态栏资源
31  m_Statusbar.SetIndicators(Array,4);             // 设置 4 个状态栏
32  for(int n=0;n<3;n++)
33  {
34      m_Statusbar.SetPaneInfo(n,Array[n],0,80);     // 给每个状态栏设置宽度
35  }
36  m_Statusbar.SetPaneInfo(1,Array[1],0,200);  ❶
37  m_Statusbar.SetPaneInfo(2,Array[2],0,800);
38  m_Statusbar.SetPaneText(2,"当前时间"+Str);   ❷     // 设置状态栏的文本
39  m_Statusbar.SetPaneText(0,"餐饮管理系统");
40  // 显示工具栏和状态栏
41      RepositionBars(AFX_IDW_CONTROLBAR_FIRST,AFX_IDW_CONTROLBAR_LAST,0);  ❸
```

❶ SetPaneInfo：设置指定状态栏面板的宽度。

❷ SetPaneText：设置指定状态栏面板中显示的文本。

❸ RepositionBars(AFX_IDW_CONTROLBAR_FIRST,AFX_IDW_CONTROLBAR_LAST,0)：显示工具栏和状态栏的函数，在工具栏和状态栏都存在的情况下只需输入一次即可。

18.6　注册模块设计

微课视频

18.6.1　注册模块概述

注册模块是一个完善的管理系统必不可少的部分，主要用于预防非法用户随意登录系统，并对系统数据进行修改破坏，给经营者造成不可挽回的损失。只有系统管理者才能通过注册模块对指定的人员进行注册，使其可以进行相应的操作，这大大提高了系统的安全性。注册模块的运行效果如图 18.27 所示。

图 18.27　注册模块效果图

18.6.2　注册模块技术分析

在此模块中，主要知识点是 SQL 语句的灵活运用，通过向数据表中直接添加数据即可实现用户注册，添加数据可以用 INSERT 语句来实现。通过连接对象的 Execute 方法可以很容易地执行 INSERT 语句。

Execute 方法的语法如下：

```
Connection Execute(_bstr_t CommandText,VARIANT * RecordsAffected,long
Options)
```

- CommandText：命令字符串，通常是 SQL 命令。
- RecordsAffected：操作后影响的行数。
- Options：CommandText 中内容的类型，其值如表 18.1 所示。

表 18.1　Options 值表

值	描　　述
adCmdText	表明 CommandText 的类型是文本
adCmdTable	表明 CommandText 的类型是表名
adCmdStoredProc	表明 CommandText 的类型是存储过程
adCmdUnknown	表明 CommandText 的类型未知

INSERT 语句的基本语法如下：

```
INSERT INTO [表名] (要插入的列名) values (要插入的数值)
```

例如，读者想向用户注册信息表中插入一条用户信息，INSERT 语句可写为：

```
CString sql;
sql.Format("INSERT INTO register(username,userpasswd) values('%s', '%s')");
```

执行这条语句就可以使用 Execute 方法了。

```
m_pCon->Execute((_bstr_t)sql,NULL,adCmdText);//m_pCon 是一个数据库连接对象
```

18.6.3　注册模块实现过程

📰 本模块使用的数据表：Login

（1）首先在 Resources 选项卡中插入一个对话框资源，在对话框中添加三个静态文本控件、三个编辑框控件和两个按钮控件。控件属性及变量如表 18.2 所示。

表 18.2　控件属性及变量设置

控 件 ID	控 件 属 性	对 应 变 量
IDC_STATIC	标题：用户名	无
IDC_STATIC	标题：密码	无
IDC_STATIC	标题：重复密码	无
IDC_EDIT_name	Visible	CString m_Name
IDC_EDIT_pwd	Password	CString m_Pwd
IDC_EDIT_pwd1	Password	CString m_Pwd1
IDC_BUTTON_OK	标题：提交	无
IDC_BUTTON_reset	标题：重置	无

（2）给对话框新建一个类 CZhucedlg，在类中添加一个 RecordsetPtr 类型变量 m_pRs 并导入全局变量 theApp。

（3）双击注册模块对话框中的"提交"按钮，在弹出的函数名称窗口中定义函数名称，单击"确定"按钮，进入按钮的代码编写界面。

当用户单击"提交"按钮时，系统应该判断输入的用户名是否与数据表中的用户名重复，如果重复则弹出提示对话框；再判断两次密码输入是否一致，如果不一致则弹出提示对话框要求重新输入密码，成功后则向数据表中插入用户名、密码和权限（默认权限为 0）信息，代码如下：

```
01  UpdateData();
02  // 判断"用户名"和"密码"编辑框是否为空
03  if(m_Name.IsEmpty()||m_Pwd.IsEmpty()||m_Pwd1.IsEmpty())
04  {
05      AfxMessageBox("用户名密码不能为空");
06      return;
```

```
07  }
08  if(m_Pwd!=m_Pwd1)                 // 判断两次输入的密码是否一致
09  {
10    AfxMessageBox(" 密码不一致 ");
11    return;
12  }
13  // 检验数据表中用户名是否重复
14  m_pRs=theApp.m_pCon->Execute((_bstr_t)("select * from Login where
15  Uname='"+m_Name+"'"),NULL,adCmdText);
16  if(m_pRs->adoEOF)                  // 判断记录是否为空
17  {
18      // 如果为空，就向数据表中插入用户名、密码及权限信息
19      theApp.m_pCon->Execute((_bstr_t)("insert into Login(Uname,Upasswd,power)
    values('"+m_Name+"', '"+m_Pwd+"',0)"),NULL,adCmdText);
20    AfxMessageBox(" 注册成功 ");
21    CDialog::OnOK();
22  }
23  else                              // 如果不为空，就提示用户名重复
24  {
25    AfxMessageBox(" 用户名已存在 ");
26    return;
27  }
```

（4）为"重置"按钮添加代码，"重置"按钮主要实现的功能是把对话框中的 3 个编辑框控件的状态设置为初始状态。代码如下：

```
01  m_Name="";
02  m_Pwd="";
03  m_Pwd1="";
04  UpdateData(false);
```

18.7 登录模块设计

微课视频

18.7.1 登录模块概述

在本系统中，登录模块的功能是判断用户是不是合法用户，以及根据登录用户的权限开放相应的模块，是保障系统安全的第一道关卡。登录模块的运行效果如图 18.28 所示。

图 18.28 登录模块的运行效果

18.7.2　登录模块技术分析

在登录模块中，为了避免个别人恶意猜测他人的用户名和密码，笔者在系统中添加了密码错误数量限制，如果密码输入错误次数超过 3 次 ，就会退出程序。

为了实现以上功能，需要在登录类中添加一个全局变量计算输入错误密码的次数，因为本系统登录时调用的是模块对话框，所以在关闭时就必须先关闭当前的登录模块，再关闭程序主界面。在登录类的 OK 按钮的代码中加入对次数的判断，如果次数等于 3 就调用本对话框的退出事件；再在主窗体中的"登录"按钮代码中对错误次数进行判断，如果次数等于 3 就调用主对话框的退出事件。要实现这一功能，需先在主对话框的"登录"按钮代码中加入以下代码：

```
if(Logindlg.i==3) CDialog::OnCancel();   //Logindlg 是登录模块的一个实例
```

判断登录模块中的 i 值是否为 3，如果 i 值为 3 则调用主窗体的退出事件。在调用前应该先关闭登录模块对话框，所以在登录模块对话框中的"确定"按钮中加入以下代码：

```
if(i==3) OnCancel();                     // 当 i=3 时调用"退出"按钮事件
```

当 i=3 时调用登录模块对话框中的"退出"按钮事件关闭对话框，OnCancel 方法是登录对话框的"退出"按钮事件。

18.7.3　登录模块实现过程

📇 本模块使用的数据表：Login

（1）首先在 Resources 选项卡中插入一个对话框资源，向对话框中添加三个静态文本控件、两个编辑框控件、两个按钮控件和一个图片控件，打开图片控件的属性窗口给其关联一幅图片。控件属性及变量如表 18.3 所示。

表 18.3　控件属性及变量设置

控 件 ID	控 件 属 性	对 应 变 量
IDC_STATIC	标题：用户名	无
IDC_STATIC	标题：密码	无
IDC_STATIC	Bitmap	无
IDC_EDIT1	Visible	CString m_Uname
IDC_EDIT2	Password	CString m_Upasswd
IDOK	标题：登录	无
IDCANCEL	标题：退出	无

（2）为登录模块新建一个 CLogindlg 类，在类中定义一个 RecordsetPtr 类型变量 m_pRs，在窗口类中添加代码导入全局变量 theApp。代码如下：

```
extern CMyApp theApp;
```

（3）为"登录"按钮的单击事件添加代码，在"登录"按钮的单击事件下，系统应自动将用户输入的数据与数据表中的数据进行比较，如果一致则提示成功登录；如果不一致则提示用户名、密码错误。代码如下：

```
01  UpdateData();
02  // 判断 "用户名" 和 "密码" 编辑框是否为空
03  if(!m_Uname.IsEmpty()&&!m_Upasswd.IsEmpty()||true)
04  {
05    CString sql="SELECT * FROM Login WHERE Uname='"+m_Uname+"' and Upasswd=
    '"+m_Upasswd+"'";
06    // 在数据表中查询是否存在该用户名及密码
07    m_pRs=theApp.m_pCon->Execute((_bstr_t)sql,NULL,adCmdText);
08    if(m_pRs->adoEOF)                      // 如果没有账号记录则提示错误
09    {
10        AfxMessageBox(" 用户名或密码错误 !");
11        m_Uname="";
12        m_Upasswd="";
13        UpdateData(false);
14        if(i==3)                           // 定义全局变量 i，控制输入错误次数
15        {
16            OnCancel();                    // 如果为 3 则调用退出事件
17        }
18    }
19    else
20    {
21        theApp.name=m_Uname;               // 登录成功后保存用户名和密码
22        theApp.pwd=m_Upasswd;
23        CDialog::OnOK();
24        return;
25    }
26  }
27  else                                     // 如果编辑框为空则提示不能为空
28  {
29    AfxMessageBox(" 用户名、密码不能为空 ");
30  }
```

18.8 开台模块设计

微课视频

18.8.1 开台模块概述

开台是餐饮系统中前台的第一个服务，顾客就餐时，卖家第一步应做的就是开台，开台模块应该直观地展示当前空桌的情况，提高工作效率。开台模块的运行效果如图 18.29 所示。

图 18.29　开台模块的运行效果

18.8.2　开台模块技术分析

在开台模块中主要涉及对列表控件的使用，以及如何将数据表中的数据导入列表控件中。在进行选桌服务时，在餐桌使用情况信息表中双击要开台的桌台，即可将此桌台的桌号信息添加到"选择桌号"文本框中，大大地方便了使用者。实现此功能首先要在消息对话框左边的控件名称中找到列表控件，再在右边的事件中选择 NM_DBLCLK 事件，并为其添加相应的代码，在获取数据前系统要先获取双击的选项的位置信息，可以通过 GetSelectionMark 方法实现，再通过 GetItemText 方法获取当前位置的文本。这两个方法的语法如下：

```
int GetSelectionMark( );
```

返回的是位置所在的行号，-1 表示没有位置。

```
CString GetItemText( int nItem, int nSubItem )
```

- nItem：位置所在行号。
- nSubItem：位置所在列号。

18.8.3　开台模块实现过程

📋 本模块使用的数据表：TableUse

（1）在 Resources 选项卡中插入一个对话框资源，为对话框新建一个类 CKaitaidlg，向对话框中添加一个静态文本控件、一个列表控件和一个编辑框控件，在类中定义一个 RecordsetPtr 类型变量 m_pRs，并导入全局变量 theApp。控件属性及变量设置如表 18.4 所示。

表 18.4　控件属性及变量设置

控 件 ID	控 件 属 性	对 应 变 量
IDC_STATIC	标题：选择桌号	无
IDC_LIST1	Report	CListCtrl m_Zhuolist
IDC_EDIT1	Visible	CString m_ZhuoHao
IDC_BUTTON_OK	标题：就要这桌	无
IDC_BUTTON_return	标题：返回上层	无

（2）为类添加 **WM_INITDIALOG** 事件并添加代码，进行对话框初始化设置，并对列表控件的样式及内容进行设置。代码如下：

```
01  BOOL CKaitaidlg::OnInitDialog()
02  {
03      CDialog::OnInitDialog();
04      // 设置窗口图标
05      SetIcon(LoadIcon(AfxGetInstanceHandle(),MAKEINTRESOURCE(IDI_ICON_
    kaitai)),TRUE);
06      // 为列表控件设置样式
07      m_Zhuolist.SetExtendedStyle(LVS_EX_FLATSB|LVS_EX_FULLROWSELECT|LVS_
    EX_HEADER
08      DRAGDROP|LVS_EX_ONECLICKACTIVATE|LVS_EX_GRIDLINES);
09      // 为列表控件添加两列并命名
10      m_Zhuolist.InsertColumn(0,"桌号",LVCFMT_LEFT,140,0);
11      m_Zhuolist.InsertColumn(1,"状态",LVCFMT_LEFT,140,1);
12      CString sql="select * from tableuse";
13      // 查询数据表中的桌号信息
14      m_pRs=theApp.m_pCon->Execute((_bstr_t)sql,NULL,adCmdText);
15      int i=0;                  // 控制列表控件中的显示顺序
16      while(m_pRs->adoEOF==0)  // 如果记录不为空，则遍历数据表并将结果添加进列表控件中
17      {
18          // 将桌号信息存入 str 变量
19          CString str=(char*)(_bstr_t)m_pRs->GetCollect("桌号");
20          int tableuseid=atoi((char*)(_bstr_t)m_pRs->GetCollect("tableuseid"));
21          m_Zhuolist.InsertItem(i,"");          // 在列表控件中插入一行
22          m_Zhuolist.SetItemText(i,0,str);      // 将桌号信息添加进该行第一列
23          if(tableuseid==0)                     // 判断使用信息是否为 0
24              m_Zhuolist.SetItemText(i,1,"空闲");  // 如果为 0，就在该行第二列
    插入"空闲"
25          if(tableuseid==1)                     // 判断使用信息是否为 1
26              m_Zhuolist.SetItemText(i,1,"有人");  // 如果为 1，就在该行第二列
    插入"有人"
27          i++;                                  // 控制行的变量自增
28          m_pRs->MoveNext();                    // 移向下一条记录
29      }
30      return TRUE;
31  }
```

（3）选择桌号时不仅可以手动输入，而且要实现双击列表控件中的桌号能直接将其读进编辑框控件中。在消息管理器中选择列表控件的双击事件（**NM_DBLCLK**），添加函数并添加以下代码：

```
01  void CKaitaidlg::OnDblclkList1(NMHDR* pNMHDR, LRESULT* pResult)
02  {
03      CString str;
```

```
04        // 获取当前列表控件中的鼠标单击位置所在行第一列的文本
05        str=m_Zhuolist.GetItemText(m_Zhuolist.GetSelectionMark(),0);
06        m_ZhuoHao=str;                            // 将文本添加进编辑框中
07        UpdateData(false);
08        *pResult = 0;
09   }
```

运行后双击列表控件中的桌号，系统自动将该桌号的信息显示在下面的编辑框控件中。

（4）完成了界面效果的编辑，下一步对按钮控件进行编辑。单击"就要这桌"按钮时，系统应该先判断编辑框中输入的数据是否合法，如果不合法，则弹出输入错误的提示；如果合法，则弹出成功的提示，并进入"点菜"对话框。

"就要这桌"按钮的单击事件代码如下：

```
01  UpdateData();
02  CString Value;
03  if(m_ZhuoHao.IsEmpty())                       // 判断编辑框是否为空
04      AfxMessageBox(" 桌号不能为空 ");             // 如果为空，则提示不能为空
05  else
06  {
07             // 如果不为空，则查询哪些餐台正在使用
08      CString Str="select * from TableUSE where TableUSEID=1";
09      m_pRs=theApp.m_pCon->Execute((_bstr_t)Str,NULL,adCmdText);
10      while(!m_pRs->adoEOF)                      // 当记录不为空时
11      {
12             // 将正在使用的桌号存进变量中
13             Value=(char*)(_bstr_t)m_pRs->GetCollect(" 桌号 ");
14          if(m_ZhuoHao==Value)                   // 将编辑框的值与变量进行比较
15          {
16             AfxMessageBox(" 有人了 ");            // 如果值相等，则提示"有人"
17             m_ZhuoHao="";                        // 编辑框初始化显示
18             UpdateData(false);
19             return;
20          }
21          m_pRs->MoveNext();                      // 继续下一条记录
22      }
23      m_pRs=NULL;                                 // 指针位置初始化
24         // 餐台没被使用时，查询是否存在这个桌号
25      CString Str1="select * from TableUSE where 桌号 ="+m_ZhuoHao+"";
26      m_pRs=theApp.m_pCon->Execute((_bstr_t)Str1,NULL,adCmdText);
27      if(m_pRs->adoEOF)                           // 如果记录为空
28      {
29          AfxMessageBox(" 没有这种餐台 ");          // 则提示不存在这样的餐台
30          m_ZhuoHao="";                           // 编辑框初始化显示
31          UpdateData(false);
32          return;
```

```
33       }
34       m_pRs=NULL;                              // 记录集指针初始化
35       CDiancaidlg dlg;                         // 定义一个点菜窗体实例
36       // 将编辑框控件中的数据传递给点菜窗体中的变量
37       dlg.m_ZhuoHao = m_ZhuoHao;
38       dlg.DoModal();                           // 弹出点菜窗体
39       CDialog::OnOK();
40   }
```

"返回上层"按钮的单击事件其实就是关闭当前对话框,代码如下:

```
CDialog::OnCancel();
```

微课视频

18.9 点菜模块设计

18.9.1 点菜模块概述

点菜模块和开台模块密不可分,开台后会自动弹出"点菜"对话框。点菜模块运行效果如图 18.30 所示。

图 18.30 点菜模块运行效果

18.9.2 点菜模块技术分析

在点菜模块中主要应用了两个列表控件之间的数据传递技术,即从菜单中选择需要的菜式,并将其添加到账单列表中。在传递的过程中,菜单列表是不能被修改的,账单列表要在每加进一样菜式时就增加一行数据,而在逆向传递时,账单列表的数据要相应减少,但菜单列表中数据不变。菜单列表应该采取直接从数据库中读取的方式,以防遭人恶意修改。在单击"确定"按钮前,所有的数据应该只在列表控件中进行传递,而不写入数据库,从而保证数据库的安全性。在获取列表控件当前鼠标指针所在位置时,可以使用

GetSelectionMark 方法。向列表中插入数据可以使用 SetItemText 方法，该方法用于设置视图项的文本，语法如下：

```
BOOL SetItemText( int nItem, int nSubItem, LPTSTR lpszText );
```

- nItem：标识行索引。
- nSubItem：标识列索引。
- lpszText：标识设置的视图项文本。

18.9.3　点菜模块实现过程

📑 **本模块使用的数据表**：TableUSE、caishiinfo、paybill

1. 顾客点菜

（1）在 Resources 选项卡中插入一个对话框资源，为对话框新建一个类 CDiancaidlg，在类中定义一个 RecordsetPtr 类型变量 m_pRs，并导入全局变量 theApp。在对话框中添加两个列表控件、一个静态文本控件、一个编辑框控件和四个按钮控件。控件属性及变量如表 18.5 所示。

表 18.5　控件属性及变量设置

控 件 ID	控 件 属 性	对 应 变 量
IDC_STATIC	标题：桌号	无
IDC_LIST2	Report	CListCtrl m_CaidanList
IDC_LIST3	Report	CListCtrl m_CaidanCheck
IDC_EDIT_zhuohao	Read-Only	CString m_ZhuoHao

（2）为 CDiancaidlg 类添加一个 **WM_INITDIALOG** 消息，用于设置列表控件的样式及内容。代码如下：

```
01 BOOL CDiancaidlg::OnInitDialog()
02 {
03   CDialog::OnInitDialog();
04   // 为窗体设置图标
05    SetIcon(LoadIcon(AfxGetInstanceHandle(),MAKEINTRESOURCE(IDI_ICON_
   diancai)),TRUE);
06   CString Sql="select * from caishiinfo";          // 查询菜式信息
07   // 为菜单列表进行样式设置
08   m_CaidanList.SctExtendedStyle(LVS_EX_FLATSB|LVS_EX_FULLROWSELECT|
09         VS_EX_HEADERDRAGDROP|LVS_EX_ONECLICKACTIVATE|LVS_EX_GRIDLINES);
10   m_CaidanList.InsertColumn(0," 菜名 ",LVCFMT_LEFT,100,0);        // 为菜单列
   表添加两列并命名
11   m_CaidanList.InsertColumn(1," 菜价（元）",LVCFMT_LEFT,100,1);
12   // 读取数据表中菜单的信息，并向列表控件中添加
```

```
13   m_pRs=theApp.m_pCon->Execute((_bstr_t)Sql,NULL,adCmdText);
14   while(!m_pRs->adoEOF)                          // 当记录集指针不为空时
15   {
16       CString TheValue,TheValue1;
17       // 将菜名信息存入变量 TheValue
18       TheValue=(char*)(_bstr_t)m_pRs->GetCollect(" 菜名 ");
19       // 将菜价信息存入变量 TheValue1
20       TheValue1=(char*)(_bstr_t)m_pRs->GetCollect(" 菜价 ");
21       m_CaidanList.InsertItem(0,"");             // 为列表框插入一行
22       m_CaidanList.SetItemText(0,0,TheValue); // 将该行的第一列设置为文本
23       m_CaidanList.SetItemText(0,1,TheValue1);// 将该行的第二列设置为文本
24       m_pRs->MoveNext();                         // 继续下一条记录
25   }
26   // 为菜单选择列表进行样式设置
27    m_CaidanCheck.SetExtendedStyle(LVS_EX_FLATSB|LVS_EX_FULLROWSELECT|LVS_
EX_HEADERDRAGD
28                                              ROP|LVS_EX_ONECLICKACTIVATE|
LVS_EX_GRIDLINES);
29   // 为菜单选择列表添加两列并命名
30   m_CaidanCheck.InsertColumn(0," 菜名 ",LVCFMT_LEFT,100,0);
31   m_CaidanCheck.InsertColumn(1," 数量（盘）",LVCFMT_LEFT,100,1);
32   return TRUE;
33 }
```

"点菜"对话框中编辑框控件的值来自开台模块的"就要这桌"按钮，当开台确认后，系统会自动将桌号的值赋给编辑框控件，方便在数据表中进行数据存储。

（3）添加输入点菜数量的对话框，新建一个CSLdlg类，在对话框中添加一个静态控件、一个编辑框控件和两个按钮控件，如图18.31所示。

图 18.31 "点菜数量"对话框

（4）为"点菜数量"对话框的编辑框控件添加一个 CString 型变量 m_ShuLiang。要想实现给对话框添加一个对话框图标这一功能，先在 Resources 选项卡中插入一个图标资源，再为 CSLdlg 类添加一个 WM_INITDIALOG 消息，向其添加以下代码：

```
SetIcon(LoadIcon(AfxGetInstanceHandle(),MAKEINTRESOURCE(IDI_ICON_
sl)),TRUE);
```

（5）为"点菜数量"对话框中的"确定"按钮添加代码，当单击"确定"按钮时，系统判断用户是否输入数据，数量至少要为1。代码如下：

```
01 UpdateData();
02 if(m_ShuLiang.IsEmpty()||m_ShuLiang=="0")// 判断 "数量" 编辑框是否为空或是否为 0
03 {
04     AfxMessageBox(" 数量至少为 1");                    // 如果是则提示
05     return;
06 }
07 CDialog::OnOK();
```

（6）为 "点菜数量" 对话框中的 "返回" 按钮添加代码，当单击 "返回" 按钮时，系统将进入点菜窗体。代码如下：

```
        CDialog::OnCancel();
```

（7）"点菜" 对话框中的 ">>" 按钮用于将菜单中的菜式名称添加进点菜列表中。代码如下：

```
01 void CDiancaidlg::OnButtonadd()
02 {
03     CSLdlg Sldlg;
04     if(Sldlg.DoModal()==IDOK)                     // 单击 ">>" 按钮前要求输入数量
05     {
06         int i = m_CaidanList.GetSelectionMark();// 获取菜单中选择的项的序号
07         CString str = m_CaidanList.GetItemText(i,0);// 获取选择的项的文本
08         m_CaidanCheck.InsertItem(0,"");
09         m_CaidanCheck.SetItemText(0,0,str);        // 将文本写进点菜栏中
10         // 将数量写进点菜栏中
11         m_CaidanCheck.SetItemText(0,1,Sldlg.m_ShuLiang);
12     }
13 }
```

（8）"点菜" 对话框中的 "<<" 按钮用于取消已点的菜式。代码如下：

```
01 void CDiancaidlg::OnBUTTONsub()
02 {
03     // 删除点菜栏中选择的项
04     m_CaidanCheck.DeleteItem(m_CaidanCheck.GetSelectionMark());
05 }
```

（9）单击 "确定" 按钮时，系统将自动生成的账单添加进数据表中。代码如下：

```
01 void CDiancaidlg::OnButtonOk()
02 {
03     UpdateData();
04     CString Sql;
05     int i = m_CaidanCheck.GetItemCount();        // 获取点菜列表中项的总数
06     if(i==0)                                      // 如果项数为 0，则弹出提示
07     {
08         AfxMessageBox(" 请点菜 ");
09         return;
```

```
10      }
11      Sql="update TableUSE set TableUSEID=1 where 桌号 ="+m_ZhuoHao+" ";
12      // 点菜成功则改变该餐台的使用状态
13      theApp.m_pCon->Execute((_bstr_t)Sql,NULL,adCmdText);
14      CString Sql1,Str,Str1,Value,TotleValue;
15      double Totle=0;                  // 定义一个变量存放营业额
16      for(int n=0;n<i;n++)             // 遍历点菜列表，将数据存入数据表
17      {
18          Str=m_CaidanCheck.GetItemText(n,0);    // 获取第 n 行第一列的数据信息
19          Str1=m_CaidanCheck.GetItemText(n,1);   // 获取第 n 行第二列的数据信息
20          Sql1="select * from caishiinfo where 菜名 ='"+Str+"'";
21          // 获取菜价信息
22          m_pRs=theApp.m_pCon->Execute((_bstr_t)Sql1,NULL,adCmdText);
23          Value=(char*)(_bstr_t)m_pRs->GetCollect("菜价");
24          // 计算总价
25          Totle=atof(Value)*atof(Str1);
26          TotleValue=(char*)(_bstr_t)Totle;
27          // 将点菜信息和消费明细写入数据表
28          Sql1="insert into paybill(桌号 , 菜名 , 数量 , 消费 )
29                  values("+m_ZhuoHao+",'"+Str+"',"+Str1+","+TotleValue+")";
30          theApp.m_pCon->Execute((_bstr_t)Sql1,NULL,adCmdText);
31      }
32      AfxMessageBox("点菜成功");
33      CDialog::OnOK();
34  }
```

（10）单击"取消"按钮关闭"点菜"对话框。代码如下：

```
CDialog::OnCancel();
```

2. 加减菜

顾客有时会要求加菜或减菜，本系统针对此类问题设置了加减菜模块，方便餐饮管理者更好地满足顾客的需求，如图 18.32 所示。

图 18.32 "加减菜"对话框

（1）在 Resources 选项卡中插入一个对话框资源，新建一个 CJiacaidlg 类，在类中定义一个 RecordsetPtr 类型变量 m_pRs，并导入全局变量 theApp，对其添加一个静态文本控件、

一个下拉列表框控件、两个列表控件和四个按钮控件。控件属性及变量如表18.6所示。

表18.6 控件属性及变量设置

控 件 ID	控件属性	对应变量
IDC_COMBO1	Drop List	CComboBox m_ZhuohaoCombo
IDC_LIST2	Report	CListCtrl m_CaidanList
IDC_LIST3	Report	CListCtrl m_CaidanCheck

（2）对对话框的初始化进行设计，对列表控件的样式和内容进行初始化设置，对类添加消息函数 WM_INITDIALOG。代码如下：

```
01  BOOL CJiacaidlg::OnInitDialog()
02  {
03      CDialog::OnInitDialog();
04
05      // 为窗体设置图标
06      SetIcon(LoadIcon(AfxGetInstanceHandle(),MAKEINTRESOURCE(IDI_ICON_
        diancai)),TRUE);
07      CString Sql="select * from caishiinfo";        // 查询菜式信息表中的数据
08      // 对菜单列表进行样式设置
09      m_CaidanList.SetExtendedStyle(LVS_EX_FLATSB|LVS_EX_FULLROWSELECT|LVS_
        EX_HEAD
10                      ERDRAGDROP|LVS_EX_ONECLICKACTIVATE|LVS_EX_GRIDLINES);
11      // 为菜单列表添加两列并分别命名
12      m_CaidanList.InsertColumn(0," 菜名 ",LVCFMT_LEFT,100,0);
13      m_CaidanList.InsertColumn(1," 菜价 ( 元 )",LVCFMT_LEFT,100,1);
14      // 将数据表中的菜单信息读入菜单列表中
15      m_pRs=theApp.m_pCon->Execute((_bstr_t)Sql,NULL,adCmdText);
16      while(!m_pRs->adoEOF)                            // 判断记录集指针是否为空
17      {
18          CString TheValue,TheValue1;
19          // 不为空则将菜名信息存入变量
20          TheValue=(char*)(_bstr_t)m_pRs->GetCollect(" 菜名 ");
21          // 将菜价信息存入变量
22          TheValue1=(char*)(_bstr_t)m_pRs->GetCollect(" 菜价 ");
23          m_CaidanList.InsertItem(0,"");                // 为菜单列表插入一行
24          m_CaidanList.SetItemText(0,0,TheValue);    // 将菜名信息添加进该行第一列
25          m_CaidanList.SetItemText(0,1,TheValue1);   // 将菜价信息添加进该行第二列
26          m_pRs->MoveNext();                          // 继续下一条记录
27      }
28      // 为点菜列表进行样式设置
29      m_CaidanCheck.SetExtendedStyle(LVS_EX_FLATSB|LVS_EX_FULLROWSELECT|LVS_
        EX_HEADERDRAGD ROP|LVS_EX_ONECLICKACTIVATE|LVS_EX_GRIDLINES);
30      // 为点菜列表添加两列并分别命名
31      m_CaidanCheck.InsertColumn(0," 菜名 ",LVCFMT_LEFT,100,0);
```

```
32    m_CaidanCheck.InsertColumn(1,"数量（盘）",LVCFMT_LEFT,100,1);
33    Sql="select distinct 桌号 from paybill";    // 去除重复的桌号信息
34    // 向下拉列表框控件中添加数据
35    m_pRs=theApp.m_pCon->Execute((_bstr_t)Sql,NULL,adCmdText);
36    while(m_pRs->adoEOF==0)                       // 判断是否为空
37    {
38        // 将餐台信息存入变量
39        CString zhuohao=(char*)(_bstr_t)m_pRs->GetCollect("桌号");
40        m_ZhuohaoCombo.AddString(zhuohao);   // 为下拉列表框添加餐台信息
41        m_pRs->MoveNext();                        // 继续下一条记录
42    }
43    return TRUE;
44 }
```

（3）当下拉列表框控件的选项变化时，所选餐台的菜单信息也应该相应改变，消息对话框中下拉列表框控件的 SELCHANGE 事件代码如下：

```
01 void CJiacaidlg::OnSelchangeCombo1()
02 {
03    CString str;
04    // 获取所选选项的信息
05    m_ZhuohaoCombo.GetLBText(m_ZhuohaoCombo.GetCurSel(),str);
06    CString sql="select * from paybill where 桌号 ="+str+"";
07    // 到数据表中查找相关餐台的数据信息
08    m_pRs=theApp.m_pCon->Execute((_bstr_t)sql,NULL,adCmdText);
09    m_CaidanCheck.DeleteAllItems();                // 菜单选择列表框初始化清空
10    // 将查找到的信息写入点菜列表中
11    while(!m_pRs->adoEOF)                          // 判断记录集是否为空
12    {
13        // 将菜名信息存入变量
14        CString valuename=(char*)(_bstr_t)m_pRs->GetCollect("菜名");
15        CString valuenum=(char*)(_bstr_t)m_pRs->GetCollect("数量"); // 将数量信息存入变量
16        m_CaidanCheck.InsertItem(0,"");            // 为菜单列表插入一行
17        m_CaidanCheck.SetItemText(0,0,valuename);  // 将菜名添加进该行第一列
18        m_CaidanCheck.SetItemText(0,1,valuenum);   // 将数量添加进该行第二列
19        m_pRs->MoveNext();                         // 下一条记录
20    }
21 }
```

（4）单击 ">>" 按钮将菜单中的菜式名称添加进用户当前账单中。代码如下：

```
01 void CJiacaidlg::OnButtonadd()
02 {
03    CSLdlg Sldlg;
04    if(Sldlg.DoModal()==IDOK)                      // 点菜前先添加数量信息
05    {
```

```
06              int i = m_CaidanList.GetSelectionMark();    // 获取当前选中项的序号
07              CString str = m_CaidanList.GetItemText(i,0);
08              m_CaidanCheck.InsertItem(0,"");
09              // 将选中项的信息添加进点菜列表中
10              m_CaidanCheck.SetItemText(0,0,str);
11              // 将数量信息添加到点菜列表
12              m_CaidanCheck.SetItemText(0,1,Sldlg.m_ShuLiang);
13          }
14  }
```

（5）单击"<<"按钮将从账单中取消所点的菜式名称。代码如下：

```
01  void CJiacaidlg::OnButtonsub()
02  {
03      // 删除点菜列表中所选的项
04      m_CaidanCheck.DeleteItem(m_CaidanCheck.GetSelectionMark());
05  }
```

（6）单击"确定"按钮，将把已经变动的账单信息重新添加进数据表中，并将原始的账单信息删除。代码如下：

```
01  void CJiacaidlg::OnButtonOK()
02  {
03      UpdateData();
04      CString Sql;
05      CString zhuohao;
06      if(m_ZhuohaoCombo.GetCurSel()==-1)           // 如果在下拉列表框控件中没有选择数
    据，则要求选择
07      {
08          AfxMessageBox("请选择要加菜的桌号");
09          return;
10      }
11      // 获取下拉列表框控件中选择的信息
12      m_ZhuohaoCombo.GetLBText(m_ZhuohaoCombo.GetCurSel(),zhuohao);
13      int i = m_CaidanCheck.GetItemCount();         // 获取点菜列表的项目总数
14      if(i==0)                                      // 如果点菜列表总数为0，则提示点菜
15      {
16          AfxMessageBox("请点菜");
17          return;
18      }
19      CString Str,Str1,Value,TotleValue;
20      // 删除账单中此餐台原有的账单信息
21      CString Sql1="delete from paybill where 桌号="+zhuohao+"";
22      theApp.m_pCon->Execute((_bstr_t)Sql1,NULL,adCmdText);
23      double Totle=0;                               // 定义变量记录总消费
24      // 将已经增加或减少的新账单信息写入数据库
25      for(int n=0;n<i;n++)
```

```
26    {
27            Str=m_CaidanCheck.GetItemText(n,0);          // 获取第 n 行第一列的文本
28            Str1=m_CaidanCheck.GetItemText(n,1);         // 获取第 n 行第二列的文本
29            // 在菜式信息表中获取菜名一致的信息
30            Sql1="select * from caishiinfo where 菜名 ='"+Str+"'";
31            m_pRs=theApp.m_pCon->Execute((_bstr_t)Sql1,NULL,adCmdText);
32            // 获取该菜名的菜价信息
33            Value=(char*)(_bstr_t)m_pRs->GetCollect("菜价");
34            // 将数量与菜价转化成整型数，并得到总消费额
35            Totle=atof(Value)*atof(Str1);
36            TotleValue=(char*)(_bstr_t)Totle;    // 将总消费额转化成 CString 型
37             Sql1="insert into paybill(桌号，菜名，数量，消费)values("+zhuohao+",
      '"+Str+"',"+Str1+","+TotleValue+")";
38            // 将菜单信息插入数据表中
39            theApp.m_pCon->Execute((_bstr_t)Sql1,NULL,adCmdText);
40    }
41    AfxMessageBox("操作成功");
42    CDialog::OnOK();
43 }
```

（7）单击"取消"按钮关闭当前对话框。代码如下：

```
CDialog::OnCancel();
```

微课视频

18.10　结账模块设计

18.10.1　结账模块概述

结账模块可对当前顾客消费进行结算，结账后系统自动将收入金额的数据写入数据表中，从而能很好地反映营业情况。结账模块的运行效果如图 18.33 所示。

图 18.33　结账模块的运行效果

18.10.2　结账模块技术分析

在结账时，如果顾客所在的桌号比较靠后，在下拉列表框控件中就必须按下拉按钮逐

个寻找，在结账顾客数量较多的情况下，这种方法显然严重影响了工作效率。为此笔者为下拉列表框控件增加了手动输入的功能，使营业员在结账时既可以在下拉列表框中选择桌号，也可以手动输入桌号，极大地提高了结账速度和顾客的满意度。

　　要实现上述功能，就必须给列表框控件添加一个 EDITCHANGE 事件，在事件中添加相应代码对输入的信息进行判断。本系统中的桌号都是 4 位数，因此在事件中首先判断输入的是不是一个 4 位数，如果不是则提示错误信息；如果是则显示相应的消费信息。实现这一功能需要使用 CString 类提供的 GetLength 方法，语法如下：

```
int GetLength()
```

返回值是一个整型数，是字符串的长度。

18.10.3　结账模块实现过程

　　▣ 本模块使用的数据表：paybill、TableUse

（1）在 Resources 选项卡中插入一个对话框资源，为其新建一个 CJiezhangdlg 类，在类中定义一个 RecordsetPtr 类型变量 m_pRs，并导入全局变量 theApp。在"结账"对话框中添加五个静态文本控件、三个编辑框控件、一个下拉列表框控件、一个列表控件和两个按钮控件。控件属性及变量设置如表 18.7 所示。

表 18.7　控件属性及变量设置

控 件 ID	控 件 属 性	对 应 变 量
IDC_COMBO1	Dropdown	CComboBox m_Combo
IDC_yingshou	Read-only	CEdit m_YingShou
IDC_shishou	Visible	CEdit m_ShiShou
IDC_zhaoling	Read-only	CEdit m_ZhaoLing
IDC_mingxi	Report	CListCtrl m_MingXi

（2）为对话框进行初始化设置，为类添加一个成员变量 res，类型为 Bool。该变量主要控制下拉列表框控件接收数据的方式，False 为下拉选择型，True 为手动输入型。

　　为类添加一个 WM_INITDIALOG 消息，对列表框控件设置样式，并对内容进行初始化设置。代码如下：

```
01 BOOL CJiezhangdlg::OnInitDialog()
02 {
03   CDialog::OnInitDialog();
04   // 设置窗口图标
05   SetIcon(LoadIcon(AfxGetInstanceHandle(),MAKEINTRESOURCE(IDI_ICON_
     pay)),TRUE);
06   CString TheValue;
07   // 获取数据表中正在消费的桌号
08   m_pRs=theApp.m_pCon->Execute((_bstr_t)("select * from TableUSE where
```

```
            TableUSEID=1"),NULL,adCmdText);
09      // 将桌号添加进下拉列表框控件中
10      if(m_pRs->GetRecordCount()==0)              // 如果记录数量为 0 则返回
11          return true;
12      if(m_pRs->GetRecordCount()==1)  // 如果记录数量为 1 则将数据添加进下拉列表框控件
13      {
14          // 获取记录中的桌号信息
15          TheValue=(char*)(_bstr_t)m_pRs->GetCollect(" 桌号 ");
16          m_Combo.AddString(TheValue);              // 将桌号信息添加进下拉列表框控件中
17          return true;
18      }
19      while(!m_pRs->adoEOF)                          // 当记录集不为空时
20      {
21          // 获取桌号信息
22          TheValue=(char*)(_bstr_t)m_pRs->GetCollect(" 桌号 ");
23          m_Combo.AddString(TheValue);              // 将桌号信息添加进下拉列表框中
24          m_pRs->MoveNext();                        // 继续下一条记录
25      }
26      // 设置消费明细列表样式
27       m_MingXi.SetExtendedStyle(LVS_EX_FLATSB|LVS_EX_FULLROWSELECT|LVS_EX_
    HEADERDRAGDROP|
28                                  LVS_EX_ONECLICKACTIVATE|LVS_EX_GRIDLINES);
29      m_MingXi.InsertColumn(0," 菜名 ",LVCFMT_LEFT,100,0);       // 为消费明细列表添
    加 3 列并分别命名
30      m_MingXi.InsertColumn(1," 数量 ",LVCFMT_LEFT,100,1);
31      m_MingXi.InsertColumn(2," 消费 ( 元 )",LVCFMT_LEFT,120,1);
32      res = FALSE;                          // 下拉列表框控件获取数据的方式，默认是下拉选择型
33      return true;
34  }
```

（3）在对话框左边的控件窗口中选择下拉列表框控件，在右边的消息窗口中选择 SELCHANGE 事件。代码如下：

```
01  void CJiezhangdlg::OnSelchangeCombo1()
02  {
03      UpdateData();
04      CString str,sql,caiming,shuliang,xiaofei,xiaofeitotle,TheValue;
05      // 定义变量存放总消费额
06      double totle=0;
07      // 获得当前选择项的信息并存入变量
08      m_Combo.GetLBText(m_Combo.GetCurSel(),str);
09      sql="select * from paybill where 桌号 ="+str+"";
10      // 获取当前餐台的账单信息
11      m_pRs=theApp.m_pCon->Execute((_bstr_t)sql,NULL,adCmdText);
12      m_MingXi.DeleteAllItems();                          // 清空列表控件
```

```
13    // 将获取的账单信息添加进明细列表控件中
14    while(m_pRs->adoEOF==0)                            // 判断记录是否为空
15    {
16          // 获取消费信息并存入变量
17          TheValue=(char*)(_bstr_t)m_pRs->GetCollect("消费");
18          totle+=atof(TheValue);                       // 转换成整型进行累加
19          // 获取菜名信息并存入变量
20          caiming=(char*)(_bstr_t)m_pRs->GetCollect("菜名");
21          // 获取数量信息并存入变量
22          shuliang=(char*)(_bstr_t)m_pRs->GetCollect("数量");
23          // 获取消费信息并存入变量
24          xiaofei=(char*)(_bstr_t)m_pRs->GetCollect("消费");
25          m_MingXi.InsertItem(0,"");                    // 为明细列表插入一行
26          m_MingXi.SetItemText(0,0,caiming);    // 在该行的第一列添加菜名信息
27          m_MingXi.SetItemText(0,1,shuliang);  // 在该行的第二列添加数量信息
28          m_MingXi.SetItemText(0,2,xiaofei);   // 在该行的第三列添加消费信息
29          m_pRs->MoveNext();                           // 继续下一条记录
30    }
31    xiaofeitotle=(char*)(_bstr_t)totle;             // 计算消费总额
32    m_YingShou.SetWindowText(xiaofeitotle);    // 将消费总额在"应收"控件中显示
33    UpdateData(false);
34  }
```

（4）在对话框左边的控件窗口中选择下拉列表框控件，在右边的消息窗口中选择
EDITCHANGE 事件，并添加以下代码：

```
01  void CJiezhangdlg::OnEditchangeCombo1()
02  {
03    m_MingXi.DeleteAllItems();                      // 清空列表控件
04    m_YingShou.SetWindowText("");              // "应收"控件中的数值初始化
05    CString str;
06    m_Combo.GetWindowText(str); // 获取下拉列表框控件中输入的数值
07    if(str.GetLength()==4)                           // 判断位数，桌号是 4 位数
08      {
09          UpdateData();
10          CString sql,caiming,shuliang,xiaofei,xiaofeitotle,TheValue;
11          double totle=0;                            // 定义变量存放消费总额
12          sql="select * from paybill where 桌号 ="+str+"";
13          // 在数据表中查询当前桌号的信息
14          m_pRs=theApp.m_pCon->Execute((_bstr_t)sql,NULL,adCmdText);
15          while(m_pRs->adoEOF==0)                    // 判断记录是否为空
16            {
17                // 获取消费信息并存入变量
18                TheValue=(char*)(_bstr_t)m_pRs->GetCollect("消费");
19                totle+=atof(TheValue);           // 转换成整型进行累加
20                // 获取菜名信息并存入变量
```

```
21        caiming=(char*)(_bstr_t)m_pRs->GetCollect("菜名");
22        // 获取数量信息并存入变量
23        shuliang=(char*)(_bstr_t)m_pRs->GetCollect("数量");
24        // 获取消费信息并存入变量
25        xiaofei=(char*)(_bstr_t)m_pRs->GetCollect("消费");
26        m_MingXi.InsertItem(0,"");              // 为明细列表插入一行
27        m_MingXi.SetItemText(0,0,caiming);      // 在该行的第一列添加菜名信息
28        m_MingXi.SetItemText(0,1,shuliang);     // 在该行的第二列添加数量信息
29        m_MingXi.SetItemText(0,2,xiaofei);      // 在该行的第三列添加消费信息
30        m_pRs->MoveNext();                      // 继续下一条记录
31    }
32    xiaofeitotle=(char*)(_bstr_t)totle;          // 计算消费总额
33    // 将消费总额显示在"应收"控件中
34    m_YingShou.SetWindowText(xiaofeitotle);
35    res = TRUE;                                   // 用手动输入方式
36    UpdateData(false);
37    }
38 }
```

（5）顾客付款后，应在"实收"编辑框中输入付款金额，此时"找零"编辑框中应该实时计算出应找给顾客的金额。

为达到上述目的，先在对话框中选中对应"实收"的编辑框控件名，再在右边选择它的 EN_CHANGE 事件，在此事件中添加以下代码：

```
01 void CJiezhangdlg::OnChangeEDITshishou()
02 {
03    double zhaoling;
04    CString ShiShou,YingShou;
05    m_ShiShou.GetWindowText(ShiShou);          // 获得实收的金额
06    m_YingShou.GetWindowText(YingShou);         // 获得应收的金额
07    zhaoling = atof(ShiShou) - atof(YingShou);  // 计算应该找给顾客的金额
08    CString str;
09    str.Format("%0.2f",zhaoling);               // 将找零格式化为两位小数
10    m_ZhaoLing.SetWindowText(str);              // 将找零实时显示在编辑框中
11 }
```

（6）单击"结账"按钮时，系统自动将当前桌号的使用状态变成空闲状态，将账单数据表清空，并将这次结账的收入写进日收入数据表中，方便查询日收入。代码如下：

```
01 UpdateData();
02 CString str,str1,str2,str3;
03 CString TheValue;
04 CString ShiShou,YingShou;
05 m_Combo.GetWindowText(str1);                   // 获取下拉列表框中的桌号信息
06 if(str1.GetLength()<4||str1.GetLength()>4)     // 判断桌号是否为 4 位数
07 {
```

```
08    AfxMessageBox(" 输入错误 ");                              // 如果桌号不是 4 位数则提示出错
09    return;
10  }
11  CString bjsql="select * from TableUSE where 桌号 ="+str1+"";
12  // 查询数据表中对应的餐台信息
13  m_pRs=theApp.m_pCon->Execute((_bstr_t)bjsql,NULL,adCmdText);
14  if(m_pRs->adoEOF)                                        // 判断记录是否为空
15  {
16    AfxMessageBox(" 没有这张餐台 ");                           // 如果为空则提示没有餐台
17    return;
18  }
19  // 获取对应餐台的使用情况
20  CString bjstr=(char*)(_bstr_t)m_pRs->GetCollect("TableUSEID");
21  if(bjstr=="0")                                           // 如果为 0 则提示不需要付款
22  {
23    AfxMessageBox(" 该桌不需要付款 ");
24    return;
25  }
26  m_ShiShou.GetWindowText(str3);                           // 获取付款的金额
27  if(str3.IsEmpty())                                       // 如果编辑框为空，则提示输入
28  {
29    AfxMessageBox(" 请输入顾客付款 ");
30    return;
31  }
32  if(res == TRUE)            // 判断 res 的状态，TRUE 为手动输入型，FALSE 为下拉选择型
33    m_Combo.GetWindowText(str);                            // 手动输入获取编辑框中的文本信息
34  else
35    m_Combo.GetLBText(m_Combo.GetCurSel(),str);           // 获取下拉列表框中的内容
36  m_ZhaoLing.SetWindowText("");                            // "找零" 编辑框初始化显示
37  double zhaoling,rishouru=0;
38  m_ShiShou.GetWindowText(ShiShou);                        // 获取实收金额
39  m_YingShou.GetWindowText(YingShou);                      // 获取应收金额
40  rishouru=atof(YingShou);                                 // 将应收的金额赋给日收入
41  if(atof(ShiShou)<atof(YingShou))                         // 判断实收金额和应收金额的大小
42  {
43    AfxMessageBox(" 想吃霸王餐？ ");                          // 如果实收金额小于应收金额则提示
44    return;
45  }
46  else
47  {
48    CTime time;                                            // 定义一个时间类变量
49    time = CTime::GetCurrentTime();                        // 获取当前系统时间
50    CString str1 = time.Format("%Y-%m-%d");               // 将系统时间转换成 CString 型变量
51    zhaoling=atof(ShiShou)-atof(YingShou);                 // 计算找零金额
52    TheValue=(char*)(_bstr_t)zhaoling;                     // 将找零金额转换成 CString 型变量
```

```
53   m_ZhaoLing.SetWindowText(TheValue);              // 在"找零"编辑框中显示找零金额
54   UpdateData(false);
55   CString sql;
56   str2="update TableUSE set TableUSEID=0 where 桌号 ="+str+" ";
57   // 修改付款后该餐台的使用状态
58   theApp.m_pCon->Execute((_bstr_t)str2,NULL,adCmdText);
59   TheValue.Format("%0.2f",rishouru);              // 将日收入转换成两位单精度数
60   sql="update shouru set 日收入=日收入+'"+TheValue+"' where 时间='"+str1+"'";
61   // 将当天的日收入进行累加
62   theApp.m_pCon->Execute((_bstr_t)sql,NULL,adCmdText);
63   m_YingShou.SetWindowText("");                   // "应收"编辑框初始化显示
64   m_ShiShou.SetWindowText("");                    // "实收"编辑框初始化显示
65   m_ZhaoLing.SetWindowText("");                   // "找零"编辑框初始化显示
66   m_Combo.SetWindowText("");                      // 下拉列表框初始化显示
67   m_Combo.DeleteString(m_Combo.GetCurSel());      // 删除下拉列表框中选中的选项
68   m_MingXi.DeleteAllItems();                      // 清空列表控件
69   sql="delete from paybill where 桌号 ="+str+"";
70   // 将账单中该餐台的信息删除
71   theApp.m_pCon->Execute((_bstr_t)sql,NULL,adCmdText);
72   AfxMessageBox(" 欢迎再来 ");
73  }
```

（7）为"再见"按钮添加以下代码：

```
CDialog::OnCancel();
```